深入浅出
Android
Jetpack

萧文翰　编著

清华大学出版社

北 京

内 容 简 介

本书系统地讲解 Android Jetpack 组件库的使用和原理,具体涉及应用架构、生命周期管理、数据库操作、UI 数据绑定等。第 1 章概括地讲述 Android Jetpack 的目标、内容等;第 2~5 章介绍 Jetpack 组件中的基础内容,具体涉及用于不同 Android 版本间的 UI 兼容处理组件、用于 Kotlin 编程语言的 KTX 扩展组件、多 Dex 打包 APK 组件以及包含单元测试、UI 测试、集成测试的测试组件;第 6~13 章介绍 Jetpack 组件库中架构的内容,这也是本书的重点部分,具体涉及视图绑定组件、生命周期组件、页面导航组件等多种架构组件,以及用于本地数据库存储的 Room 组件和用于处理分页加载的 Paging 组件。

通过使用 Jetpack 可以大大提升 Android 开发的效率,因此本书非常适合 Android 开发人员使用。

图书在版编目(CIP)数据

深入浅出 Android Jetpack / 萧文翰编著. —北京:清华大学出版社,2021.12
ISBN 978-7-302-59610-3

Ⅰ. ①深… Ⅱ. ①萧… Ⅲ. ①移动终端—应用程序—程序设计 Ⅳ. ①TN929.53

中国版本图书馆 CIP 数据核字(2021)第 232847 号

责任编辑: 王金柱
封面设计: 王 翔
责任校对: 闫秀华
责任印制: 朱雨萌

出版发行: 清华大学出版社
  网   址:http://www.tup.com.cn,http://www.wqbook.com
  地   址:北京清华大学学研大厦 A 座   邮   编:100084
  社 总 机:010-83470000   邮   购:010-62786544
  投稿与读者服务:010-62776969,c-service@tup.tsinghua.edu.cn
  质 量 反 馈:010-62772015,zhiliang@tup.tsinghua.edu.cn

印 装 者: 三河市科茂嘉荣印务有限公司
经   销: 全国新华书店
开   本: 190mm×260mm   **印   张:** 16.5   **字   数:** 445 千字
版   次: 2022 年 2 月第 1 版   **印   次:** 2022 年 2 月第 1 次印刷
定   价: 79.00 元

产品编号:091562-01

前　言

众所周知，在移动应用领域，Android App 以 77.14%的占有率（2019 年第二季度统计数据）在市场遥遥领先。高居榜首的 Android 操作系统覆盖了更多的用户，也吸引越来越多的开发者投入移动开发的领域。

在实际开发中，原生 Android 开发的优势在于对设备硬件的访问具有更高权限和自由度。跨平台技术解决方案虽层出不穷，但都无法完全替代原生开发。Google 在 2017 年年度开发者大会上首次发布了 Jetpack 组件集，并在之后的每年对其进行完善。从 Google 官方的视角看，Android Jetpack 组件集不是简单的一个库或多个库，而是 Google 对 Android App 开发的一种态度和指导思想。

本书以新的 Android Jetpack 组件库、流行版本的 Android 操作系统以及新版本的 Android Studio 为例系统讲解 Android Jetpack 的使用，具体涉及应用架构、生命周期管理、数据库操作、UI 数据绑定等方方面面，并和实际案例相结合，突出其实用性。此外，在必要时，本书还将从源码层面剖析 Jetpack 组件，让读者理解 Google 官方的设计思想。

初学者可以通过阅读本书快速搭建 App，开发者可以通过阅读本书优化已有的项目代码，让程序更高效地运行。

天下之学问，都不出"道"和"术"的范围。本书讲"术"，并希望通过"术"的内容向读者传达更多"道"的思想。技术的更新迭代速度之快有目共睹，想必无论你是有经验的开发人员还是初入行的新手，都知道这一点。而只有掌握技术的核心思想，才能做到"以不变应万变"。

最后，向我的家人，包括父母、妻子表示感谢，你们对家庭无私的奉献使我能更专注于本书的创作；同时，感谢我的同事们，在我感到困惑的时候，是你们与我一起并肩战斗，搞定一个又一个技术难题。

感谢您选购本书，希望本书的内容能够对您有所帮助。由于个人水平所限，书中难免出现疏漏之处，请不吝赐教，非常感谢！

代码下载

本书的代码可扫描下方的二维码获取，也可按提示把下载链接转发到自己的邮箱中下载。如果下载有问题，请发送电子邮件至 booksaga@126.com，邮件主题为"深入浅出 Android Jetpack"。

编　者

2021 年 9 月

目　　录

第1章

概　述

欢迎来到 Android Jetpack 的世界！

如果你还不清楚 Android Jetpack 是什么，不妨先来看看本章的内容。本章不仅概括 Android Jetpack，还是本书的"使用指南"，同时也是全书唯一一个没有示例代码的章节。

下面就让我们开始一段充满收获的旅程吧！

1.1　Android Jetpack 是什么

首先，我们把 Android Jetpack 这两个单词拆开看。Android 大家都懂，它是目前流行的移动操作系统，广泛运行在很多用户的手机、平板设备和智能电视上；Jetpack 的意思是"喷气背包"。

图 1.1 列出了 Android Jetpack 中几乎所有组件。

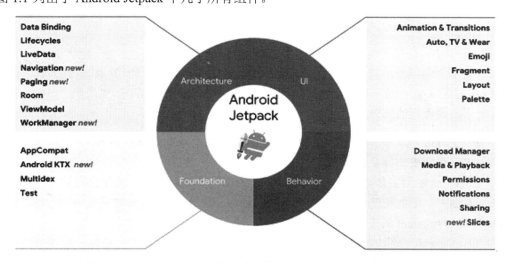

图 1.1　Android Jetpack 组件一览（摘自 Android 开发者官方网站）

看到中间那个背着小火箭的机器人了吗？如果将一个完整的 App 比喻成这个图标，Jetpack 中的各种组件则是构成其整体的每个部分，构建 App 可以像构建一个火箭发射器一样。机器人可以看作是 Android，火箭则是 Jetpack。从中我们可以意会，利用 Android Jetpack 组件可以加速 Android App 的开发和运行效率。

我们还可以发现整个 Android Jetpack 分为 4 大部分，共 24 个组件，涵盖了一个 Android App 几乎全部的开发过程。这 4 部分从左下方开始，依次为基础（Foundation）、架构（Architecture）、视图（UI）和行为（Behavior）。

1.1.1 基础部分

如果把开发 Android App 比作建造一座大楼，那么基础部分就相当于"打地基"。Android Jetpack 的基础部分包含 4 个组件：

（1）AppCompat 为不同版本的 Android 系统之间提供了兼容性解决方案，这是为了解决 Android 系统版本的碎片化而诞生的。得益于 AppCompat，有效降低了开发人员的负担，并尽量兼顾到了更多的用户。

（2）Android KTX 专为使用 Kotlin 编程语言的开发人员设计，它是对于 Kotlin 的补充，使其更好地适用于移动端 Android App 的开发。通过 Android KTX，开发人员可以更专注于业务逻辑，而非编程语言本身。

（3）Multidex 突破了 64KB 的引用限制（也被称为 65536 方法数限制，是由 Dalvik Executable 规范决定的）。当我们在开发大型 Android 项目或依赖的库过多时，这样的限制会引发编译失败，而 Multidex 通过分包的原理完美地规避了这个问题。

（4）Test 意为测试，通过单元测试、自动化测试等方式为软件的发布提供保障。此外，还支持智能自动化重构，从而令开发者无须担心重构带来的风险。

可见，因为上述 4 大组件的存在，开发过程会更加顺利，App 产品也将更好地运行在大多数人的设备上。

1.1.2 架构部分

有了"地基"的保障，我们就可以放心地建造大楼了吗？别急，还没制作设计图呢。做事情不能没有规划，开发 App 也是一样的。架构设计是软件开发过程伊始的蓝图，也是整个 Android Jetpack 组件中最常用、最重要的部分。

（1）Data Binding 称为数据绑定，它以声明的方式将要展示的数据和界面 View 组件相互关联，使界面上的内容更新更加容易。

（2）Lifecyles 意为生命周期，在 Android 中，Activity 和 Fragment 的生命周期曾一度出现在各大公司的面试题中，足以窥见其基础性和复杂性。Lifecyles 作为 Google 官方发布的组件，它提供了监听 Activity 和 Fragment 的生命周期变化的方法，使开发过程更加方便。

（3）LiveData 可以简单地看作是可观察的数据持有者，它是对传统观察者模式（Observable）的增强。它还可以与 Activity、Fragment 甚至 Service 的生命周期相关联，做到仅在 UI 界面处于活动状态时更新数据。

（4）Navigation 可运用于页面导航的开发中，它可以高效地组织多个 Fragment，使 Fragment 的管理更加方便。

（5）Paging 用于大量数据的分页加载需求中。无论是从本地数据库还是从网络上获取列表数据，耗时是必不可少的。为了提升加载时的体验，通常我们会使用分页加载机制。Paging 应运而生，专为分页加载提供支持。

（6）Room 是对 Android App 中的 SQLite 数据库 API 的补充，它可以帮助开发者更方便地实现对数据库的增、删、改、查等操作。

（7）ViewModel 意为视图模型，它常被运用在 MVVM 架构模式的开发中，目的是使 Model 和 View 分离。ViewModel 的原理是通过生命周期存储和管理与 View 相关的数据。

WorkManager 用于管理 App 处于后台期间执行的工作。它和 Service 有所不同，虽然功能类似，但相对而言，使用 WorkManager 进行后台任务调度更加规范，App 的性能在某些情况下更优。

在实际开发中，通常会用到一个或多个组件。根据项目规模和实际业务的不同，Lifecycles、LiveData 是常用的；Data Binding、ViewModel 等在复杂的页面组织场景中，对开发效率的提升尤为显著；对于需要驻留后台调度任务的项目，WorkManager 则是不二之选；而对于数据量较大的业务场景，Paging 和 Room 则会派上用场。

1.1.3　界面部分

界面可以说是和用户打交道最多的环节，好的界面不仅会提升产品的美感，还具有吸引用户、提高效率等诸多优点。从某种意义上说，一个完整的 App 就是由多个界面和众多数据构成的。因此，让产品拥有良好的界面体验值得每一个开发者深入探究。Android Jetpack 组件提供了诸多工具，帮助开发者绘制界面。接下来，我们先了解一下。

（1）Animation & Transitions 意为动画和过渡。顾名思义，就像 PowerPoint 里面的切换和自定义动画效果，Android 平台默认提供了一系列界面切换和组件动画。Android Jetpack 除了提供一系列简化动画的 API 外，还提供了基于物理学的弹簧动画，通过阻尼和刚度属性，使动画具备相应的物理特性。

（2）Auto/TV & Wear 则是为现代汽车智能车机、大屏幕电视和可穿戴设备准备的，它们广泛适用于众多版本的 Android 操作系统和各类屏幕尺寸的设备。

（3）Emoji 是表情符号字体库，随着 Android 版本的更新，表情符号也在日益增多。借助 Emoji 组件，开发者可以实现在旧版 Android 操作系统上使用新版本的表情符号库。

（4）Fragment 是组件化界面的基本单位，通过对 Fragment 的管理实现在不同尺寸的设备上显示合适的内容。Android Jetpack 中的 Fragment 组件通常和 Navigation 组件协同使用，可以简化 Fragment 的管理，提升 App 的运行性能。

（5）Layout 的意思是布局组件，Android Jetpack 中提供了多种开箱即用的组件，比如 DrawerLayout（符合 Material Design 的抽屉式导航栏）、SlidingPanelLayout（通过滑动显示的面板组件）、ConstraintLayout（基于相对定位的布局方式）等。一方面，可以简化多种尺寸屏幕适配；另一方面，对于某些常见的组件，省去了具体实现的工作量。

Palette 意为调色板，使用它可以帮助开发者从一张图片中提取出具有代表性的颜色，从而提高 App 界面的整体观感质量。

有开发经验，特别是前端产品开发经验的朋友都知道，绘制图形界面是一件多么重要，多么烦琐的工作。设计师在复查界面时通常会提出一些很细微的调整，让开发者反复修改，而 Android 设备的多样化增加了屏幕适配的难度。得益于以上这些组件库，大幅简化了我们的界面工作。

1.1.4　行为部分

作为整个 Android Jetpack 体系中最后一环，行为部分仍然很重要。它帮助开发者在开发某些具体的业务时，无须亲自动手，只需把业务需求"告诉"Android 操作系统，即可由系统"帮"我们完成。

（1）Download Manager 是下载管理器，对于要下载文件的业务，我们完全可以使用系统自带的下载管理器实现。Download Manager 不仅可以下载单个文件，还可以下载多个任务，并对正在下载的项目进行管理。

（2）Media & Playback 多用于音视频媒体文件的播放等。在 Android Jetpack 中，多媒体组件的特色在于它提供了 media-compat 库。该库最低兼容到 Android 2.3 版本，提供了与高版本 Android 相同的媒体播放等能力。

（3）Permissions 可用于申请动态权限。动态权限是自 Android 6.0 版本引入的，目的是更好地保护用户的数据隐私。随着 Android 操作系统的不断迭代，动态权限的范围也在不断改变。为了同时满足多个版本各自的要求，Permission 组件诞生了。得益于 Permission 组件，开发者可以更方便地检查 App 是否具备相应的权限，以及必要时向用户请求获取某些权限。此外，对于不同版本的 Android 操作系统，Permission 组件提供了兼容统一的 API，这更为开发者减少了编码量。

（4）Notifications 意为通知，当用户收到一条微信或 QQ 消息时，显示在通知栏的内容就是 Notification。Android Jetpack 中的通知组件同样在众多不同版本的 Android 操作系统中做了兼容。这意味着，借助该组件，开发者可以横跨不同版本的 Android 系统使用相同的方法实现类似的通知效果，而无须过多关注其中的不同点。

（5）Sharing 提供了适合 App 动作栏（也称为操作栏）的共享操作。举例说明：当我们想把一张照片分享到社交网络，通常就可以使用 Sharing 组件。但是，从我国的具体国情出发，大部分的社交分享使用的是 ShareSDK、友盟等第三方社交分享服务。

（6）Slices 是 Android Jetpack 提供的简化 Slice 界面和行为开发的组件，Slice 的名称是切片，它是一种界面模板，支持实时数据、滚动内容的显示以及内嵌互动元素等，使我们的产品选项能够出现在 Google 搜索、Google 助理等产品中。比如，我们正在借助 Slices 组件开发一款打车 App，用户在使用 Google Maps App 搜索目的地时，Google Maps 中的打车选项中就会出现我们的打车选项，用户甚至可以直接在 Google Maps 中使用我们的 App，而无须启动我们的产品。

至此，Android Jetpack 的 4 大组成部分介绍完毕，相信看到这里，你应该对它们有了初步的认知。但是，Android Jetpack 的发展脚步并未止于此。

实际上，除了上述 4 个部分外，还有 Data Store、Jetpack Compose 等有用的组件，它们都位于 AndroidX 系列库中。

那么，AndroidX 是什么？它和 Android Jetpack 有何关系呢？

1.2　Android Jetpack 的发展史与 AndroidX

讲到 Android Jetpack 的发展史，不得不提及 Android App 开发的发展史。

1.2.1　Android App 开发简史

Android 正式发布在 2008 年 9 月 22 日，版本号是 1.0。经过 12 年的发展，目前新版本为 Android 12。在笔者的印象中，Android 正式在中国流行起来是 2.2、2.3 版的时候。回想多年前的开发体验，可用的框架很少，也没有明确的规范，想要实现什么功能，大多是自己写。一时间，很多人都造出了相似的"轮子"。

后来，一些机构和个人相继推出了第三方支持库，比如用于数据库操作的 GreenDao、ORMLite，图片缓存加载库 Glide，用于网络请求的 Retrofit，等等，可谓是百花齐放。但这样也造成了一些弊端：没有经验的开发者在面临技术选型时有可能选择了不合适的支持库，这无疑增加了项目的风险。

1.2.2　Android Jetpack 的诞生和使命

Google 在 2018 的 I/O 大会上推出了全新的 Android Jetpack，它是一系列库、工具和指南的集合，旨在帮助广大 Android 开发者在开发产品时有更轻松的体验。Android Jetpack 为 Android App 的开发提供了"指导思想"，它的内容除了前文讲述的 4 大部分外，还提出了 MVVM 应用架构，以满足大型 Android App 项目的需求。

值得一提的是，Android Jetpack 中的很多组件并不都是全新开发的，在其诞生的前一年，也就是 2017 年的 I/O 大会上，Google 就提出了 Android Architecture Component，即 Android 架构组件。其中就包含 Lifecycle、LiveData、ViewModel、Room 等组件，而 Android Jetpack 正是基于这些已有的组件诞生的。

1.2.3　Android Jetpack 与 AndroidX 的关系

在 Android Jetpack 发布的同时，Google 建议使用 AndroidX 系列库替代之前一直使用的 Android Support Library 库。Android Support Library 库自此不再更新，其使命由 AndroidX 继承。

除了 Android Support Library 外，AndroidX 中还包含 Android 架构组件的内容。而由于 Android Jetpack 在一开始是基于这些内容诞生的，因此在使用 Android Jetpack 时，AndroidX 成为随处可见的"身影"。

如今，Android Jetpack 包含大部分 AndroidX 系列库的内容。可以说，使用 Android Jetpack 组件构建 Android App；在实际开发中，使用 AndroidX 系列库作为依赖支撑整个项目。

1.3　如何使用本书

为了帮助读者高效利用本书进行学习，本节将全面阐述开发环境的配置，读者可结合实际情况进行搭建。

1.3.1　开发环境概览

配置 Android 开发环境十分简单，需要的开发工具并不多，且很易于安装。

本书以 Microsoft Windows 10（20H2）操作系统为例进行讲解，并安装以下开发工具：

- Java Development Kit（1.8.0 Update 271，64 位）。
- Android Studio（4.1）。

测试设备为运行 Android Pie（9）的 Android Virtual Device。

在配置开发环境前，还需要确认你的 PC 或 Mac 满足以下条件：

- 对于 Windows，请使用 Windows 7 及以上版本的操作系统。
- 对于 macOS，请使用 10.10 及以上版本的操作系统。
- 对于 Linux，请使用基于 Debian 的发行版，GNU C 库版本为 2.19 或更高。

以上均需要安装 64 位版本。

- 第三代英特尔 Core i5 相当或性能更优的 CPU。
- 8 GB 或更高的内存。
- 至少 2 GB 的基本磁盘空间，除虚拟设备镜像外的全部 SDK 将占用多于 13 GB 的磁盘空间。
- 至少 1280 × 800 的屏幕分辨率。
- 对于虚拟设备，若要模拟实景，则需要配备至少一个摄像头。

对于运行虚拟设备的 PC，请复查 BIOS 的 Intel/AMD 的 VT/SVM 虚拟化开关为开启状态。

有的朋友可能会问：为什么这里要求的配置信息和 Android 开发者官网中列出的不一致，某些项目会要求更高的配置呢？

这是因为官网中的配置需求是"最低要求"。就像我们打游戏，满足最低要求的 PC 也可以玩，但是画质会降低，体验也会随之降低，而配置更高的 PC 将会带给玩家更好的画质、更绚丽的特效等。这和开发软件是类似的，使用一台配置较高的 PC 进行开发将会带给人们更高的工作效率。本书所列出的配置要求对应的就是"配置较高的 PC"。笔者在编写本书时，使用的 PC 配置信息如下：

- CPU：Intel Core i3-9100。
- 内存：24 GB。
- 显示器：22 英寸，分辨率为 1920 × 1080。
- 操作系统：Microsoft Windows 10（20H2）。
- JDK：1.8.0 Update 271，x64。

- IDE：Android Studio 4.1。
- 测试设备：Android AVD、Pixel 2、Android 9.0。

本书中的示例均在上述软硬件环境中进行。

1.3.2　本书的结构

正如 1.1 节所述，Android Jetpack 分为 4 大模块，本书对前两大模块展开详述，即基础和架构。其中，第 2~5 章为基础部分，第 6~13 章为架构部分。

为了突出每个组件的实用性，本书除了讲解每个组件的用法外，还介绍了它们的具体适用场景，并根据其适用场景进行实操演练。

1.3.3　本书的用法

本书既适合稍有编程（尤其是 Java/Kotlin）基础的朋友，也适合有一定经验的"老手"；既适合从头到尾通读并实践，也适合作为工具书，在用时速查。

由于篇幅所限，本书不再详述如何配置开发环境以及运行 Hello World 项目。这方面的资料有很多，请读者自行查找。每个组件的讲解如无特别说明，也将以 Hello World 项目作为模板开始。

特别需要说明的是，由于 AndroidX 仍在不断更新中，本书使用的版本在未来大概率会更新，甚至被列为不建议使用（也被称为废弃）的库。读者可访问 https://developer.android.google.cn/jetpack/androidx/versions 查询新的库版本、更新时间、测试版本以及下一个候选版本。对于不建议使用的库，通常会有替代方案说明，这个规律对于库以及库中的方法、变量同样适用。

好了，开场白到此为止，下面让我们进入正文环节。

第 2 章

Appcompat UI 兼容组件

众所周知，和苹果的 iOS 设备相比，运行 Android 的设备更加多样化。这得益于其开放性，但也带来了严重的碎片化，包括硬件碎片化和软件碎片化。硬件碎片化通常指的是品牌制造商的多样、设备形态的多样等，软件碎片化则通常指的是系统版本的多样。

Appcompat 组件专为解决软件碎片化而生，在不同系统版本之间提供了尽可能一致的 UI 样式。需要注意的是，Appcompat 适用于大部分基于 Material Design 的设计。

2.1 Appcompat 概览

截至目前，Appcompat 的新稳定版本是 1.2.0，更新于 2020 年 8 月 19 日；新的 Alpha 测试版为 1.3.0-alpha02。

Appcompat 提供了 5 类 AndroidX API，分别是：

- androidx.appcompat.app。
- androidx.appcompat.content.res。
- androidx.appcompat.graphics.drawable。
- androidx.appcompat.view。
- androidx.appcompat.widget。

我们可以使用以上 5 类 API 实现本章提及的所有功能。

2.2　集成 Appcompat 库

要拥有这 5 个 API 的能力，我们需要先把它们集成到自己的项目中。具体方法如下：

打开要使用 Appcompat 的 Module 中的 build.gradle 文件，在 dependencies 节点下添加：

```
implementation'androidx.appcompat:appcompat:1.2.0'
```

完成后，别忘记执行 Gradle Sync 操作。

准备工作已就绪，让我们开始吧。

2.3　App Bar

本节将详细讲述 App 应用栏的具体适用场景和使用方法。

2.3.1　什么是 App Bar

App Bar 即 App 应用栏，也称为 App 工具栏，具体涉及 ToolBar 控件。

如图 2.1 所示是一个简单的 Demo 工程，箭头所指的方框区域就是 App 应用栏。

通常，我们的 App Bar 不会如此简单。比如，微信的 App Bar 在不同的功能中显示的内容是不一样的，如图 2.2 所示。

图 2.1　App Bar 位置示意图

图 2.2　不同功能的 App Bar

显然，在主界面、设置等功能中，App Bar 的功能是完全不同的。除了标题文本外，还有下拉菜单、搜索输入框、按钮，甚至同为左侧按钮，还能做成返回和关闭等不同的功能。这些功能是如何实现的呢？

2.3.2 添加 ToolBar 控件

要实现 App Bar，需要在界面上添加 ToolBar 控件，方法是找到 Activity 对应的布局文件，然后进行添加。同时，为了确保界面上只有一个 App Bar，需要将默认的 ActionBar 去掉。

1. 添加 ToolBar

本例中，我们只有一个 Activity，即 MainActivity，与之关联的布局 XML 文件名为 activity_main.xml。修改 activity_main.xml 的内容，添加如下代码：

```
<androidx.appcompat.widget.Toolbar
    android:id="@+id/activity_main_tb"
    android:layout_width="match_parent"
    android:layout_height="?attr/actionBarSize"
    android:background="?attr/colorPrimary"
    android:elevation="4dp"
    android:theme="@style/ThemeOverlay.AppCompat.ActionBar"
    app:layout_constraintLeft_toLeftOf="parent"
    app:layout_constraintRight_toRightOf="parent"
    app:layout_constraintTop_toTopOf="parent"
    app:popupTheme="@style/ThemeOverlay.AppCompat.Light" />
```

2. 去掉默认的 ActionBar

接着，修改默认的主题，以便去掉默认的 ActionBar。

分别打开位于 values 和 values-night 的 themes.xml，修改名为 Theme.AppBarDemo 的 parent 属性值为 Theme.MaterialComponents.DayNight.NoActionBar。

接下来，运行 App，运行结果如图 2.3 所示。

图 2.3　添加 ToolBar 控件

你可能会问：应用栏为什么没有内容了，甚至连之前的标题文本都不见了？

没错，ToolBar 在我们尚未给它足够的定义时，它将显示为空白，而之前的标题文本是在 ActionBar 上的，已经被我们替换掉了，因此标题文本也不见了。

从某种意义上讲，空白意味着无限可能，也就意味着我们能在 ToolBar 上实现多种功能。

2.3.3　给 ToolBar 设置标题和子标题

我们先从最简单的开始——自定义 App Bar 的标题。

默认情况下，App Bar 的标题会显示为 App 的应用名。如果整个 App 的 App Bar 的标题无论何时都如此显示，那么连 ToolBar 都不用添加。

比如，修改 App 应用名为 ToolBarDemo，只需要到 strings.xml 将 name 为 app_name 的值改为 ToolBarDemo 即可（默认为 AppBarDemo）。

如下所示：

```
<resources>
    <string name="app_name">ToolBarDemo</string>
</resources>
```

重新运行 App，可以发现 App Bar 的文本已经发生变化，如图 2.4 所示。

图 2.4　标题显示为应用名的 App Bar

如果我们的 App 要在不同场景中显示不同的标题，该怎么办呢？

我们需要在每个场景中单独设置 ToolBar 标题。具体做法分为以下 3 步：

1. 实例化 ToolBar 对象

首先声明一个 ToolBar 变量，注意导入的包为 androidx.appcompat.widget.Toolbar；然后和使用其他控件类似，需要找到并实例化 ToolBar 对象；最后调用 setSupportActionBar();方法，设置 ToolBar 对象作为 App Bar 使用。

以上步骤的关键代码如下：

```
packagecom.example.appbardemo;
...
importandroidx.appcompat.widget.Toolbar;
...
public class MainActivity extends AppCompatActivity {
    private Toolbar toolbar;
    @Override
    protected void onCreate(BundlesavedInstanceState) {
        super.onCreate(savedInstanceState);
        setContentView(R.layout.activity_main);
        toolbar = findViewById(R.id.activity_main_tb);
        setSupportActionBar(toolbar);
    }
}
```

2. 为 ToolBar 设置标题文本

实例化 ToolBar 对象之后，就可以调用 ToolBar 的 API 了。我们可以调用 setTitle();方法设置标题文本。具体代码如下：

```
toolbar.setTitle(R.string.app_name);
```

重新运行 App，可以看到熟悉的文字又回来了，如图 2.5 所示。

图 2.5　设置了标题的 ToolBar

3. 为 ToolBar 设置子标题

ToolBar 除了可以设置标题外，还可以设置子标题。设置子标题文本的方法是 setSubTitle();。为了更直观地与标题对比，我们将子标题的文本设置为和标题相同的内容。具体代码如下：

```
toolbar.setSubtitle(R.string.app_name);
```

重新运行 App，可以看到子标题出现在了标题下方，文字略小，且不加粗，如图 2.6 所示。

图 2.6　设置了标题和子标题的 ToolBar

2.3.4　在 ToolBar 上添加图标

接下来，我们聊聊如何给 ToolBar 添加图标。这个图标位于标题左侧和返回按钮右侧，如图 2.7 所示。

图 2.7　添加了图标的 ToolBar

在实际开发中，给 ToolBar 添加图标并不是很常见的需求。回顾图 2.2 可以发现，在微信的大多数使用场景中，ToolBar 是没有图标的。但当需求所限，我们需要给 ToolBar 添加图标时，别忘了这一招。

以图 2.7 为例，想要添加圆形的图标，代码如下：

```
toolbar.setLogo(R.mipmap.ic_launcher);
```

2.3.5　在 ToolBar 上增加返回按钮

本节主要讲解 ToolBar 在返回前一个 Activity 时的处理方法。为了讲解方便，我们创建一个新的 Activity，名为 SubAcvitiy，再为原 MainActivity 的布局添加一个按钮，用来跳转到 SubActivity。SubActivity 中的 ToolBar 具有返回按钮，点击这个按钮可以返回 MainActivity。整个流程如图 2.8 所示。

图 2.8　界面跳转关系

由于篇幅所限，点击按钮跳转的部分不做讲解。我们只聚焦 SubActivity，完成如图 2.8 所示的返回跳转。

1. 启用返回按钮

关于返回按钮，提供了非常简单的实现，只需执行下面的代码，返回按钮就会出现：

```
getSupportActionBar().setDisplayHomeAsUpEnabled(true);
```

这里需要注意的是，ToolBar 对象并没有 setDisplayHomeAsUpEnabled();方法。

我们除了可以使用默认的返回按钮外，还可以使用自定义的图像资源替换它。比如，可以执行下面的代码，让返回按钮变成一个红色的叉号：

```
toolbar.setNavigationIcon(android.R.drawable.ic_delete);
```

重新运行 App，我们发现界面已经变成如图 2.9 所示的样子。

图 2.9　自定义返回按钮

2. 定义返回按钮的动作

当我们添加好返回按钮，点击返回按钮时，会发现界面并没有发生跳转。这是因为还没有定义具体的返回动作，系统不知道要返回到哪里。

定义返回动作有两种方式，分为静态和动态。前者适合目的地较为固定的场景，后者适合可变目的地的场景。

（1）静态定义

打开 AndroidManifest.xml，找到对应的 Activity 节点。本例中，要返回的 Activity 是 MainActivity。

因此，我们可按照如下方式描述 SubActivity：

```
<activity android:name=".SubActivity" >
    <meta-data
        android:name="android.support.PARENT_ACTIVITY"
        android:value=".MainActivity" />
</activity>
```

（2）动态定义

动态定义则需要在 Java 代码中添加相关逻辑。对 Android 系统而言，ToolBar 上面的返回按钮相当于菜单项中的 Home。因此，如果想结束掉自身，同时返回原 Activity，实现方式如下：

```
@Override
public boolean onOptionsItemSelected(MenuItem item) {
    if (item.getItemId() == android.R.id.home) {
        finish();
        return true;
    }
    return super.onOptionsItemSelected(item);
}
```

（3）静态定义和动态定义的优先级

当代码中同时存在静态定义和动态定义时，谁的优先级更高呢？

经过笔者测试，当二者同时存在时，按照动态定义执行，静态定义失效。

2.3.6　在 ToolBar 上添加菜单

本节我们来聊聊如何在 App Bar 上添加菜单，以及点击菜单项的响应。

1. 定义菜单项

添加菜单的第一步是定义菜单的内容，具体方法是在项目的 res 目录下新建 menu 目录，并创建菜单 XML 文档。本例将其命名为 activity_main_menu.xml，内容如下：

```
<?xml version="1.0" encoding="utf-8"?>
<menu xmlns:android="http://schemas.android.com/apk/res/android"
    xmlns:app="http://schemas.android.com/apk/res-auto">
    <item
        android:id="@+id/activity_main_menu_item_1"
        android:icon="@android:drawable/ic_menu_search"
        android:title="@string/activity_main_menu_item_1"
        app:showAsAction="ifRoom" />
    <item
        android:id="@+id/activity_main_menu_item_2"
        android:icon="@android:drawable/ic_menu_help"
        android:title="@string/activity_main_menu_item_2"
        app:showAsAction="never" />
    <item
        android:id="@+id/activity_main_menu_item_3"
        android:title="@string/activity_main_menu_item_3"
```

```
                app:showAsAction="never" />
</menu>
```

可以看到，完整的菜单定义是由 menu 包裹的若干 item，每个 item 对应一个菜单项。

我们知道，菜单可以添加多个，而 ToolBar 的宽度是不变的。在菜单项过多时，ToolBar 就无法容纳下它们了。因此，我们使用 app:showAsAction 来表示菜单的显示方式。它常见的取值为 ifRoom 和 never。前者表示当空间允许时，显示完整的菜单名称或图标，当空间不够时，会以折叠的方式将没有显示的菜单放进"更多"按钮中；后者表示无论空间是否允许，一律放进"更多"按钮中。这种被放进"更多"按钮的菜单称为"溢出菜单"，如图 2.10 所示。

图 2.10　"更多"按钮

图 2.10 中方框区域即"更多"按钮，当它被点击时，溢出菜单项将显示出来，如图 2.11 所示。

图 2.11　被折叠的菜单项

另外，当 android:icon 和 android:title 同时存在时，若相应的菜单项不是溢出菜单，则优先显示图标，长按该菜单时，将以工具提示的方式显示 android:title 的值，其效果如图 2.12 所示。

图 2.12　长按问号图标的显示效果

而若相应的菜单在溢出菜单中，则优先显示文字，如图 2.11 所示。

2. 添加菜单项

当我们完成了对菜单项的定义描述后，就可以将它们添加到指定的 Activity 中了。这一步需要重写 onCreateOptionsMenu();方法，具体代码如下：

```
@Override
public boolean onCreateOptionsMenu(Menu menu) {
    getMenuInflater().inflate(R.menu.activity_main_menu, menu);
    return true;
}
```

再次运行 App，可以发现 ToolBar 上已经出现如图 2.10 所示的菜单项了。

3. 实现点击菜单的动作

接下来，实现用户点击菜单项后执行的动作。ToolBar 提供了非常方便的实现，其方法如下：

```
toolbar.setOnMenuItemClickListener(item -> {
    switch (item.getItemId()) {
        case R.id.activity_main_menu_item_1:
            Toast.makeText(MainActivity.this, "Search", Toast.LENGTH_SHORT)
.show();
            break;
        case R.id.activity_main_menu_item_2:
            Toast.makeText(MainActivity.this, "Menu
2", Toast.LENGTH_SHORT).show();
            break;
        case R.id.activity_main_menu_item_3:
            Toast.makeText(MainActivity.this, "Menu
3", Toast.LENGTH_SHORT).show();
            break;
    }
    return false;
});
```

可以看到，对点击菜单动作的实现仍然是常见的监听方式。

2.3.7　为 ToolBar 添加搜索功能

接下来，我们来探讨如何给 ToolBar 添加搜索功能。

细心的读者可能已经发现，在 2.3.6 节中已经初步做了一个带有搜索图标的菜单项。接下来继续完善它，以实现真正的搜索功能。

首先在定义菜单项的 XML 文件中找到这个菜单，添加 app:actionViewClass 属性，代码如下：

```
<item
    android:id="@+id/activity_main_menu_item_1"
    android:icon="@android:drawable/ic_menu_search"
    android:title="@string/activity_main_menu_item_1"
    app:actionViewClass="androidx.appcompat.widget.SearchView"
    app:showAsAction="ifRoom" />
```

接着，回到 Java 代码中，在复写的 onCreateOptionsMenu();方法中添加用于搜索的 SearchView 控件：

```
@Override
public boolean onCreateOptionsMenu(Menu menu) {
    getMenuInflater().inflate(R.menu.activity_main_menu, menu);
    SearchManager searchManager =
(SearchManager) getSystemService(Context.SEARCH_SERVICE);
    SearchView searchView = (SearchView)
menu.findItem(R.id.activity_main_menu_item_1).getActionView();
    searchView.setSearchableInfo(searchManager.getSearchableInfo(getCompone
ntName())));
    searchView.setOnQueryTextListener(new SearchView.OnQueryTextListener() {
        @Override
        public boolean onQueryTextSubmit(String query) {
            Toast.makeText(MainActivity.this, "搜索: " + query,
Toast.LENGTH_SHORT).show();
            return false;
        }
```

```
        @Override
        public boolean onQueryTextChange(String newText) {
            return false;
        }
    });
    return true;
}
```

仔细阅读上述代码，在复写的 onQueryTextSubmit();方法中，可以根据取到的字符串值作为搜索依据进行搜索。运行效果如图 2.13 所示。

图 2.13　ToolBar 搜索功能的实现

从图 2.13 中可以看到，用户在点击搜索菜单后，出现搜索输入框，同时弹出软键盘。当用户完成输入，单击软键盘右下角的搜索按钮时，软键盘自动收起，SearchView 的 onQueryTextSubmit();方法被回调，弹出 Toast 提示信息。

SearchView 作为 AndroidX 中的 UI 控件还有更多实用的开发技巧，在后面的章节中会进行详细讲解。

2.3.8　自定义 ToolBar 样式

自定义 ToolBar 样式和配置其他控件的样式类似，可以继承相应控件的基础样式，然后自定义。为了方便读者查阅，笔者将基础样式配置代码放到这里。

1. ToolBar 基础样式

```
<style name="Base.Widget.AppCompat.Toolbar" parent="android:Widget">
    <item name="titleTextAppearance">@style/TextAppearance.Widget.
AppCompat.Toolbar.Title</item>
    <item name="subtitleTextAppearance">@style/TextAppearance.Widget.
AppCompat.Toolbar.Subtitle</item>
    <item name="android:minHeight">?attr/actionBarSize</item>
    <item name="titleMargin">4dp</item>
    <item name="maxButtonHeight">56dp</item>
    <item name="buttonGravity">top</item>
```

```xml
    <item name="collapseIcon">?attr/homeAsUpIndicator</item>
    <item name="collapseContentDescription">@string/
abc_toolbar_collapse_description</item>
    <item name="contentInsetStart">16dp</item>
    <item name="contentInsetStartWithNavigation">72dp</item>
    <item name="android:paddingLeft">0dp</item>
    <item name="android:paddingRight">0dp</item>
</style>
```

2. 溢出菜单基础样式

```xml
<style name="Base.Widget.AppCompat.Light.PopupMenu.Overflow">
    <item name="overlapAnchor">true</item>
    <item name="android:dropDownHorizontalOffset">-4dip</item>
</style>
<style name="Base.Widget.AppCompat.ListPopupWindow" parent="">
    <item name="android:dropDownSelector">?attr/
listChoiceBackgroundIndicator</item>
    <item name="android:popupBackground">@drawable/
abc_popup_background_mtrl_mult</item>
    <item name="android:dropDownVerticalOffset">0dip</item>
    <item name="android:dropDownHorizontalOffset">0dip</item>
    <item name="android:dropDownWidth">wrap_content</item>
</style>
```

2.3.9 ToolBar 小结

至此，关于 ToolBar 的功能及其实现已经结束了，我们来回顾一下。

显示 ToolBar 的方法：

- 隐藏掉默认的 ActionBar。
- 调用 setSupportActionBar();方法，参数为 ToolBar 对象。

ToolBar 的构成：

- 返回按钮。
- 图标。
- 标题与子标题。
- 菜单项。
- 搜索栏。

ToolBar 的样式：

继承 Base.Widget.AppCompat.Toolbar、Base.Widget.AppCompat.Light.PopupMenu.Overflow 和 Base.Widget.AppCompat.ListPopupWindow，再自定义属性值。

2.4 AppCompatActivity 与 AppCompatDelegate

不难发现，我们在使用 Android Studio 创建新项目的时候，项目内的 Activity 默认继承自

AppCompatActivity。但在早期开发 Android App 时并非如此，而是继承自 Activity。我们不禁要问：AppCompatActivity 和 Activity 有何区别，AppCompatDelegate 在其中又起到怎样的作用呢？

2.4.1　认识 AppCompatActivity

打开 Google Android 开发者网站，查看 API 参考文档，可以发现 AppCompatActivity 的继承关系，如图 2.14 所示。

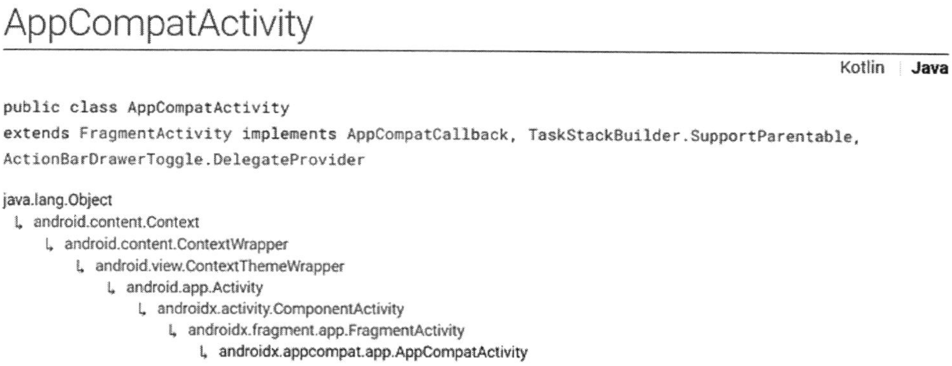

AppCompatActivity

Kotlin | **Java**

```
public class AppCompatActivity
extends FragmentActivity implements AppCompatCallback, TaskStackBuilder.SupportParentable,
ActionBarDrawerToggle.DelegateProvider
```

```
java.lang.Object
  ↳ android.content.Context
    ↳ android.content.ContextWrapper
      ↳ android.view.ContextThemeWrapper
        ↳ android.app.Activity
          ↳ androidx.activity.ComponentActivity
            ↳ androidx.fragment.app.FragmentActivity
              ↳ androidx.appcompat.app.AppCompatActivity
```

图 2.14　AppCompatActivity 的继承关系（图片摘自 Android 开发者官网）

很明显，AppCompatActivity 实际上也是 Activity 的子类。根据 Java 语法规范，子类通常比父类更加具象化，提供了更多的方法。从类名上很容易看出，AppCompatActivity 提供了在旧版本 Android 操作系统（兼容的最低版本为 Android 2.1）上使用新特性的兼容处理。主要包含：

（1）对 ToolBar 控件的支持。

（2）对暗黑/明亮主题的支持。

（3）对 DrawerLayout 控件的支持。

虽然项目中名为 Activity 继承自 AppCompatActivity，但 AppCompatActivity 仍然是继承自 Activity。因此，在实际开发中，只需放心大胆地继承 AppCompatActivity 即可。Activity 中可调用的方法，AppCompatActivity 仍然可以调用。

2.4.2　实战 AppCompatDelegate

Delegate 意为"委托"，它是 AppCompatActivity 和 Activity 之间的"桥梁"。当我们的项目不得不继承 Activity，却还想使用某些新版本 Android 的特性时，AppCompatDelegate 就可以派上用场了。

接下来讲解如何通过 AppCompatDelegate 使用 ToolBar。

首先，创建一个新的项目，将 MainActivity 改为直接继承自 Activity。然后运行 App，你会发现默认的应用栏不见了，如图 2.15 所示。

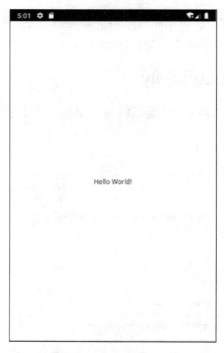

图 2.15　继承自 Activity 的 MainActivity

　　然后，让 MainActivity 实现 AppCompatCallback 接口。同时，声明 AppCompatDelegate 对象，并在 onCreate();方法中进行实例化。如此，便可通过 AppCompatDelegate 对象使用新特性了。

　　最后，复写 Activity 中的生命周期等方法，其中调用 AppCompatDelegate 对象的相应方法。当然，也不要忘记修改主题，并在布局文件中添加 ToolBar 控件。

　　完整代码如下：

```
public class MainActivity extends Activity implements AppCompatCallback {
    private AppCompatDelegate appCompatDelegate;
    @Override
    protected void onCreate(Bundle savedInstanceState) {
        super.onCreate(savedInstanceState);
        //setContentView(R.layout.activity_main);
        appCompatDelegate = AppCompatDelegate.create(this, this);
        appCompatDelegate.onCreate(savedInstanceState);
        appCompatDelegate.setContentView(R.layout.activity_main);
        Toolbar toolbar = (Toolbar) findViewById(R.id.activity_main_tb);
        appCompatDelegate.setSupportActionBar(toolbar);
    }
    @Override
    public void onSupportActionModeStarted(ActionMode mode) {
    }
    @Override
    public void onSupportActionModeFinished(ActionMode mode) {
    }
    @Nullable
    @Override
    public ActionMode onWindowStartingSupportActionMode(ActionMode.Callback
```

```
callback) {
            return null;
        }
        @Override
        protected void onPostCreate(@Nullable Bundle savedInstanceState) {
            super.onPostCreate(savedInstanceState);
            appCompatDelegate.onPostCreate(savedInstanceState);
        }
        @Override
        public void onConfigurationChanged(@NonNull Configuration newConfig) {
            super.onConfigurationChanged(newConfig);
            appCompatDelegate.onConfigurationChanged(newConfig);
        }
        @Override
        protected void onStart() {
            super.onStart();
            appCompatDelegate.onStart();
        }
        @Override
        protected void onStop() {
            super.onStop();
            appCompatDelegate.onStop();
        }
        @Override
        protected void onDestroy() {
            super.onDestroy();
            appCompatDelegate.onDestroy();
        }
        @Override
        protected void onPostResume() {
            super.onPostResume();
            appCompatDelegate.onPostResume();
        }
        @Override
        protected void onSaveInstanceState(@NonNull Bundle outState) {
            super.onSaveInstanceState(outState);
            appCompatDelegate.onSaveInstanceState(outState);
        }
        @Override
        public void setTitle(CharSequence title) {
            super.setTitle(title);
            appCompatDelegate.setTitle(title);
        }
        @Override
        public void setTitle(int titleId) {
            super.setTitle(titleId);
            appCompatDelegate.setTitle(getResources().getString(titleId));
        }
    }
```

重新运行 App，可以看到，熟悉的 ToolBar 回来了，如图 2.16 所示。

图 2.16　实战 AppCompatDelegate

　　AppCompatDelegate 作为 AppCompatActivity 和 Activity 之间的"桥梁"，其作用不仅仅限于 ToolBar，对于其他 AppCompatActivity 特性均提供支持。

2.5　AppCompatDialogFragment

　　在实际开发中，除了常见的全屏显示的 Activity/Fragment 外，还有一类非常常用的界面组件，那就是对话框，本节就来解锁显示对话框的正确姿势。

2.5.1　AppCompatDialogFragment 和 AppCompatDialog

　　从源码层面上看，AppCompatDialogFragment 使用了 AppCompatDialog。它们分别是做什么的，又有什么关系呢？

1. AppCompatDialogFragment

　　照例，我们先来看看 AppCompatDialogFragment 的类继承关系，如图 2.17 所示。

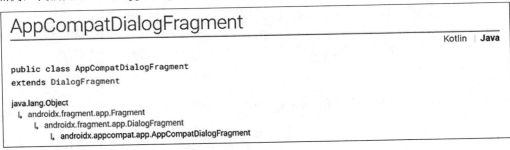

图 2.17　AppCompatDialogFragment 的类继承关系（图片摘自 Android 开发者官网）

由图 2.17 可以看出，AppCompatDialogFragment 继承自 Fragment。和 AppCompatActivity 类似，在早期开发中，我们一般通过继承 DialogFragment 完成对话框的实现。如今，AppCompatActivity 为新版本中众多新特性的使用提供了方便。它的源码十分简单，只有两个方法。其内部并非使用 DialogFragment，而是使用 AppCompatDialog。

2. AppCompatDialog

我们再来看看 AppCompatDialog 的类继承关系，如图 2.18 所示。

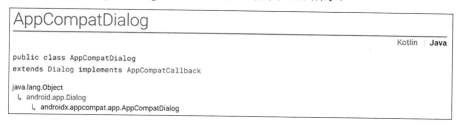

图 2.18　AppCompatDialog 的类继承关系

类似地，在早期开发中，我们通常通过继承 Dialog 完成对话框的实现。如今为了兼容性，使用 AppCompatDialog。细心的读者可能会发现，AppCompatDialog 实现了 AppCompatCallback 接口。看到这，会不会觉得很熟悉呢？没错，这就是我们在 2.4 节讲过的 AppCompatDelegate。

实际上，AppCompatDialog 的内部实现就是在 Dialog 的基础上，通过 AppCompatDelegate 将新特性引入进来。阅读 AppCompatDialog 的源码可以很轻松地发现它们。

2.5.2　实战简单对话框

了解了 AppCompatDialogFragment 的实现原理后，我们使用它创建一类简单的对话框：带有文本内容和按钮的对话框，如图 2.19 所示。

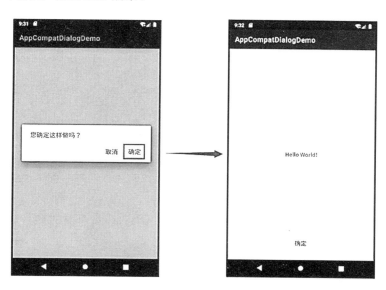

图 2.19　简单对话框的交互

如图 2.19 所示,这是一类常见的二次确认对话框,在实际开发中会经常用到。当用户点击"取消"或按返回键时,对话框消失;当用户点击"确定"后,执行相应的操作,同时对话框消失。本例的确认操作为弹出 Toast 提示。

要实现以上效果分两个步骤,第一步需要创建这个对话框,第二步则是使用这个对话框。下面我们逐步拆解。

1. 创建对话框

创建对话框的方法非常简单,我们创建一个类,继承 AppCompatDialogFragment,并在 onCreateDialog();方法中返回使用 AlertDialog 对象。此外,考虑到对话框的复用性,将对话框中按钮的动作通过接口传递给使用者,具体代码如下:

```
public class SimpleDialogFragment extends AppCompatDialogFragment {
    private OnButtonClicked onButtonClicked;
    public SimpleDialogFragment(OnButtonClicked onButtonClicked) {
        this.onButtonClicked = onButtonClicked;
    }
    @Override
    public Dialog onCreateDialog(Bundle savedInstanceState) {
        AlertDialog.Builder builder = new AlertDialog.Builder(getActivity());
        builder.setMessage("您确定这样做吗? ")
                .setPositiveButton("确定", (dialog, id) ->
onButtonClicked.onPositiveButtonClicked())
                .setNegativeButton("取消", (dialog, id) ->
onButtonClicked.onNegativeButtonClicked());
        return builder.create();
    }
    public interface OnButtonClicked{
        void onPositiveButtonClicked();
        void onNegativeButtonClicked();
    }
}
```

2. 使用对话框

使用对话框的方法就很简单了,只需要实例化 SimpleDialogFragment 的对象,并调用 show();方法即可。具体代码如下:

```
new SimpleDialogFragment(new SimpleDialogFragment.OnButtonClicked() {
    @Override
    public void onPositiveButtonClicked() {
        Toast.makeText(MainActivity.this, "确定", Toast.LENGTH_SHORT).show();
    }
    @Override
    public void onNegativeButtonClicked() {
    }
}).show(getSupportFragmentManager(), "SimpleDialog"));
```

至此,我们就完成了简单对话框的实现。

2.5.3　实战列表选择对话框

在实际开发中，某些时候需要提供选项菜单对话框。这个菜单可以是单选的，也可以是多选的。

1. 传统单选列表对话框

传统单选列表对话框的交互如图 2.20 所示。

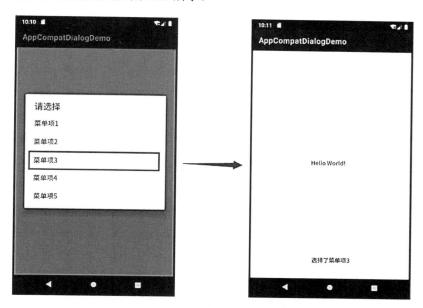

图 2.20　单选列表对话框的交互

当用户点击菜单项中的某一项后，执行相应的操作，同时对话框消失。本例中，相应的操作依然是显示一个 Toast 提示，提示的内容是菜单项文本。

（1）创建对话框

创建对话框的方法类似简易对话框，仍然是新建一个类，继承 AppCompatDialogFragment，在 onCreateFragment();方法中返回 AlertDialog 对象。然后分别设置 AlertDialog 的 Title 和 Items，前者表示对话框的标题，后者是选项列表，一般以文字居多。最后，出于复用性的考虑，将点击后的动作通过接口传递给使用者实现，另外，菜单项 Items 的字符串数组由使用者提供。完整代码如下：

```
public class SingleSelectListDialogFragment extends AppCompatDialogFragment {
    private OnItemSelected onItemSelected;
    private CharSequence[] selectItems;
    public SingleSelectListDialogFragment(OnItemSelected onItemSelected,
CharSequence[] selectItems) {
        this.onItemSelected = onItemSelected;
        this.selectItems = selectItems;
    }
    @Override
    public Dialog onCreateDialog(Bundle savedInstanceState) {
        AlertDialog.Builder builder = new AlertDialog.Builder(getActivity());
```

```
        builder.setTitle("请选择").setItems(selectItems, (dialog, which) ->
onItemSelected.onItemSelected(which));
        return builder.create();
    }
    public interface OnItemSelected {
        void onItemSelected(int index);
    }
}
```

（2）使用对话框

接下来，回到 MainActivity，实例化 SingleSelectListDialogFragment，然后调用 show();方法将对话框显示出来，具体代码如下：

```
new SingleSelectListDialogFragment(index ->
        Toast.makeText(MainActivity.this,
            "选择了" + selectItems[index], Toast.LENGTH_SHORT).show(),
        selectItems).show(getSupportFragmentManager(),
"SingleSelectDialog"));
```

2. 带有确认的单选/多选列表对话框

回顾传统单选列表对话框的交互，我们发现，在用户点击了某一菜单项后，对话框消失，这相当于零次确认。换言之，如果这个时候用户选择有误，就会执行有误的操作。而带有确认按钮时，则相当于有一次确认。即使用户选择了错误的菜单项，依旧可以在点击确认按钮前修改自己的选择。这种交互方式如图 2.21 所示。

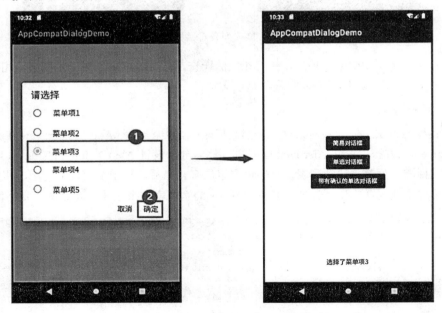

图 2.21 带有确认按钮的单选列表对话框交互

用户首先选择了菜单项 3，在确认所选无误后，点击"确定"按钮，相应的操作会被执行，同时对话框消失。

（1）单选对话框的实现

下面我们来看这种对话框是如何实现的。

①创建对话框

创建带有确认按钮的对话框并不难，和前面的对话框创建方式无异。我们只需更改 AlertDialog 的参数，并添加按钮的监听器即可。完整代码如下：

```
public class SingleSelectWithConfirmListDialogFragment extends
AppCompatDialogFragment {
    private OnItemSelected onItemSelected;
    private CharSequence[] selectItems;
    private int selectItemIndex = 0;
    public SingleSelectWithConfirmListDialogFragment(OnItemSelected
onItemSelected, CharSequence[] selectItems) {
        this.onItemSelected = onItemSelected;
        this.selectItems = selectItems;
    }
    @Override
    public Dialog onCreateDialog(Bundle savedInstanceState) {
        AlertDialog.Builder builder = new AlertDialog.Builder(getActivity());
        builder.setTitle("请选择").setSingleChoiceItems(selectItems, 0, (dialog,
which) -> {
            onItemSelected.onItemSelected(which);
            selectItemIndex = which;
        }).setPositiveButton("确定", (dialog, id) ->
onItemSelected.onPositiveButtonClicked(selectItemIndex))
                .setNegativeButton("取消", (dialog, id) ->
onItemSelected.onNegativeButtonClicked());
        return builder.create();
    }
    public interface OnItemSelected {
        void onItemSelected(int index);
        void onPositiveButtonClicked(int index);
        void onNegativeButtonClicked();
    }
}
```

为了方便使用，当用户选择某一菜单项时，记录了下标，并在点击确认时，将下标通过接口参数返回给使用者。

②使用对话框

回到 MainActivity，实例化 SingleSelectWithConfirmListDialogFragment，然后调用 show();方法，即可将对话框显示出来，具体代码如下：

```
findViewById(R.id.activity_main_single_select_with_confirm_list_dialog_btn)
.setOnClickListener(v ->
        new SingleSelectWithConfirmListDialogFragment(new
SingleSelectWithConfirmListDialogFragment.OnItemSelected() {
            @Override
            public void onItemSelected(int index) {
            }
            @Override
```

```
            public void onPositiveButtonClicked(int index) {
                Toast.makeText(MainActivity.this, "选择了" + selectItems[index],
Toast.LENGTH_SHORT).show();
            }
            @Override
            public void onNegativeButtonClicked() {
            }
        }, selectItems).show(getSupportFragmentManager(),
"SingleSelectWithConfirmDialog"));
```

（2）多选对话框的实现

学会了单选对话框的实现，学习多选对话框就变得非常容易了。在构建 AlertDialog 时，我们只需将 setSingleChoiceItems();改为 setMultiChoiceItems();，并修改相关参数即可。完整代码如下：

①创建对话框

```
public class MultiSelectWithConfirmListDialogFragment extends
AppCompatDialogFragment {
    private OnItemSelected onItemSelected;
    private CharSequence[] selectItems;
    private boolean[] isItemSelect;
    public MultiSelectWithConfirmListDialogFragment(OnItemSelected
onItemSelected, CharSequence[] selectItems, boolean[] isItemSelect) {
        this.onItemSelected = onItemSelected;
        this.selectItems = selectItems;
        this.isItemSelect = isItemSelect;
    }
    @Override
    public Dialog onCreateDialog(Bundle savedInstanceState) {
        AlertDialog.Builder builder = new AlertDialog.Builder(getActivity());
        builder.setTitle("请选择").setMultiChoiceItems(selectItems,
isItemSelect, (dialog, which, isChecked) ->
                isItemSelect[which] = isChecked).setPositiveButton("确定",
(dialog, id) ->
                onItemSelected.onPositiveButtonClicked(isItemSelect))
                .setNegativeButton("取消", (dialog, id) ->
onItemSelected.onNegativeButtonClicked());
        return builder.create();
    }
    public interface OnItemSelected {
        void onItemSelected(int index);
        void onPositiveButtonClicked(boolean[] isItemSelect);
        void onNegativeButtonClicked();
    }
}
```

②使用对话框

```
findViewById(R.id.activity_main_multi_select_with_confirm_list_dialog_btn).
setOnClickListener(v -> {
    boolean isSelected[] = {false, false, false, false, false};
```

```
        new MultiSelectWithConfirmListDialogFragment(new
MultiSelectWithConfirmListDialogFragment.OnItemSelected() {
            @Override
            public void onItemSelected(int index) {
            }
            @Override
            public void onPositiveButtonClicked(boolean[] isSelected) {
                String selectedStr = "";
                for (int i = 0; i < isSelected.length; i++) {
                    if (isSelected[i]) {
                        selectedStr += (selectItems[i] + " ");
                    }
                }
                Toast.makeText(MainActivity.this, "选择了" + selectedStr,
Toast.LENGTH_SHORT).show();
            }
            @Override
            public void onNegativeButtonClicked() {
            }
        }, selectItems, isSelected).show(getSupportFragmentManager(),
"MultiSelectWithConfirmDialog");
    });
```

　　实现效果图如图 2.22 所示。

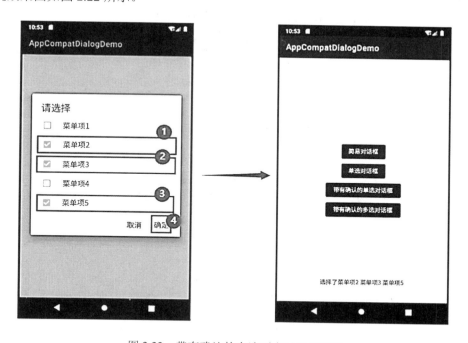

图 2.22　带有确认的多选列表对话框交互

2.5.4　自定义菜单布局

当系统自带的菜单样式无法满足开发需求时，我们就需要自定义菜单的选项布局，如图 2.23 所示。

图 2.23　自定义菜单项示例

如图 2.23 所示是一个很简单的单选形式的菜单列表。下面我们以它为例逐步实现自定义菜单布局。

1. 绘制单个菜单项布局

要实现自定义菜单布局，首要任务当然是绘制布局内容了。这一步很简单，只需要新建一个 XML 文档，按照实际需要进行布局即可。完整的布局 XML 代码如下：

```xml
<?xml version="1.0" encoding="utf-8"?>
<LinearLayout xmlns:android="http://schemas.android.com/apk/res/android"
    android:layout_width="match_parent"
    android:layout_height="match_parent"
    android:orientation="horizontal"
    android:padding="3dp">
    <ImageView
        android:layout_width="wrap_content"
        android:layout_height="wrap_content"
        android:src="@android:drawable/ic_menu_compass" />
    <TextView
        android:id="@+id/item_single_menu_name_tv"
        android:layout_width="wrap_content"
        android:layout_height="wrap_content"
        android:layout_gravity="center_vertical"
        android:layout_marginLeft="10dp" />
</LinearLayout>
```

将上述代码保存为 item_single_menu.xml 备用。

2. 制作菜单项适配器

有了单个菜单的布局，接下来就可以使用它了。和 Listview/GridView 类似，我们需要写一个类，继承 ListAdapter 的某个子类，然后将布局和数据"绑定"到一起。本例使用 BaseAdapter，完整代码如下：

```
class MenuAdapter extends BaseAdapter {
    private CharSequence[] selectItems;
```

```java
    public MenuAdapter(CharSequence[] selectItems) {
        this.selectItems = selectItems;
    }
    @Override
    public int getCount() {
        return selectItems.length;
    }
    @Override
    public Object getItem(int position) {
        return selectItems[position];
    }
    @Override
    public long getItemId(int position) {
        return position;
    }
    @Override
    public View getView(int position, View convertView, ViewGroup parent) {
        LayoutInflater inflater = LayoutInflater.from(getContext());
        ViewHolder holder = null;
        if (convertView == null) {
            convertView = inflater.inflate(R.layout.item_single_menu, null);
            holder = new ViewHolder();
            holder.nameTv = (TextView)
convertView.findViewById(R.id.item_single_menu_name_tv);
            convertView.setTag(holder);
        } else {
            holder = (ViewHolder) convertView.getTag();
        }
        holder.nameTv.setText(selectItems[position]);
        return convertView;
    }
    class ViewHolder {
        TextView nameTv;
    }
}
```

3. 创建对话框

有了适配器，我们就可以动手创建对话框了。实现自定义菜单布局，需要在构建 AlertDialog 的时候调用 setAdapter();方法将适配器传进去。这里以简易单选菜单对话框为例，具体代码如下：

```java
public class SingleCustomSelectListDialogFragment extends
AppCompatDialogFragment {
    private OnItemSelected onItemSelected;
    private CharSequence[] selectItems;
    private MenuAdapter menuAdapter;
    public SingleCustomSelectListDialogFragment(OnItemSelected onItemSelected,
CharSequence[] selectItems) {
        this.onItemSelected = onItemSelected;
        this.selectItems = selectItems;
    }
    @Override
    public Dialog onCreateDialog(Bundle savedInstanceState) {
        menuAdapter = new MenuAdapter(selectItems);
        AlertDialog.Builder builder = new AlertDialog.Builder(getActivity());
        builder.setTitle("请选择").setAdapter(menuAdapter, new
DialogInterface.OnClickListener() {
            @Override
            public void onClick(DialogInterface dialog, int which) {
                onItemSelected.onItemSelected(which);
```

```
        }
    });
    return builder.create();
    }
}
```

4. 使用对话框

完成了对话框的创建，使用它就非常简单了，具体代码实现可参考 2.5.3 节 "②使用对话框" 中的相关内容，这里就不再赘述了。

2.5.5　AppCompatDialogFragment 小结

本节介绍了对话框的实现，具体涉及以下重要知识点：

● 创建和使用带有提示文本和确认按钮的对话框。
● 创建和使用单选菜单对话框。
● 创建和使用带有确认按钮的单选/多选菜单对话框。
● 自定义菜单样式。

除了上述知识点外，我们在构建对话框时应根据实际需求灵活定制。比如，在某些特定的场景中，只需要显示提示文本和确认按钮，无须取消按钮；又比如，为了某些业务需要，一些对话框不允许用户关闭，必须进行操作才能继续；再比如，某些需要用户填写内容的场景，需要将对话框中的内容改为带有多个输入框的布局……

最后，需要提醒各位读者，Google 建议在创建 AppCompatDialogFragment 的时候避免直接使用 Dialog，而应使用 AlertDialog 或 Date（Time）PickerDialog。

2.6　AppCompatResources

从命名上看，AppCompatResources 与资源有关。自从 Android 5.0 开始，Resources 对象引入了两个新方法，分别是 getColorStateList(); 和 getDrawable();。这两个方法在某些需求中非常实用，AppCompatResources 提供了在低版本 Android 中调用这两个方法的途径。

2.6.1　点击状态选择器

getColorStateList(); 方法用于处理点击时的颜色变化，借助它可以实现不同点击状态的不同样式。

1. 定义不同点击状态的颜色值

首先，我们需要通过 XML 文件定义在不同点击状态时的颜色值。本例中，将该 XML 文件命名为 selector_button_text.xml。其完整代码如下：

```xml
<selector xmlns:android="http://schemas.android.com/apk/res/android">
    <item android:state_pressed="true" android:color="#FF0000FF"/>
    <item android:state_focused="true" android:color="#FF00FF00"/>
    <item android:color="#FF000000"/>
</selector>
```

上面的代码中，前两个 item 有两个参数，以 android:state_为前缀的参数表示不同的点击状态；后面的 android:color 值表示对应状态下的颜色值，最后一个 item 表示常规未点击状态下的颜色值。

2. 设置点击状态

AppCompatResources 提供了非常方便的设置方式，由于 getColorStateList();是它的静态方法，因此只需执行下面的代码即可完成设置。

```
ColorStateList helloTvCsl = AppCompatResources.getColorStateList(this,
R.drawable.selector_button_text);
helloTv.setTextColor(helloTvCsl);
```

上述代码中，helloTv 是 TextView 对象。当该 TextView 的文本正常显示时是黑色的，当它被点击时则显示为蓝色。

2.6.2　从 resId 获取 Drawable 对象

getDrawable();方法用于从 resId 获取 Drawable 对象以便后面使用。

getDrawable();是 AppCompatResources 的静态方法，我们可以随时调用这个方法获取 Drawable 或 Mipmap 资源。具体代码如下：

```
private Drawable drawableDemo() {
    Drawable iconDrawable = AppCompatResources.getDrawable(this,
R.mipmap.ic_launcher);
    return iconDrawable;
}
```

获取 Drawable 对象后，就可以在接下来的代码中使用它了。

2.7　AnimatedStateListDrawableCompat

AnimatedStateListDrawable 是从 Android 5.0 引入的新 API，它是 Drawable 的子类，用于实现在不同状态下显示不同的图像内容。它有点类似按钮，当用户点击了这个按钮后，按钮从未点击切换到点击状态。但是，这其中的变化只有两个——点击和未点击。而 AnimatedStateListDrawable 为变化提供了更多可能。它允许我们自定义状态发生改变时的执行动画。AnimatedStateListDrawableCompat 让该特性在较低版本的 Android 设备上同样适用。下面来看如何使用它。

2.7.1　定义动画执行脚本

现在，想象这样一个效果：有一个 ImageView，默认显示蓝色，当用户点击这个 ImageView 时，显示为绿色。

实现该效果的第一步是定义动画的执行脚本，在项目 Module 的 drawable 目录下创建一个 XML 文件，名为 anim_image.xml，然后输入以下代码：

```
<?xml version="1.0" encoding="utf-8"?>
```

```xml
    <animated-selector
xmlns:android="http://schemas.android.com/apk/res/android">
        <item
            android:id="@+id/off"
            android:drawable="@drawable/blue"
            android:state_pressed="false" />
        <item
            android:id="@+id/on"
            android:drawable="@drawable/green"
            android:state_pressed="true" />
        <transition
            android:fromId="@id/off"
            android:toId="@id/on">
            <animation-list>
                <item
                    android:drawable="@drawable/blue"
                    android:duration="0" />
                <item
                    android:drawable="@drawable/green"
                    android:duration="0" />
            </animation-list>
        </transition>
    </animated-selector>
```

当我们写完上述代码后，IDE 可能会发出警报，内容是"animated-selector 最低兼容 API 21"，也就是 5.0 版本的 Android。这是因为使用这个 XML 文件有两种方式，一种是直接在布局文件中通过 android:background 或 android:src 属性引用；另一种则通过 Java 代码对相应的控件进行设定。若要在低版本的 Android 设备上使用，则只能使用后者。若强制使用前者，则会导致 App 运行崩溃。

通过阅读上述代码，我们发现整个 animated-selector 由 3 个元素组成。两个 item 元素定义了动画起始和终止的状态和条件，transition 元素定义了动画由哪里开始，到哪里结束。Transition 中的 animation-list 节点定义了动画执行的过程。我们可以在这里添加多个 item 节点，动画开始后，每个 item 节点会依次被执行。

2.7.2 执行动画

定 义 了 动 画 后 ， 我 们 就 要 来 到 Java 代 码 中 执 行 它 了 。 这 里 就 要 派 AnimatedStateListDrawableCompat 类上场了，具体代码如下：

```java
AnimatedStateListDrawableCompat animatedStateListDrawableCompat =
AnimatedStateListDrawableCompat.create(MainActivity.this, R.drawable.anim_image,
null);
    animatedIv.setImageDrawable(animatedStateListDrawableCompat);
    animatedIv.setClickable(true);
```

上述代码中，animatedIv 是 ImageView 对象。由于 ImageView 默认是不可点击的，因此不要忘记执行 setClickable(true);，使其变为可点击。

完成后运行 App，当用户保持点击 ImageView 不松手时，它将显示为绿色；当用户没有点击或放开手指后，将显示为蓝色。

2.8　ActionMenuView

在 2.3 节中介绍了 ToolBar 的使用。它和默认存在的 ActionBar 的区别之一就是更加自由，因为我们可以在布局文件中随意摆放 ToolBar 的位置，甚至添加多个 ToolBar。在这一点上，ActionMenuView 提供了类似的自由度，它允许我们在界面的任何位置摆放菜单。

2.8.1　添加菜单项

要使用 ActionMenuView，首先要定义菜单项，这一步和 2.3.6 节第 1 点基本相同，这里不再赘述属性值的具体含义，只列出完整的代码，文件名为 action_menu.xml：

```xml
<?xml version="1.0" encoding="utf-8"?>
<menu xmlns:android="http://schemas.android.com/apk/res/android"
    xmlns:app="http://schemas.android.com/apk/res-auto">
    <item
        android:id="@+id/menu_one"
        android:title="Menu 1"
        app:showAsAction="ifRoom" />
    <item
        android:id="@+id/menu_two"
        android:icon="@mipmap/ic_launcher"
        android:title="Menu 2"
        app:showAsAction="ifRoom" />
    <item
        android:id="@+id/menu_three"
        android:icon="@mipmap/ic_launcher"
        android:title="Menu 3"
        app:showAsAction="never" />
</menu>
```

2.8.2　添加 ActionMenuView

添加 ActionMenuViewf 的方法非常简单，我们只需要把它看作 TextView、ImageView 等普通的控件，并将其添加到布局文件中即可。

本例中，我们在界面中央添加一个 ActionMenuView，完整的布局文件代码如下：

```xml
<?xml version="1.0" encoding="utf-8"?>
<androidx.constraintlayout.widget.ConstraintLayout
xmlns:android="http://schemas.android.com/apk/res/android"
    xmlns:app="http://schemas.android.com/apk/res-auto"
    xmlns:tools="http://schemas.android.com/tools"
    android:layout_width="match_parent"
    android:layout_height="match_parent"
    tools:context=".MainActivity">
    <androidx.appcompat.widget.ActionMenuView
        android:id="@+id/activity_main_amv"
        android:layout_width="wrap_content"
        android:layout_height="wrap_content"
        app:layout_constraintBottom_toBottomOf="parent"
        app:layout_constraintLeft_toLeftOf="parent"
        app:layout_constraintRight_toRightOf="parent"
        app:layout_constraintTop_toTopOf="parent" />
</androidx.constraintlayout.widget.ConstraintLayout>
```

2.8.3 绑定 ActionMenuView 和菜单项，并实现点击响应

由于我们可以在一个界面中添加多个 ActionMenuView，因此需要把它们和对应的菜单项绑定起来。绑定的方法依旧是通过回调的 onCreateOptionsMenu();方法实现，具体代码片段如下：

```
@Override
public boolean onCreateOptionsMenu(Menu menu) {
    getMenuInflater().inflate(R.menu.action_menu, actionMenuView.getMenu());
    return super.onCreateOptionsMenu(menu);
}
```

上述代码中，actionMenuView 是 ActionMenuView 类型的对象。

接下来，我们需要添加点击菜单时的响应动作，这一步可以通过 ActionMenuView 对象的 setOnMenuItemClickListener();方法实现，具体代码片段如下：

```
actionMenuView.setOnMenuItemClickListener(item -> {
    Toast.makeText(MainActivity.this, "点击了: " + item.getTitle(),
Toast.LENGTH_SHORT).show();
    return true;
});
```

至此，菜单的添加及响应已经实现完成了。运行上述代码，并点击某个菜单项，可以看到如图 2.24 所示的交互效果。

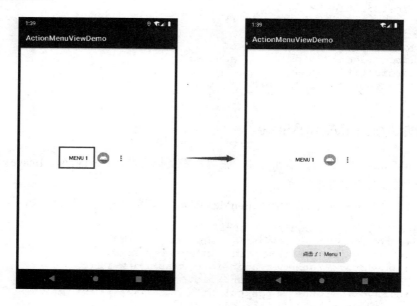

图 2.24　ActionMenuView 及点击交互

当用户点击了左图方框中的 MENU 1 菜单项后，界面下方将弹出右图所示的 Toast 提示。

2.9　AppCompatAutoCompleteTextView 与 AppCompatMultiAutoCompleteTextView

AutoCompleteTextView 和 MultiAutoCompleteTextView 控件自 Android 诞生之初就存在了，它提供了输入提示功能，即当用户在文本框中输入的文字和预设的数据匹配时，则弹出匹配的值列表。只是后者在前者的基础上可以通过分隔符同时搜索多个匹配结果。这样一来，用户可以直接选取列表项作为输入内容，省去了手动输入的麻烦。从名称上看，它虽然叫作 TextView，本质上更像是 EditText。

AppCompatAutoCompleteTextView 与 AppCompatMultiAutoCompleteTextView 在兼容性上提供了相同的能力，由于篇幅所限，这里以 AppCompatAutoCompleteTextView 为例进行讲解。

在 Android 5.0 及之后的版本中，开发者可以调用 setBackgroundTintList(); 以及 setBackgroundTintMode(); 方法，通过改变色调达到更改背景色的目的。为了兼容较低版本的 Android API，我们可以使用 ViewCompat 类作为"桥梁"，与 AppCompatAutoCompleteTextView 配合使用，达到与高版本 Android 设备显示效果一致的目的。

想要充分利用这部分 API，要从 PorterDuff 讲起。

2.9.1　认识 ViewCompat 类

ViewCompat 提供了常用控件通用的版本兼容能力，比如本例提及的更改背景色调，不仅在 AppCompatAutoCompleteTextView 中存在，2.10 节的 AppCompatButton 以及后文的众多控件中同样支持。

很明显，单独每个控件都做同样的实现是不恰当的。由于它们都继承自 View，因此这些相同的 API 在 View 层级实现是较为理想的设计思路。而 ViewCompat 则提供了这些 API 在低版本 Android 设备上运行的兼容能力。

对于设置背景色调特性，我们可以通过 ViewCompat 类的静态方法实现，其方法名依然是 setBackgroundTintList (); 和 setBackgroundTintMode();。

2.9.2　理解 PorterDuff 混合模式

在调用设定色调相关的 API 时，我们通常使用 PorterDuff 混合模式的值作为参数传递。

说起 PorterDuff 颇有些历史，它的命名来源于两个人名：Tomas Proter 和 Tom Duff。图形混合的相关概念正是由这两个人提出的，因此在命名时分别取了他们各自的姓氏。

PorterDuff 提供了 18 种图形混合模式，借助它们可以完成平面图像处理。熟练掌握 PorterDuff API 使用的开发者甚至可以轻松地实现类似 Windows 操作系统中画图板的功能。

现在以蓝色的正方形作为原始图像，红色的圆形作为目标图像，以图示的方式解释这 18 种混合方式。

原始图像和目标图像的初始状态如图 2.25 所示。

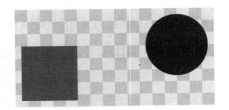

图 2.25   原始图像和目标图像的初始状态（摘自 Android 开发者官网）

混合方式的名称及混合结果如表 2.1 所示。

表2.1   混合方式的名称及混合结果（图片摘自Android开发者官网）

名　称	混合结果
ADD	
CLEAR	
DARKEN	
DST	
DST_ATOP	
DST_IN	
DST_OUT	
DST_OVER	
LIGHTEN	
MULTIPLY	
OVERLAY	
SCREEN	
SRC	
SRC_ATOP	
SRC_IN	
SRC_OUT	
SRC_OVER	
XOR	

2.9.3　实战更改背景色调

理解了混合模式之后，接下来的工作就简单了。

现在，我们来实现这些样式：修改默认的输入框下画线颜色，在非活动状态下显示为 colorPrimary 的色值，在输入或取得焦点的状态下显示为 colorPrimaryVariant 的色值。

首先，新建一个 XML 文件，命名为 act_underline.xml，位于 res 下的 color 目录中。完整代码如下：

```xml
<?xml version="1.0" encoding="utf-8"?>
<selector xmlns:android="http://schemas.android.com/apk/res/android">
    <item android:color="@color/purple_700" android:state_pressed="true" />
    <item android:color="@color/purple_700" android:state_focused="true" />
    <item android:color="@color/purple_500" />
</selector>
```

然后，在布局文件中添加 AppCompatAutoCompleteTextView 控件：

```xml
<androidx.appcompat.widget.AppCompatAutoCompleteTextView
    android:id="@+id/activity_main_demo_act"
    android:layout_width="match_parent"
    android:layout_height="wrap_content" />
```

最后，来到 MainActivity，设置控件样式：

```java
ArrayAdapter<String> adapter = new ArrayAdapter<String>(this,
android.R.layout.simple_dropdown_item_1line, NAMES);
    ViewCompat.setBackgroundTintList(appCompatAutoCompleteTextView,
AppCompatResources.getColorStateList(MainActivity.this, R.color.act_underline));
    ViewCompat.setBackgroundTintMode(appCompatAutoCompleteTextView,
PorterDuff.Mode.SRC_IN); appCompatAutoCompleteTextView.setAdapter(adapter);
```

上述代码中，NAMES 是 String 类型数组，内容是一些示例文本。

运行 App，界面如图 2.26 所示。

图 2.26　自定义 AppCompatAutoCompeteTextView 下画线样式

为了对比，笔者在示例代码中添加了默认样式的输入框，位于 AppCompatAutoCompeteTextView 的下方。很明显，AppCompatAutoCompeteTextView 的颜色和界面上方 ActionBar 的颜色是一致的，都是 colorPrimary 的色值。

2.10　AppCompatButton 和 AppCompatToggleButton

AppCompatButton 和 AppCompatToggleButton 控件都提供了 3 个常用 API 的兼容实现，分别是自 Android 6.0 引入的 setTextAppearence();、自 Android 4.0 引入的 setAllCaps();以及 2.9 节中提及的更改背景色调特性相关的 API。

setTextAppearence();用于设置按钮的文本风格，setAllCaps();用于设定文字是否全部以大写的形式显示。设置背景色调特性 API 的用法与 2.9 节相同，这里不再赘述。下面以 AppCompatButton 为例进行阐述。

2.10.1　设置按钮文本风格

自 Android 6.0 起，Android API 废弃了原来的 setTextAppearance(Context context, int resId)，引入了 setTextAppearance(int resId)。AppCompatButton 中的 setTextAppearence();则兼容了 6.0 以下的版本，并将 8.0 乃至 9.0 中的特色功能带到了低版本的设备中。

设置按钮文本风格的方法很简单，首先，在布局文件中添加一个 AppCompatButton 控件，具体代码如下：

```
<androidx.appcompat.widget.AppCompatButton
    android:id="@+id/activity_main_demo_acb"
    android:layout_width="wrap_content"
    android:layout_height="wrap_content"
    android:text="Hello World!"
    app:layout_constraintBottom_toBottomOf="parent"
    app:layout_constraintLeft_toLeftOf="parent"
    app:layout_constraintRight_toRightOf="parent"
    app:layout_constraintTop_toTopOf="parent" />
```

完成后，运行 App，可以看到界面中居中显示一个按钮以及按钮文本，如图 2.27 所示。

如此，我们便得到了默认样式的 AppCompatButton 控件。

接着，回到 MainActivity，为这个控件设定文本样式：

```
appCompatButton.setTextAppearance(MainActivity.this,
R.style.TextAppearance_AppCompat_Large);
```

完成后，重新运行 App。可见文本样式已经发生改变，如图 2.28 所示。

图 2.27　默认样式的 AppCompatButton　　　图 2.28　应用样式的 AppCompatButton

除了可以应用自带的样式外，还可以在 style 中自行定义样式并使用。

2.10.2　设置按钮文本是否自动大写

设置文本自动大写，多用于显示英文文本。在默认情形下，即使我们为按钮设定的文本同时包含大小写，在实际显示时仍会显示为全部大写的模样，如图 2.27 所示。

这个设定可以通过 setAllCaps();修改。当传入的参数为 false 时，按钮文本原样显示；当传入的参数为 true 时，按钮文本所有的小写字符将自动变为大写显示，默认值为 true。

2.11　AppCompatCheckBox 与 AppCompatRadioButton

AppCompatCheckBox 和 AppCompatRadioButton 仅提供了设置背景色调特性兼容的能力，具体使用方法读者可参考 2.9 节。需要特别注意的是，设置背景色调特性不可以通过 CompatView 静态方法实现，而要通过 CompoundButtonCompat 静态方法实现。具体代码片段如下：

```
CompoundButtonCompat.setButtonTintList(demoCb,
AppCompatResources.getColorStateList(MainActivity.this, R.color.act_underline));
CompoundButtonCompat.setButtonTintMode(demoCb, PorterDuff.Mode.SRC_IN);
```

其中，demoCb 是 AppCompatCheckBox 对象。由于篇幅所限，完整代码读者可参考本书附带的源代码。

为什么非要这样做呢？

从源码上看，AppCompatCheckBox 和 AppCompatRadioButton 都继承自 CompoundButton。设置

背景色调特性是由 CompoundButton 提供的，因此我们还需要使用 CompoundButtonCompat 类进行替换。虽然 CompoundButton 继承自 View，但是 CompoundButtonCompat 直接继承自 java.lang.Object。View 中用于实现设置背景色调的相关方法在 CompoundButtonCompat 中完全无法使用。所以，我们在这里无法使用 ViewCompat 的静态方法。

2.12　AppCompatCheckedTextView

在 2.11 节中介绍了 AppCompatCheckBox。与之相比，AppCompatCheckedTextView 控件则把复选框放在了文字的右侧。此外，我们需要通过 setCheckMarkDrawable(int resId) 方法设置复选框的样式。如果不进行设置，AppCompatCheckedTextView 和普通的 TextView 并无二致。

AppCompatCheckedTextView 提供了 setCheckMarkDrawable(); 和 setTextAppearance(); 两个常用的提供兼容性的方法，前者用于设置右侧复选框的样式，后者用于设置文本样式。

对于 AppCompatCheckedTextView，掌握起来十分简单，我们依旧从源码层面理解。

AppCompatCheckedTextView 继承自 CheckedTextView，其中的 setCheckMarkDrawable(); 方法如下：

```
@Override
public void setCheckMarkDrawable(@DrawableRes int resId) {
    setCheckMarkDrawable(AppCompatResources.getDrawable(getContext(),
resId));
}
```

可见，其内部实现只是使用了 AppCompatResources 类作为"桥梁"去获取相关资源，对于它的调用者来说，和直接使用 CheckedTextView 的方式是一模一样的。

有关 AppCompatResources 类读者可参阅 2.6 节；设置文本风格样式，即 setTextAppearance(); 方法的使用与 2.10.1 节中所述相同，这里均不再赘述。

该示例的完整代码读者可参考随书附带的源代码。

2.13　AppCompatEditText

EditText 是文本输入控件，AppCompatEditText 提供了设置背景色调、自定义文本风格以及自定义所选文本操作 3 个高版本 API 特性。前两个特性分别在 2.9 及 2.10 节中阐述过，这里不再赘述，且示例代码中均有相应的实现。本节主要介绍自定义所选文本的操作。

2.13.1　定义操作菜单

当我们选中输入框中的文字后，通常系统会提供一系列默认操作，比如复制、剪切等，如图 2.29 所示。

图 2.29 选中文本后的默认操作

如果想添加或取代文本操作，首先要对弹出的菜单进行自定义。

因此，和前面 2.8.1 节类似，我们需要添加菜单项。本例中将添加一个用于回显选中文字的菜单，并将该菜单命名为 edittext_selection_menu.xml，保存于 res 目录的 menu 目录下。完整代码如下：

```xml
<?xml version="1.0" encoding="utf-8"?>
<menu
    xmlns:android="http://schemas.android.com/apk/res/android">
    <item
        android:id="@+id/action_show_text"
        android:title="回显选中文本" />
</menu>
```

2.13.2 实现所选文本自定义操作功能

添加好菜单项后，继续回到布局文件，添加 AppCompatEditText 控件。这一步无须过多解释，完整布局代码如下：

```xml
<?xml version="1.0" encoding="utf-8"?>
<androidx.constraintlayout.widget.ConstraintLayout
xmlns:android="http://schemas.android.com/apk/res/android"
    xmlns:app="http://schemas.android.com/apk/res-auto"
    xmlns:tools="http://schemas.android.com/tools"
    android:layout_width="match_parent"
    android:layout_height="match_parent"
    tools:context=".MainActivity">
```

```xml
    <androidx.appcompat.widget.AppCompatEditText
        android:id="@+id/activity_main_et"
        android:layout_width="match_parent"
        android:layout_height="wrap_content"
        app:layout_constraintBottom_toBottomOf="parent"
        app:layout_constraintLeft_toLeftOf="parent"
        app:layout_constraintRight_toRightOf="parent"
        app:layout_constraintTop_toTopOf="parent" />
</androidx.constraintlayout.widget.ConstraintLayout>
```

随后，回到 MainActivity 的 Java 代码文件，通过 setCustomSelectionActionModeCallback();方法将菜单项与 AppCompatEditText 绑定，并实现菜单项操作。代码片段如下：

```java
demoEt.setCustomSelectionActionModeCallback(new ActionMode.Callback() {
    @Override
    public boolean onCreateActionMode(ActionMode mode, Menu menu) {
        MenuInflater menuInflater = mode.getMenuInflater();
        menuInflater.inflate(R.menu.edittext_selection_menu, menu);
        return true;
    }
    @Override
    public boolean onPrepareActionMode(ActionMode mode, Menu menu) {
        return false;
    }
    @Override
    public boolean onActionItemClicked(ActionMode mode, MenuItem item) {
        switch (item.getItemId()) {
            case R.id.action_show_text:
                String selectedText =
demoEt.getText().toString().substring(demoEt.getSelectionStart(),
demoEt.getSelectionEnd());
                Toast.makeText(MainActivity.this, selectedText,
Toast.LENGTH_SHORT).show();
                mode.finish();
                break;
        }
        return false;
    }
    @Override
    public void onDestroyActionMode(ActionMode mode) {
    }
});
```

上述代码中，回调的 onCreateActionMode ();绑定了视图与菜单项，onActionItemClicked();实现了菜单点击后的具体动作。

这里要注意的是，在用户点击菜单项后，在执行动作的同时，菜单通常会自动消失，让菜单消失的方法是 mode.finish();。

现在，让我们运行 App，可获得如图 2.30 所示的交互效果。

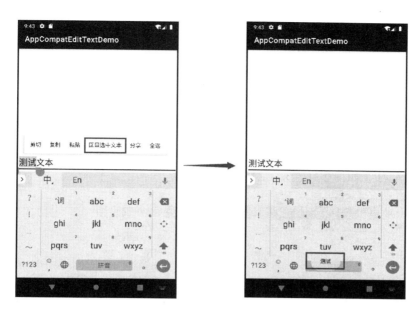

图 2.30　回显选中的文本

2.14　AppCompatImageButton 和 AppCompatImageView

ImageButton 是图标按钮控件，它继承自 ImageView，又增添了 Button 的特性。当我们要实现图标按钮时，通常会用到 ImageButton。

AppCompatImageButton 则继承自 ImageButton，它不仅提供了 2.9 节所述的背景色调设置，还支持图片色调设置，这里重点关注后者。

AppCompatImageView 继承自 ImageView，它提供了与 AppCompatImageButton 相同的兼容能力。

2.14.1　图片色调适用场景

和 Button 类似，ImageButton 同样可以实现在不同状态下以不同的效果显示。在 Android 5.0 之前，要自定义这样的效果，通常需要用到两个 PNG 图片素材，在不同状态时使用。比如，正常状态下为 image_button_normal.png，点击时为 image_button_press.png，不可用时为 image_button_unavailable.png······

可见，我们需要提供与状态数量相同的图片素材，而这些素材往往只是颜色上有所区别。

从 Android 5.0 开始，ImageButton 提供了更改图片色调的 API。我们只需使用一张 SVG 矢量图或 PSD 文件，然后定义它在不同状态下的不同颜色即可。而且，因为使用的是矢量图，素材文件大小会被大概率缩小，并会伴随视图大小不失真地缩放，堪称一举两得。

前面讲的都是 ImageButton，那么 ImageView 呢？

实际上，ImageView 在某些场景下和 ImageButton 面临一样的情况。比如，图片可用与否，甚至我们有时还需要给 ImageView 设置监听器，让它可以响应点击事件。因此，只要学会如何使用

ImageButton，当使用 ImageView 时就会驾轻就熟了。

下面我们来看如何使用 AppCompatImageButton 实现上述效果。

2.14.2　添加矢量图素材

SVG 或 PSD 素材并不能直接使用，我们需要将其转换为 XML 文件。素材来源可以是自带的图标，也可以是外部的 SVG 或 PSD 文件，我们这里以自带的图标为例。

首先，在 Android Studio 中显示 Project 视图，展开 res 目录。在 drawable 目录上右击，依次选择 New→Vector Asset，如图 2.31 所示。

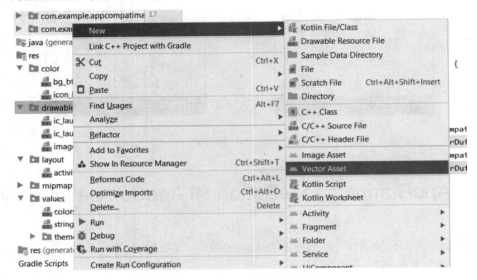

图 2.31　创建矢量图资源菜单

之后，会打开名为 Asset Studio 对话框，可以在该对话框中定义图标的来源、名称、大小、颜色和透明度，如图 2.32 所示。

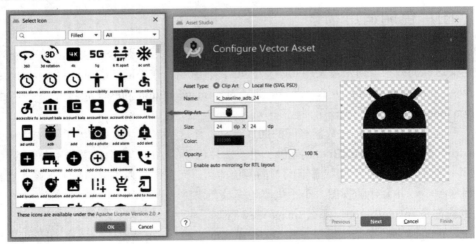

图 2.32　创建矢量图窗口

单击图 2.32 右侧对话框中被框住的按钮，打开图 2.32 左侧的对话框。我们可以在这个对话框中选择一个喜欢的图标。

这一步，通常仅需指定图片来源、名称和透明度即可。缩放是自动完成的，且无须考虑失真的情况，颜色稍后也要自定义。

本例中，我们选取图片中所示的机器人图标，并将其命名为 image_adb.xml。

2.14.3　定义矢量图色调

下面的操作和设置背景色调类似，我们定义矢量图的色调，具体代码如下：

```xml
<?xml version="1.0" encoding="utf-8"?>
<selector xmlns:android="http://schemas.android.com/apk/res/android">
    <item android:color="@color/purple_700" android:state_pressed="true"/>
    <item android:color="@color/purple_500"/>
</selector>
```

将上面的代码命名为 icon_btn.xml，并保存到 res 目录的 color 目录下。

2.14.4　设置矢量图色调

图片资源和不同状态下的显示效果已经设置完成，接下来把它们放到对应的控件上。

首先在布局文件中添加一个 AppCompatImageButton，为了效果更加明显，将该控件的宽高均设置为 200dp。完整代码如下：

```xml
<?xml version="1.0" encoding="utf-8"?>
<androidx.constraintlayout.widget.ConstraintLayout
xmlns:android="http://schemas.android.com/apk/res/android"
    xmlns:app="http://schemas.android.com/apk/res-auto"
    xmlns:tools="http://schemas.android.com/tools"
    android:layout_width="match_parent"
    android:layout_height="match_parent"
    tools:context=".MainActivity">
    <androidx.appcompat.widget.AppCompatImageButton
        android:id="@+id/activity_main_ib"
        android:layout_width="200dp"
        android:layout_height="200dp"
        android:scaleType="fitCenter"
        app:layout_constraintBottom_toBottomOf="parent"
        app:layout_constraintLeft_toLeftOf="parent"
        app:layout_constraintRight_toRightOf="parent"
        app:layout_constraintTop_toTopOf="parent" />
</androidx.constraintlayout.widget.ConstraintLayout>
```

然后，回到 MainActivity 的 Java 代码。如使用 ViewCompat 静态方法类似，这里要使用 ImageViewCompat 类的静态方法设置色调，具体代码如下：

```java
ImageViewCompat.setImageTintList(demoIb,
AppCompatResources.getColorStateList(MainActivity.this, R.color.icon_btn));
    ImageViewCompat.setImageTintMode(demoIb, PorterDuff.Mode.SRC_IN);
```

有的读者可能会问：为什么不能用 ViewCompat 类呢？

这是因为 setImageTintList();方法并不适用于大部分控件，它基本只用于 ImageView 控件或 ImageView 的子类控件。所以，setImageTintList();实际上是在 ImageView 中实现的，而 ImageView 实际上是 View 的子类。我们都知道在 Java 中子类可以调用父类中的方法，但父类想要调用子类的方法基本是不可能的。所以，这里无法使用 ViewCompat 类。

再来看 ImageViewCompat 类，它直接继承自 java.lang.Object，里面的公开方法都和图片色调有关，且都是静态方法。可见，这个类是专门为了在低版本中实现设置图片色调而存在的。因此，我们应该使用它。

至此，代码部分已经完成，我们来运行一下看看效果吧，如图 2.33 所示。

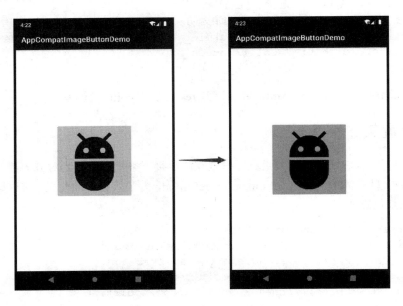

图 2.33　设置色调后的交互效果

由图 2.33 可以明显看到图标按钮点击后由浅色变为深色。不过，我们发现按钮背景也有了交互。如果这不是我们想要的，怎么办呢？那就用 2.9 节中讲过的知识设置背景色搞定即可。

2.15　AppCompatSpinner

Spinner 是下拉菜单选择器，它和 ActionMenuView 的使用场景不同，Spinner 通常用于表单，它默认显示了用户所选的菜单项。AppCompatSpinner 提供了设置背景色调和改变菜单背景的兼容能力。前者作用于控件右侧的下拉小箭头，后者作用于点击控件后出现的菜单。一个典型的 Spinner 控件如图 2.34 所示。

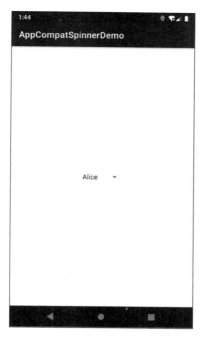

图 2.34　默认风格的 Spinner 控件

关于如何设置背景色调，读者可参考 2.9 节，这里只介绍如何改变菜单背景。

设置弹出菜单背景

实际上，改变弹出菜单背景相关的 API 是自 Android 4.1 引入的。如果 App 的最低 API 兼容等级已经高于或等于 16，则可以直接使用 Spinner 控件。

无论是 AppCompatSpinner 还是 Spinner，要改变菜单背景，调用的方法名和参数是一样的，我们可以通过以下两种方式的任意一种实现：

方式一：

```
demoSp.setPopupBackgroundDrawable(AppCompatResources.getDrawable(MainActivity.this, R.color.purple_200));
```

方式二：

```
demoSp.setPopupBackgroundResource(R.color.purple_200);
```

重新运行 App，展开弹出菜单，可以看到其背景已经变为浅紫色，如图 2.35 所示。

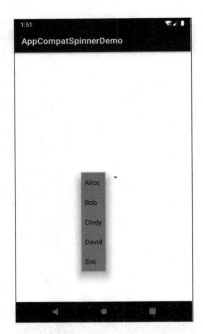

图 2.35　改变背景色后的菜单

2.16　AppCompatTextView

TextView 是我们常用的控件，几乎所有的 App 都缺少不了文本显示。AppCompatTextView 提供了两个兼容性能力，分别是设置背景色调和文本自动缩放。前者读者可跳回 2.9 节进行学习，本节重点介绍如何使用文本自动缩放显示 API。

2.16.1　文本自适应显示使用场景

想象一下，在布局中，通常显示文本的区域大小是固定的，但是文本内容的长度并不总是固定的。为了尽可能让这些文字可见，传统的做法是通过文本长度设置文本大小，通过 android:ellipsize 属性设置文本省略方式等。

实际上，从 Android 8.0 开始，Android API 引入了自适应文本大小的简易实现。它不仅可以用于 TextView，对于 TextView 的子类，比如 Button 等具有文本显示的控件同样适用。通过 AppCompatTextView 控件，还可以适配到低版本的 Android 中。

2.16.2　开启自适应显示模式

首先，修改新建项目中默认的 TextView，为其加上 id，修改尺寸和默认文本，并使用 AppCompatTextView 替代 TextView。完整的布局代码如下：

```
<?xml version="1.0" encoding="utf-8"?>
<androidx.constraintlayout.widget.ConstraintLayout
xmlns:android="http://schemas.android.com/apk/res/android"
```

```
xmlns:app="http://schemas.android.com/apk/res-auto"
xmlns:tools="http://schemas.android.com/tools"
android:layout_width="match_parent"
android:layout_height="match_parent"
tools:context=".MainActivity">
<androidx.appcompat.widget.AppCompatTextView
    android:id="@+id/activity_main_tv"
    android:layout_width="100dp"
    android:layout_height="20dp"
    android:text="abcdefghijklmno"
    app:layout_constraintBottom_toBottomOf="parent"
    app:layout_constraintLeft_toLeftOf="parent"
    app:layout_constraintRight_toRightOf="parent"
    app:layout_constraintTop_toTopOf="parent" />
</androidx.constraintlayout.widget.ConstraintLayout>
```

然后，运行程序。可以看到，文字的显示仅到字母 n 处就停止了，o 并没有显示。显而易见，这是因为文本框的大小限制了文字的显示，如图 2.36 所示。

下面来看 MainActivity 的代码，调用 setAutoSizeTextTypeWithDefaults();方法开启自适应缩放。

```
private AppCompatTextView demoTv;
@Override
protected void onCreate(Bundle savedInstanceState) {
    super.onCreate(savedInstanceState);
    setContentView(R.layout.activity_main);
    demoTv = findViewById(R.id.activity_main_tv);
    demoTv.setAutoSizeTextTypeWithDefaults(TextView.AUTO_SIZE_TEXT_TYPE_UNIFORM);
}
```

重新运行后，可以看到文本被完整地显示出来了，如图 2.37 所示。

图 2.36　文字无法全部显示

图 2.37　文字正常显示

对于 setAutoSizeTextTypeWithDefaults();方法，我们可以传入的参数值通常有两个，分别是 TextView.AUTO_SIZE_TEXT_TYPE_UNIFORM 和 TextView.AUTO_SIZE_TEXT_TYPE_NONE，对应开启自适应文本大小与否。

下面修改 TextView 的文本，继续在布局文件中追加 android:text 的值：

```
android:text="abcdefghijklmnopqrstuvwxyz"
```

再次运行 App，我们发现：无论自适应模式开启与否，都无法完整地显示所有文本。这个时候，就要对文本大小的自动缩放进行自定义。

2.16.3 配置自定义缩放方式

首先介绍一种通过设定缩放配置实现自定义缩放的方法。我们先来看代码：

```
TextViewCompat.setAutoSizeTextTypeUniformWithConfiguration(demoTv, 4, 15, 2,
TypedValue.COMPLEX_UNIT_SP);
```

如以上代码所示，setAutoSizeTextTypeUniformWithConfiguration();是实现这种缩放方式的关键，它由 5 个参数构成：

- demoTV：AppCompatTextView 对象。
- 4：表示文本缩放的最小值。
- 15：表示文本缩放的最大值。
- 2：表示文本缩放的尝试步长。
- TypedValue.COMPLEX_UNIT_SP：指定前 3 个参数使用 SP 作为单位。

可以这样理解，当文本无法显示完全时，系统将以步长为单位递减文本大小设定值，直到文本完全显示，或者尝试值小于给定的文本缩放的最小值。

重新运行 App，可以看到文本已经被完整地显示出来了，如图 2.38 所示。

图 2.38　自定义缩放配置

2.16.4　通过预设值方式缩放

自定义缩放的第二种方式是通过定义预设值实现。我们还是直接看代码：

```
TextViewCompat.setAutoSizeTextTypeUniformWithPresetSizes(demoTv, new int[]{9,
11, 13, 15}, TypedValue.COMPLEX_UNIT_SP);
```

通过 setAutoSizeTextTypeUniformWithPresetSizes(); 方法定义预设值，需要三个参数，第一个依然是 AppCompatTextView 对象，第二个是预设值的具体数值；第三个则是预设值的单位。

以上面的代码为例，在进行文字缩放时，文字大小只能从 9SP、11SP、13SP 和 15SP 这 4 个值中取。遗憾的是，即使取到 9SP，文字依然无法完全显示，如图 2.39 所示。

图 2.39　自定义缩放配置

仔细观察图 2.39 中的第二行文字，可以发现文字的下面由于高度不够，被截去了一段。

2.17　TooltipCompat

Tooltips 是从 Android 8.0 引入的，它的作用是当用户长按或鼠标指针悬停在某个控件时，显示提示文本。如图 2.40 所示是 Tooltips 的简单交互应用。

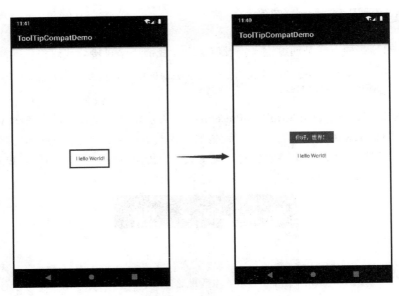

图 2.40　Tooltips 示例

当用户长按屏幕中央的文本时，在其上方弹出提示文本内容。

TooltipCompat 提供了兼容性方案，使得 Tooltips 的特性可以在低版本的 Android 设备上实现。

TooltipCompat 的使用方法很简单，也很唯一，仅需执行它的静态方法即可，示例代码如下：

```
TooltipCompat.setTooltipText(demoTv,
getResources().getText(R.string.tool_tip_str));
```

setTooltipText();方法的两个参数：demoTv 是 TextView 对象，另一个参数则是要显示的文本内容。

2.18　其他控件及注意事项

除了前面讲述的若干控件外，还有少数几个控件，它们的使用方式和直接使用非兼容性控件基本相同，这里就不再赘述了。这些控件包括 LinearLayoutCompat、PopupMenu、ListPopupWindow 等。

此外，截至目前，除了 SwitchCompat 外，其他控件在布局文件中无须使用兼容性控件。以 TextView 为例，虽然在示例的布局文件中使用了 AppCompatTextView，实际上可以直接使用 TextView，然后在 Java 代码中使用 AppCompatTextView 即可。

之所以在示例中依然使用兼容性控件，原因是有的控件必须如此。为了让代码执行更稳定，也为了节省记忆，索性直接在布局中都使用兼容性控件处理。

第 3 章

Android KTX 扩展组件

本章主要谈论的话题是 Android KTX。讲到 Android KTX，就不得不提 Kotlin。下面先来认识一下 Android KTX 到底是什么。

3.1　概　述

我们知道，开发 Android App 除了可以使用广泛流行的 Java 外，还可以使用 Kotlin 作为编程语言，且后者是 Google 官方建议使用的。并且，当使用较新版本的 Android Studio 创建新项目的时候，默认的开发语言就是 Kotlin，其重要性可见一斑。

从本质上说，Android KTX 是作为 Kotlin 的扩展库存在的。它帮助开发者封装了一些常见的代码块，甚至使得原先需要自己编写数行代码才能实现的功能简化为一行代码即可。

我们先来看一段代码样例：

```
val uriStr = "http://http://www.tup.tsinghua.edu.cn/"
val uri = Uri.parse(uriStr)
```

上述代码是将 String 类型对象转换为一个 Uri 对象，未使用 Android KTX 的传统写法。使用 Android KTX 特性后，可将其简化如下：

```
val uriStr = "http://http://www.tup.tsinghua.edu.cn/"
val uri = uriStr.toUri()
```

可见，转换为 Uri 对象的方法通过 String 类的扩展函数：toUri()实现了。

如果上面的例子觉得不过瘾，再来看下面的示例：

```
view.viewTreeObserver.addOnPreDrawListener(
    object : ViewTreeObserver.OnPreDrawListener {
        override fun onPreDraw(): Boolean {
            viewTreeObserver.removeOnPreDrawListener(this)
            actionToBeTriggered()
```

```
                return true
        } .
})
```

当我们想对 View 增加 **OnPreDrawListener** 监听器并执行一些操作时，传统的写法如上所示。使用 Android KTX 后，上述代码可简化为：

```
view.doOnPreDraw { actionToBeTriggered() }
```

实现相同的功能，代码量却完全不在一个数量级。可见，Android KTX 在一定程度上解放了开发者的生产力，本章将精选一些大幅简化代码编写量的扩展进行实例讲解。

Android KTX 分为核心（Core）、集合（Collection）、视图碎片（Fragment）等方面，提供了面向 Android Jetpack 以及其他 Android API 更简单且易于理解和使用的增强 API。从源码上看，Android KTX 充分利用了 Kotlin 编程语言的特性，包括扩展函数、扩展属性、Lambda 表达式、命名参数、参数默认值、协程等。接下来，让我们从核心 KTX API 开始看看 Android KTX 是如何简化开发过程的。

3.2　Core KTX

如何才能使用 Core KTX 提供的 API 呢？其实很简单，只需要在相应 Module 的 build.gradle 文件中添加：implementation 'androidx.core:core-ktx:1.3.2'即可。可喜的是，如果以 Kotlin 作为默认使用的编程语言创建新项目，则该库会被自动添加。

截至目前，core 库的新正式发布版本为 1.3.2，本节将以该版本为例进行讲解。

3.2.1　Animation

Animation 意为动画，在 Core KTX 中提供了一系列简化动画执行监听的 API，扩展了原有的 android.animation.Animator 类。

在 Core KTX 中，当我们想要实现对动画的执行监听时，可使用 Animator 类提供的 doOnStart()、doOnEnd()、doOnPause()、doOnCancel()等方法。

举个例子，下面这段代码定义了名为 infiniteAlphaAnim 的对象，它定义了无限循环地执行透明度改变的动画效果。

```
val infiniteAlphaAnim = ObjectAnimator.ofFloat(demoTv, "alpha", 1f, 0.3f, 1f)
infiniteAlphaAnim.duration = 1000
infiniteAlphaAnim.repeatMode = ValueAnimator.RESTART
infiniteAlphaAnim.repeatCount = ValueAnimator.INFINITE
```

接着，我们就可以添加动画执行监听器了：

```
infiniteAlphaAnim.doOnEnd { Log.d(localClassName, "onEnd") }
infiniteAlphaAnim.doOnStart { Log.d(localClassName, "onStart") }
infiniteAlphaAnim.doOnPause { Log.d(localClassName, "onPause") }
infiniteAlphaAnim.doOnResume { Log.d(localClassName, "onResume") }
infiniteAlphaAnim.doOnCancel { Log.d(localClassName, "onCancel") }
infiniteAlphaAnim.doOnRepeat { Log.d(localClassName, "onRepeat") }
```

上述代码分别实现了对动画结束、开始、暂停、继续、取消和重复执行的监听。

3.2.2　Content

Content 意为内容，Core KTX 提供了获取系统级服务、首选项以及属性索引方面的扩展。从源码上看，它扩展了 android.content.Context 、android.content.SharedPreferences 以及 android.content.res.TypedArray 类。

1. 获取系统级服务

在调用系统级服务前，通常会先取得相应的服务对象。Core KTX 提供了非常简单的获取方式。例如，想要调用有关电源方面的系统级服务时，仅需简单地执行下面一行语句即可：

```
val powerManagerKtx = ContextCompat.getSystemService(this,
PowerManager::class.java)
```

2. 保存首选项值

首选项通常用来保存程序的设置和某些特殊的键值（key-value）对，在实际开发中经常被使用。Core KTX 提供了保存首选项值的简单写法，我们来看下面的代码片段：

```
sharedPreferences.edit(false) { putString("username", "13800000000") }
```

上面的代码中，sharedPreferences 是 SharedPreferences 对象。其中的 false 值表示是否为 commit() 操作，当值为 false 时，执行 apply()；反之，执行 commit()，默认为 false。大括号里面的内容就是实际的键值对。

当我们查看这部分源码，探索其实现原理时，不难发现，其实就是对相应的 API 进行封装：

```
@SuppressLint("ApplySharedPref")
inline fun SharedPreferences.edit(
    commit: Boolean = false,
    action: SharedPreferences.Editor.() -> Unit
) {
    val editor = edit()
    action(editor)
    if (commit) {
        editor.commit()
    } else {
        editor.apply()
    }
}
```

3. 属性索引值检索

属性索引值检索通常多见于自定义 View 中，和传统 TypedArray API 相比，Core KTX 提供了强制使用某个值的方法。换言之，当索引中未定义相应值时，将抛出 IllegalArgumentException 异常。

下面通过对比来说明，先来看传统写法：

```
val backGroundColor = getColor(R.styleable.PersonInfo_bgColor, Color.BLACK)
```

上面的代码的意思是获取索引名为 PersonInfo_bgColor 的值，当该值未定义时，使用 Color.BLACK 作为默认值赋给 backGroundColor。

再来看 Core KTX 中新增的写法：

```
val backGroundColor = getColorOrThrow(R.styleable.PersonInfo_bgColor)
```

上面的代码依旧是获取索引名为 PersonInfo_bgColor 的值。不同的是，当该值未定义时，程序将抛出 IllegalArgumentException 异常。

和 TypedArray API 紧密相关的还有 Context 类中新增的 withStyledAttributes()方法，它对应传统 Context 类中的 obtainStyledAttributes()方法，我们依旧通过对比来阐述二者的区别。

先来看传统写法：

```
val personInfoTypedArray =
    obtainStyledAttributes(attributeSet, R.styleable.PersonInfo, defStyle, 0)
val backGroundColor =
    personInfoTypedArray.getColor(R.styleable.PersonInfo_bgColor,
Color.BLACK)
val foreGroundColor =
    personInfoTypedArray.getColor(R.styleable.PersonInfo_fgColor,
Color.WHITE)
personInfoTypedArray.recycle()
```

传统写法要求在完成取值后调用 TypedArray 对象的 recycle()方法。由于该方法调用存在普适性，因此 Core KTX 对其进行了封装。新的写法如下：

```
withStyledAttributes(
    set = attributeSet,
    attrs = R.styleable.PersonInfo,
    defStyleAttr = defStyle,
    defStyleRes = 0
) {
    val backGroundColor = getColor(R.styleable.PersonInfo_bgColor,
Color.BLACK)
    val foreGroundColor = getColor(R.styleable.PersonInfo_fgColor,
Color.WHITE)
}
```

显而易见，新的 API 比传统 API 更加简洁。

当我们试图阅读 withStyledAttributes()方法的源码时，会发现它让代码变得简洁：

```
inline fun Context.withStyledAttributes(
    set: AttributeSet? = null,
    attrs: IntArray,
    @AttrRes defStyleAttr: Int = 0,
    @StyleRes defStyleRes: Int = 0,
    block: TypedArray.() -> Unit
) {
    obtainStyledAttributes(set, attrs, defStyleAttr,
defStyleRes).apply(block).recycle()
}
```

可见，该方法通过内联函数特性以及封装了的 recycle()方法简化了开发者的实现方式。

3.2.3 Database

Database 就是我们常用的数据库，Core KTX 在数据库方面提供了两个方面的简化编码 API：一个是取值时的 Null 值判定，另一个是事务操作，具体对应的类为 Cursor 和 SQLiteDatabase。接下来逐一讲解它们。

1. Null 值判定

在 Android API 中，获取数据库表的值通常会用到 Cursor 对象。想象一下，如果想要判定某个字段是否为 Null 值，该怎样实现呢？

```
return if (cursor.isNull(index)) {
    null
} else {
    cursor.getDouble(index)
}
```

上面的代码片段给出了答案，即调用 Cursor 对象的 isNull() 方法。

Core KTX 对这部分 API 进行了扩充，现在可以仅执行下面的一行代码，实现上面 4 行代码的功能：

```
return cursor.getDoubleOrNull(index)
```

getDoubleOrNull() 实现了对传统 API 的封装，其实现原理如下：

```
inline fun Cursor.getDoubleOrNull(index: Int) = if (isNull(index)) null else
getDouble(index)
```

从此，我们就可以简单地执行一条语句来获取字段值并实现空值判定。是不是更方便了呢？

2. 事务操作

当我们需要频繁操作数据库时，通常会使用事务方式处理，以便获得更佳的性能表现。

下面是传统的实现数据库事务操作的代码示例：

```
private fun DataBaseTransaction(
    db: SQLiteDatabase,
    isExclusive: Boolean
) {
    if (isExclusive) {
        db.beginTransaction()
    } else {
        db.beginTransactionNonExclusive()
    }
    db.execSQL("xxx")
    db.execSQL("xxx")
    db.execSQL("xxx")
    db.execSQL("xxx")
    db.setTransactionSuccessful()
    db.endTransaction()
}
```

事务操作要求我们依次执行开启事务操作、执行数据库操作、设置操作成功、结束事务操作，总共 4 个步骤。其中，除了执行数据库操作是可变代码外，剩下的 3 个步骤都是固定不变的。因此，Core KTX 对这 3 个步骤进行了封装。下面的代码片段是简化后的实现：

```
private fun DataBaseTransaction(
```

```
        db: SQLiteDatabase,
        isExclusive: Boolean
    ) {
      db.transaction(isExclusive) {
        db.execSQL("xxx")
        db.execSQL("xxx")
        db.execSQL("xxx")
        db.execSQL("xxx")
      }
    }
```

显而易见，需要我们实现的部分仅剩下具体的数据库操作了。

来到源码层面，看其具体实现：

```
inline fun <T> SQLiteDatabase.transaction(
    exclusive: Boolean = true,
    body: SQLiteDatabase.() -> T
): T {
    if (exclusive) {
        beginTransaction()
    } else {
        beginTransactionNonExclusive()
    }
    try {
        val result = body()
        setTransactionSuccessful()
        return result
    } finally {
        endTransaction()
    }
}
```

这里要特别注意，exclusive 是用来表示该操作是否独占的布尔变量，其默认值为 true，即独占操作。当我们无须独占时，记得将其赋值为 false。

3.2.4　Graphics

从名字上来看，Graphics 意为图像。本节将介绍 Core KTX 提供的有关图形图像方面 API 的使用方法。这部分涉及的内容比较多，不仅涉及 android.graphics.Bitmap、android.graphics.drawable.Drawable、android.graphics.Canvas 等图像处理相关类，由于 Core KTX 提供了 String 与 Int、Long 类型的颜色值的互转，因此还涉及 kotlin.Int、kotlin.Long 和 kotlin.String 类。

接下来，根据实际功能需求进行逐一讲解。

1. 绘制任意图形

Core KTX 对 Bitmap 类进行了扩充，为其新增了 applyCanvas()方法。我们可以通过调用此方法在自定义的 Bitmap 范围内自由地绘制图形。

例如，想画两个同心圆，仅需要编写以下代码片段即可：

```
val bitmap = Bitmap.createBitmap(400, 400,
Bitmap.Config.ARGB_8888).applyCanvas {
    drawCircle(200f, 200f, 150f, paint)
```

```
    drawCircle(200f, 200f, 100f, paint)
}
```

其中，paint 是 Paint 对象，定义了画笔的颜色和线条风格：

```
val paint = Paint()
paint.color = Color.BLUE
paint.style = Paint.Style.STROKE
paint.strokeWidth = 10F
```

最后，别忘了将创建好的 bitmap 对象放到相应的 ImageView 中。运行结果如图 3.1 所示。

图 3.1　绘制同心圆

2. 获取/改变特定像素点的颜色值

当我们想要获取或者改变 Bitmap 对象中特定像素点的颜色值时，可以使用 Core KTX 提供的封装好的方法。这些方法非常易于理解，下面的代码片段分别为我们展示了获取以及改变特定像素点颜色的方法：

```
// 获取颜色值
bitmap.get(100, 200)
// 改变颜色值
bitmap.set(100, 200, Color.RED)
```

上述代码中，100, 200 分别对应 x 坐标与 y 坐标，这个坐标值是相对 Bitmap 对象而言的。

当然，在获取以及设置颜色值之前，我们可能需要判断该点是否存在于 Bitmap 对象中，避免其超出范围导致操作失败。判断某个像素点是否存在的方法是 contain()。对于本例而言，写法是：

```
bitmap.contains(Point(100, 200))
```

该方法将返回布尔类型，含义是像素点存在与否。

实际上，100, 200 刚好是 3.2.4 节中同心圆经过的像素点。图 3.1 的同心圆是蓝色的，而本例将改变其某个像素点的颜色为红色。为了验证修改成功与否，我们通过 LogCat 观察颜色值的变化，完整代码如下：

```
if (bitmap.contains(Point(100, 200))) {
    Log.d(localClassName, bitmap.get(100, 200).toString())
    bitmap.set(100, 200, Color.RED)
    Log.d(localClassName, bitmap.get(100, 200).toString())
}
```

运行程序后，Logcat 输出如下：

```
D/MainActivity: -16776961
D/MainActivity: -65536
```

很明显，颜色值发生了改变。但是这两个值并不是常见的颜色表示法，它只是一个 Int 值，该怎样解读它呢？

3. Color Int 与 ARGB 互转

在上一节末尾通过获取指定像素点颜色值的方式得到了两个 Int 值。这两个 Int 值实际上已经包含 ARGB 四条通道的颜色值，分别对应透明度、红、绿、蓝三原色，范围在 0~255 的颜色值。

在 Android 8.0 及以上版本的 API 中，我们可以直接采用 Core KTX 封装好的 Int.toColor()方法得到 Color 对象，然后即可通过 Color 对象的方法获取每条通道的颜色值。

反之，也可以通过 Color 对象的 toArgb()方法获得 Color Int 值，且后者不要求 API 必须满足 8.0 版本。

那么，对于低版本 Android API，就要我们手动实现从 Int 到 Color 的转换了。这个过程，Google 官方给出了答案：

```
private fun colorIntToARGB(color: Int): String {
    val A: Int = color shr 24 and 0xff
    val R: Int = color shr 16 and 0xff
    val G: Int = color shr 8 and 0xff
    val B: Int = color and 0xff
    return A.toString() + R.toString() + G.toString() + B.toString()
}
```

当我们分别传入-16776961 和-65536 时，前者对应的 ARGB 值为 255,0,0,255，即不透明蓝色，后者对应的 ARGB 值为 255,255,0,0，即不透明红色。

4. 图像缩放

Core KTX 提供了对 Bitmap 对象进行缩放的简单实现方法，仅需一行代码即可搞定：

```
bitmap.scale(100, 100, true)
```

在 scale()方法中依次传入了 3 个值，分别表示缩放后的宽度、高度以及是否进行双线性插值处理，可以起到反锯齿的优化作用，默认值为 true。

要特别注意，该方法并不对原 Bitmap 对象进行修改，它会返回一个新创建的缩放后的 Bitmap 对象。

在 3.2.4 节第 1 点中，我们创建了一个 400×400 的 Bitmap 对象，并绘制了两个同心圆。接下来通过运行上面的代码将获得一个缩小到 100×100 大小的 Bitmap 对象。我们将缩小后的 Bitmap 设置到 ImageView 控件上，其显示效果如图 3.2 所示。

图 3.2　缩放后的同心圆

5. 画布变换

前面通过调用 Bitmap 对象的 Scale() 方法实现了对图像的缩放。接下来将介绍画布（Canvas）API 的使用，以实现图像的变换。在进行这种变换时，Bitmap 本身不会有任何变化，它改变的是画布。

在传统 Android API 中，我们可以对画布进行缩放、裁剪、旋转等操作。它的调用过程通常如下面的代码片段所示：

```
canvas.save()
canvas.clipRect(0f,0f,200f,200f)
canvas.drawRect(10f, 10f, 300f, 100f, paint_dark)
canvas.restore()
```

实际上，无论进行怎样的变换，都需要在开始和结尾调用 save() 和 restore() 方法。现在，通过调用 Core API 简化处理上述代码如下：

```
canvas.withClip(0f, 0f, 200f, 200f) { drawRect(10f, 10f, 300f, 200f,
paint_dark) }
```

请读者仔细对比这两种不同的写法，本来需要写 4 行代码，简化后仅需一行即可搞定。
其他类型的变换方式的实现与此例基本一致，这里不再赘述，请各位读者自行尝试。

6. 混合两种颜色

在某些需求下，我们可能需要混合两种颜色，进而得到一种新的颜色。

Core KTX 为完成该功能提供了非常便捷的实现，请读者阅读下面的代码：

```
var color = Color.BLUE
color = color.plus(Color.RED)
```

从代码本身去理解即可。本例是将蓝色（RGB 值为 0,0,255）与红色（RGB 值为 255,0,0）混合，最终将得到玫红色（RGB 值分别为 255,0,255）。

7. Drawable 对象转换为 Bitmap 对象

想象一下，如果要获取资源目录下图像的 Bitmap 对象，该怎样实现呢？

通常会先得到相应图像的 Drawable 对象，再将其转为 Bitmap 对象。前者较为简单，只需要通过 Context 类的 getDrawable()方法即可完成；而后者略显烦琐，常见的方法是先转为 BitmapDrawable，再转为 Bitmap 对象，或者通过 Bitmap.createBitmap()方法创建 Bitmap 对象。但无论我们选择哪条路，都意味着它不能以一行代码实现目标。但 Core KTX 刚好可以一行代码实现上述所有步骤。

Core KTX 对 Drawable 类进行了扩展，提供了名为 toBitmap()的方法。它可以轻松地帮我们完成从 Drawable 对象到 Bitmap 对象的转换。请读者参考下面的代码：

```
val bitmap = getDrawable(R.mipmap.android_icon)?.toBitmap()
```

这就是所有代码了吗？没错。

那么，这个方法中到底封装了什么呢？我们不妨去源码中一探究竟。

```
fun Drawable.toBitmap(
    @Px width: Int = intrinsicWidth,
    @Px height: Int = intrinsicHeight,
    config: Config? = null
): Bitmap {
    ...
    val bitmap = Bitmap.createBitmap(width, height, config ?: Config.ARGB_8888)
    ...
    return bitmap
}
```

笔者简化了源码内容，留下了其中的关键部分。很明显，该方法封装的正是通过 Bitmap.createBitmap()方法创建新 Bitmap 对象的过程。

3.2.5　Util

Util 这个单词并不少见，在实际开发中，通常被当作工具使用。在 Core KTX 中的 Util 包里最值得讲得莫过于 AtomicFile。概括地说，AtomicFile 是对文件进行原子操作的工具类，从 Android 4.2 版本的 API 开始引入的。

何谓"原子性"，AtomicFile 又是如何做到这一点的呢？

1. 文件的原子操作

原子操作多见于并发编程中，和它类似的还有可见性、有序性。由于篇幅所限，这里只讨论原子性。

所谓原子性，就是指一个操作或者多个操作要么全部执行，并且执行的过程不被任何因素打断，要么都不执行。有点类似数据库中的事务操作，这些操作被当作一个整体处理，成功就意味着每个操作都被执行且成功地完成了；失败则意味着在执行某个操作的时候失败了，所有的操作都会被回滚到之前的状态。

那么，AtomicFile 在文件操作层面是如何确保原子性的呢？

实际上，在进行文件写操作时，AtomicFile 会使用两个文件来确保原子性：一个文件是原始文件本身，另一个文件则扮演备份的角色。下面结合具体的示例来体会 AtomicFile 的用法。

2. 写文本文件

借助 Core KTX，我们可以轻松地向文件写入数据。写入的方式有 3 种：文本、byte 数组和文件流，其方法分别为 writeText()、writeBytes()和 tryWrite()。接下来以写入文本为例，请读者阅读下面的代码片段：

```
val targetFile = File(filesDir.toString() + File.separator + "test.txt")
val atomicFileExp = AtomicFile(targetFile)
atomicFileExp.writeText("这是一个测试文本")
```

通过调用 AtomicFile 对象的 writeText()方法，我们完成了在 App 的 Data 目录下创建 test.txt 文件，并写入一些文字的操作，而传统的写法只允许我们以输出流的方式写文件。

实际上，当我们深入 Core KTX 提供的 writeText()方法的源码后可知，其实现方法依然是通过输出流的方式写文件：

```
fun AtomicFile.writeText(text: String, charset: Charset = Charsets.UTF_8) {
    writeBytes(text.toByteArray(charset))
}
```

显然，该方法默认采用 UTF-8 编码形式将文本写入文件。

3. 读文本文件

使用 Core KTX 封装的读文件方法非常简单，只需调用 AtomicFile 对象的 readText()方法即可，代码如下：

```
val targetFile = File(filesDir.toString() + File.separator + "test.txt")
val atomicFileExp = AtomicFile(targetFile)
Log.d(localClassName,atomicFileExp.readText())
```

前面我们向文件中写入了一些文本字符，上述代码的作用即读取这个文件的内容，并输出到 Logcat 中。

需要注意的是，该方法将返回文件的全部内容，其内部实现如下：

```
fun AtomicFile.readText(charset: Charset = Charsets.UTF_8): String {
    return readFully().toString(charset)
}
```

readFully()在原始的 AtomicFile.java 类中，该方法封装了以输入流的方式读取文件全部内容的方法。需要注意的是，在调用该方法时，请各位读者权衡内存资源消耗。

3.2.6 View

View 意为视图,Core KTX 扩展了传统的 android.view.View、android.view.ViewGroup 等类,在某些特定的场景下,为开发者提供了极大的方便。还记得 3.1 节中的示例吗?通过调用 View.doOnPreDraw()可以将原有的 8 行代码简化为一行代码实现。

本节将继续深入 View 类相关方法,体验 Core KTX 为我们提供的更方便的实现方式。

1. 简化的监听器实现

Core KTX 提供了简化的 View 监听器实现,除了前文中提到的 doOnPreDraw()方法外,还有 doOnAttach()、doOnDetach()、doOnLayout()和 doOnNextLayout()。它们分别对应传统写法中的 addOnAttachStateChangeListener()和 addOnLayoutChangeListener()方法及其回调。

例如,我们想对某个 View 添加 attach 监听,传统写法是如何实现的呢?

```
demoTv.addOnAttachStateChangeListener(object :
View.OnAttachStateChangeListener {
    override fun onViewAttachedToWindow(v: View?) {
        demoTv.removeOnAttachStateChangeListener(this)
        Log.d(localClassName, "doOnAttach")
    }
    override fun onViewDetachedFromWindow(v: View?) {
    }
})
```

可见,我们需要调用 addOnAttachStateChangeListener()方法,并传入监听器实例,然后实现方法。细心的读者会发现,即使我们不需要监听后续的 detach 事件,但仍需实现 onViewDetachedFromWindow()方法(即使里面是空的),否则无法编译通过。此外,为了防止监听器被重复添加多次,还需要调用 View 的 removeOnAttachStateChangeListener()方法移除之前注册过的监听器。而使用 Core KTX 提供的封装好的方法情况则大不一样,仅需下面一行代码即可:

```
demoTv.doOnAttach { Log.d(localClassName, "doOnAttach") }
```

以上两种写法,实现的效果一致。

2. View 截图转 Bitmap

在某些产品需求中,需要将指定的 View 保存为图片,而要实现这个功能,首要任务就是将其转换为 Bitmap,再将 Bitmap 对象编码为 base64 进行传输或存为图片以备后用。后面这一步较为简单,仅需调用 bitmap 对象的 compress()方法即可。接下来讨论前一步,即如何将 View 截图为 Bitmap 对象。

Core KTX 封装了该步骤的实现,我们仅需调用 view 对象的 drawToBitmap()方法即可。下面的代码为我们演示截取 TextView 为 Bitmap 并显示在 TextView 下方的实现:

```
demoIv.setImageBitmap(demoTv.drawToBitmap())
```

没错,只需要一行代码。demoIv 是 ImageView 对象,在 demoTv 的下方。demoTv 是 TextView 对象,显示的文本是"Hello World!"。

运行上述代码,结果如图 3.3 所示。

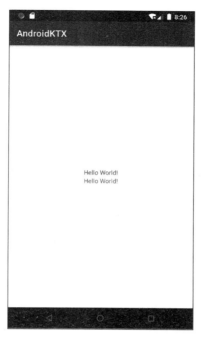

图 3.3　给 TextView 截个图

这里需要注意一点，当 View 还没有完成绘制时，调用该方法会引发崩溃，其原因是：View needs to be laid out before calling drawToBitmap()，即 View 需要完成绘制后才能调用 drawToBitmap()方法。比较保险的做法是借助 View 的 postDelayed()方法实现，具体写法如下：

```
demoTv.postDelayed({
    demoIv.setImageBitmap(demoTv.drawToBitmap())
}, 0)
```

3.3　Collection

本节介绍 Collection，即"集合"。在介绍 Collection KTX 之前，读者需要先了解两个数据结构：SparseArray 和 LongSparseArray。

读者对它们两个应该并不陌生，都可以看作是 HashMap。不同的是，它们分别以 int 整型值和 long 长整型值作为 Key。省去了 HashMap 对 Key 的主动装箱，以达到节省内存消耗的目的。无论是 SparseArray 还是 LongSparseArray，它们在存取数据的时候使用的都是二分查找法。具体来说，在存储数据时，Key 将被自动从小到大排序；在获取数据时，将使用二分查找法。这样做的优势是在数据量不大的情况下查找数据的速度非常快，通常比 HashMap 性能高（当数据量高达数百个时，性能差异将低于 50%）。

Collection KTX 扩展了 SparseArrayCompat（SparseArray 的低版本兼容 API）和 LongSparseArray，提供了某些常用操作的封装，为日常使用提供了方便。由于扩展的方法对 SparseArrayCompat 和 LongSparseArray 大体相同，我们将以 SparseArrayCompat 为例进行讲解。

3.3.1 集成 Collection KTX

要使用 Collection KTX API，需要手动将其引入项目中。

截至目前，该库的新版本于 2020 年 12 月 16 日发布了 1.1.0 稳定版，我们将集成并使用该版本。

打开要使用 Collection KTX API 的 Module 的 build.gradle 文件，在 dependencies 节点下添加以下声明：

```
implementation "androidx.collection:collection-ktx:1.1.0"
```

然后，执行 Gradle Sync 指令，完成组件引入。

3.3.2 获取集合中所有的 Key 和 Value

Collection KTX 为我们提供了获取所有 Key 或所有 Value 的快捷实现，参考下面的代码：

```
// 获取所有 Key
val intIt = map.keyIterator()
// 获取所有 Value
val valueIt = map.valueIterator()
```

通过调用 SparseArrayCompat 的 keyIterator() 方法即可获得所有 Key 值，调用 valueIterator() 方法即可获得所有 Value 值。前者将返回 IntIterator 对象，后者将返回 Iterator 对象，后者是前者的父类。

在使用时，我们可以使用 Iterator 的 hasNext() 方法作为遍历条件，使用 next() 方法取值。下面的代码将演示如何获取并使用 Key 值和 Value 值：

```
// 获取所有 Key
val intIt = map.keyIterator()
while (intIt.hasNext()) {
    // 输出 Key 值
    Log.d(localClassName, intIt.next().toString())
}
// 获取所有 Value
val valueIt = map.valueIterator()
while (valueIt.hasNext()) {
    // 输出 Value 值
    Log.d(localClassName, valueIt.next())
}
```

3.3.3 集合的遍历

Collection KTX 为我们提供了对 SparseArrayCompat 和 LongSparseArray 的遍历方法。在此之前，若想遍历它们，则只能单独对 Key 或 Value 进行遍历，或者对 Key 进行遍历，然后在每次遍历中获取 Value。

Collection KTX 提供的遍历方法名为 forEach()，下面的代码将为我们演示遍历的方法：

```
var map = SparseArrayCompat<String>(10)
map.put(100, "Alice")
map.put(95, "Bob")
map.put(92, "Cindy")
map.put(89, "David")
```

```
map.put(88, "Emma")
map.forEach { index, item ->
    when {
        index > 95 -> {
            Log.d(localClassName, item.plus("获优胜奖"))
        }
        index in 91..95 -> {
            Log.d(localClassName, item.plus("获优秀奖"))
        }
        else -> {
            Log.d(localClassName, item.plus("没有获奖"))
        }
    }
}
```

上面的代码是得分获奖的示例。其中，Key 代表分数，是 Int 类型值；Value 表示名字，是 String 类型值。在 forEach() 遍历中，通过对分数的条件筛选得到获奖结果。要特别注意的是，程序在一开始指明了整个集合的大小为 10，并不意味着 Key 值的范围是 0~9，它只代表集合中元素的个数。

运行上述代码，将看到如下输出结果：

Emma 没有获奖

David 没有获奖

Cindy 获优秀奖

Bob 获优秀奖

Alice 获优胜奖

3.3.4　集合元素的增加与替换

为了完成某些特定的需求，我们需要对集合中的元素进行增加或替换。SparseArrayCompat 和 LongSparseArray 中提供了相应的方法：putIfAbsent()，该方法会通过对原有集合进行修改达到元素增加或替换的效果。当我们不想修改原集合，而是想要得到一个新的集合时，Collection KTX 中提供的方法就派上用场了。在 Collection KTX 中提供了名为 plus() 的方法，它用于合并两个集合，并生成包含合并结果的新的集合。

举个例子，现有两个集合 map 和 map2，它们按照如下代码赋值：

```
val map = SparseArrayCompat<String>(10)
map.put(1, "A")
map.put(2, "B")
map.put(3, "C")
val map2 = SparseArrayCompat<String>(10)
map2.put(3, "D")
map2.put(4, "E")
map2.put(5, "F")
```

接下来，调用 map 对象的 plus() 方法将其与 map2 对象数据合并，并将结果赋值给 map3 对象。

```
val map3 = map.plus(map2)
```

最后，使用 3.3.3 节中提到的 forEach() 遍历依次输出 map3 对象的 Key 和 Value 值。

```
map3.forEach { index, item ->
    Log.d(localClassName, "$index - $item")
}
```

仔细阅读上述代码,由于 map 和 map2 中同时包含 Key 为 3 的数据,当发生合并时,map2 的数据会覆盖 map 中的数据。因此,最终的合并结果输出为:

```
1 - A
2 - B
3 - D
4 - E
5 - F
```

反过来,如果调用 map2 对象的 plus()方法,与 map 对象发生合并,则结果输出为:

```
1 - A
2 - B
3 - C
4 - E
5 - F
```

由于 Key 的值在集合发生插入时被自动以升序排序,因此无论以何种方式合并,其结果都是升序的。

3.4　Fragment

Fragment KTX 简化了 FragmentManager 对象的事务操作,将原有较为固定的写法做了封装。

3.4.1　集成 Fragment KTX

要使用 Fragment KTX API,需要手动将其引入项目中。

截至目前,该库的新版本于 2020 年 6 月 10 日发布了 1.2.5 稳定版,我们将集成并使用该版本。

打开要使用 Fragment KTX API 的 Module 的 build.gradle 文件,在 dependencies 节点下添加以下声明:

```
implementation "androidx.fragment:fragment-ktx:1.2.5"
```

然后,执行 Gradle Sync 指令,完成组件引入。

3.4.2　Fragment 事务操作

回想一下,我们是如何进行 Fragment 事务操作的?首先要获取 FragmentManager 对象,然后调用该对象的 beginTransaction()方法开启事务,之后进行具体的操作内容,最后通过执行 commit()或 commitAllowingStateLoss()方法进行事务提交。整个过程大体代码如下:

```
supportFragmentManager.beginTransaction()
    .replace(fragmentContainer, exampleFragment)
    .setCustomAnimations(android.R.anim.fade_in, android.R.anim.fade_out)
    .commit()
```

事实上，所有的 Fragment 事务操作都包含开启事务与提交事务的过程。Fragment KTX 库对上述过程进行了封装，简化了事务操作。简化后的代码如下：

```
supportFragmentManager.commit(false) {
    replace(fragmentContainer, exampleFragment)
    setCustomAnimations(android.R.anim.fade_in, android.R.anim.fade_out)
}
```

很显然，beginTransaction()方法被简化掉了，最终的提交方式由一个布尔值来选择。当该值为 true 时，执行 commitAllowingStateLoss()；反之，执行 commit()，默认值为 false。

3.5　小　结

至此，本章的内容已经接近尾声了。本章探索了 Android KTX 的众多扩展方法，这些扩展方法涉及的用途十分常见，它们极大地简化了开发者的代码编写量，但这并不意味着 Android KTX 就此结束。

事实上，除了本章提及的 Core KTX、Collection KTX、Fragment KTX 之外，还有 Lifecycle KTX、LiveData KTX、Navigation KTX 等 8 个常用分类，以及专门针对 Google 服务的 Firebase KTX、Google Maps Platform KTX 以及 Play Core KTX。

出于内容整体性的考虑，笔者将剩余常见的 KTX 扩展放到了后续的相关章节中，比如 Lifecycle KTX 包含在第 7 章中，第 7 章的内容是针对 Lifecycle 组件的专题讲解。读者可根据自身需要到相关章节查阅。

涉及 Google 服务的 3 类 KTX 扩展，由于相关服务在我国大陆地区使用并不广泛，因此不做讲解。

至此，本章内容告一段落。希望广大读者在实际的开发工作中熟练运用本章提及的通用 KTX 扩展，达到节省开发时间的目的。

第 4 章

MultiDex 打包 APK

本章来讨论 Android Jetpack 的一个重要组件——MultiDex。它的作用是在生成 APK 的时候，将单个.dex 文件分成多个，以规避单个.dex 文件中方法数过多导致打包出错的问题。

一个完整的 APK 内部结构是怎样的？为什么方法数过多会导致失败？单个 Dex 中包含多少方法数是合理的？如何规避这些问题？阅读完本章，你会得到答案。

4.1　APK 解构

一个完整的 APK 文件通常会包含一个或多个.dex 文件，当我们使用 Android Studio 中的 Analyse APK 功能去分析 APK 文件时，会轻松地找到它们，如图 4.1 所示。

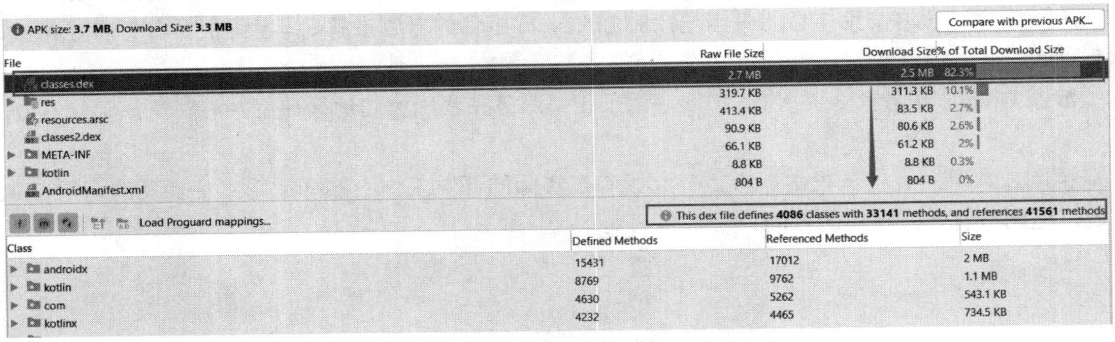

图 4.1　示例 APK 结构一览

这是一个较为常见的 APK 文件内部结构。可以看到这个 APK 文件中包含两个.dex 文件，分别为 classes.dex 和 classes2.dex。笔者选取了 classes.dex 作为示例，统计了其中的方法数。可以看到统计结果：这个.dex 文件中定义了 4086 个类，包含 33141 个方法，并引用了 41561 个方法。

正如本章开头所描述的那样，当单个.dex 文件的方法数超过一定限度的时候，将导致打包 APK 失败。这个限度是 65536，也就是通常所说的 64KB（64×1024=65536）方法数限制。

4.2　64KB 方法数限制

为什么会出现 64KB 方法数限制呢？这是由 Dalvik 机制决定的，在其内部对方法的索引是由

short 型变量来决定的，而 short 类型是短整型，它的取值范围通常是-32768~+32767 或 0~65535。但无论是带符号的前者还是无符号的后者，其范围总和都是 65536。

因此，在这样的机制作用下，APK 结构将受到两重限制，即整个 APK 只能包含一个.dex 文件，并且单个.dex 中的方法数不能多于 65536。

好消息是，早在 Android 5.0 开始，Android 就推出了 ART 运行时环境。不同于传统的 Dalvik，ART 支持单个 APK 文件里包含多个.dex，它采用 App 安装时预编译的方式，在安装 App 时扫描 APK 中的所有.dex 文件，并将其编译成单个.oat 文件，供 Android 设备运行。因此，如果我们开发的产品只面向使用 Android 5.0 及更高版本的用户，则无须关注 64KB 方法数限制的问题。

但是，并非所有的用户都在使用高版本的 Android 操作系统，某些不经常更替的设备可能仍然在运行老版本的 Android，这些设备包括电视、机顶盒等，这些设备一般在购买之后几年都不会更换。所以，如果我们开发的产品面向这些设备，且项目规模较大，还是需要关注该问题的。

接下来，让我们模拟由于 64KB 方法数限制导致编译失败的情况，并介绍规避 64KB 方法数限制的方法——使用 MultiDex。

4.3　避免 64KB 方法数限制

本节首先尝试生成一个包含多于 64KB 方法数的工程的 APK 文件，观察其报错信息，并介绍 MultiDex 的使用方法。

4.3.1　问题重现

现在，让我们来分析如图 4.2 所示的 Android 工程。

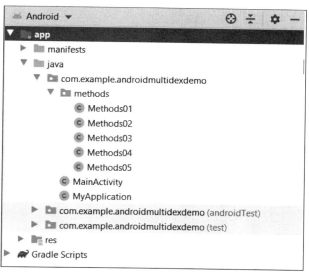

图 4.2　示例 Android 工程结构

整个工程结构非常简单。MainActivity.java 是唯一一个 Activity，且自创建工程后未添加任何内容。MyApplication.java 是继承了 Application.java 的类，目前也没有做任何有价值内容的编码。methods
包下存在若干个 MethodsN.java 类，每个类中包含 10000 个未使用的方法。因此，整个 methods 包中
总共有 50000 个方法，再加上其他部分，总共方法数将超过 64KB。

现在，让我们开始 Build APK。短暂的等待后，将收到如图 4.3 所示的报错信息。

```
Execution failed for task ':app:mergeDexDebug'.
> A failure occurred while executing com.android.build.gradle.internal.tasks.Workers$ActionFacade
    > com.android.builder.dexing.DexArchiveMergerException: Error while merging dex archives:
      The number of method references in a .dex file cannot exceed 64K.
      Learn how to resolve this issue at https://developer.android.com/tools/building/multidex.html
```

图 4.3　示例 Android 工程结构

显然，报错的原因就是单个.dex 文件中引用的方法数超过了 64KB。

此外，当工程里面的方法数小于 64KB 但接近这个值时，在低版本 Android 系统的手机上安装
成功编译的 APK 文件依然有可能会失败。

4.3.2　使用 MultiDex

突破 64KB 方法数限制的方法是集成 MultiDex。截至目前，MultiDex 最新，最稳定的版本是 2.0.1，
发布于 2018 年 12 月 17 日。

使用 MultiDex 的方法十分简单，首先需要在相应 Module 的 build.gradle 中添加依赖项，代码片
段如下：

```
implementation "androidx.multidex:multidex:2.0.1"
```

然后，在 defaultConfig 节点下添加以下键值对：

```
multiDexEnabled true
```

完成后，别忘了执行 Gradle Sync 指令。

然后，打开示例工程中的 MyApplication 类，复写其中的 attachBaseContext()方法，添加 MultiDex
的初始化逻辑。完整的 MyApplication 类如下：

```
import android.app.Application;
import android.content.Context;
import androidx.multidex.MultiDex;
public class MyApplication extends Application {
    @Override
    protected void attachBaseContext(Context base) {
        super.attachBaseContext(base);
        MultiDex.install(this);
    }
}
```

最后，在 AndroidManifest.xml 文件中使用 MyApplication 类。完整代码如下：

```
<manifest xmlns:android="http://schemas.android.com/apk/res/android"
    package="com.example.androidmultidexdemo">
    <application
        android:name=".MyApplication"
```

```
            android:allowBackup="true"
            android:icon="@mipmap/ic_launcher"
            android:label="@string/app_name"
            android:roundIcon="@mipmap/ic_launcher_round"
            android:supportsRtl="true"
            android:theme="@style/Theme.AndroidMultiDexDemo">
            <activity android:name=".MainActivity">
                <intent-filter>
                    <action android:name="android.intent.action.MAIN" />
                    <category android:name="android.intent.category.LAUNCHER" />
                </intent-filter>
            </activity>
        </application>
</manifest>
```

除了上述方法外，如果整个工程无须自定义 Application 类，也可以在 AndroidManifest.xml 文件中直接使用 android.support.multidex.MultiDexApplication 作为 android:name 的值，或者直接让 MyApplication 类继承 MultiDexApplication 类。

好了，大功告成，再次尝试构建 APK 文件，已经可以成功地完成了。

当我们再次分析成功构建的 APK 文件时，可以发现其内部结构如图 4.4 所示。

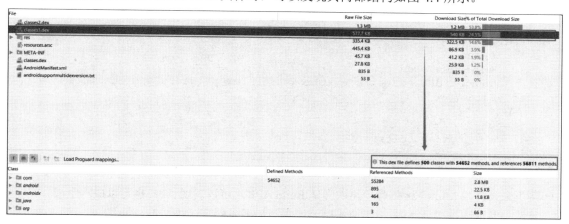

图 4.4　使用 MultiDex 编译的 APK 文件结构

仔细观察图 4.4，可以发现整个 APK 包含 3 个 .dex 文件，用于模拟方法数的类，即其方法被包含在了 classes3.dex 中。得益于 MultiDex，通过分离单个 .dex 文件，使过多的方法得到了分装，最终得到了可以成功运行的 APK。

4.3.3　MultiDex 的局限性

通过 MultiDex，总算是规避了 64KB 方法数限制的问题，但它并不十分完美。

MultiDex 会减缓 App 的启动速度，由于 App 在启动时需要加载多个 .dex 文件，在严重时甚至会造成 ANR 现象。此外，由于 Dalvik linearAlloc 的问题，即使使用了 MultiDex，在某些运行着早于 Android 4.0 版本的设备上依然无法安装和启动。最后，MultiDex 还会在 App 运行时产生大量的内存占用，而这一操作可能会引发程序崩溃。

那么，还有什么办法能够起到辅助作用呢？

4.3.4 缩减方法数

看到本节的标题，其实就已经有了思路。既然问题的根本原因是方法数过多，那么缩减方法数就相当于在源头规避了这个问题。

Android APK 在打包的时候有一个名为 minifyEnabled 的参数，其默认值为 false，通常在做代码混淆的时候会用到，它的作用就是代码缩减，即通过检测代码中没有使用的类、方法等，移除它们以达到减小 APK 体积的目的。

这一点在实际开发中非常实用，为了减少开发的时间成本，避免重复"造轮子"，开发者通常会在工程中集成一些依赖，但并不是依赖中所有的类和方法都会用到。因此，在发布正式版本时，会做代码缩减的工作。

对于本章的示例工程而言，methods 包里的所有类和方法均没有被使用，理论上能够通过代码缩减将其移除。

启用代码缩减的方式是在 build.gradle 文件中将该 minifyEnabled 值赋为 true。由于方法数一旦超限，无论是何种版本分支，都会出现编译失败的情况，因此我们在 debug 版本中也要做同样的处理。代码片段如下：

```
buildTypes {
    release {
        minifyEnabled true
        proguardFiles getDefaultProguardFile('proguard-android-optimize.txt'),
'proguard-rules.pro'
    }
    debug {
        minifyEnabled true
    }
}
```

接下来，移除 MultiDex 依赖，再次尝试 Build APK，可以发现 APK 也可以成功生成。

当我们对这次生成的 APK 进行分析时，可得到如图 4.5 所示的结果。

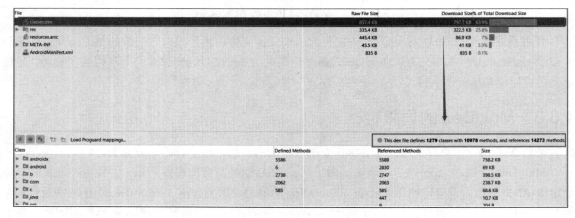

图 4.5　启用代码缩减的 APK 结构

由图 4.5 中可以看出，整个 APK 仍然只有一个.dex 文件，该.dex 文件中仅有 14000 多个方法，用于模拟的类和方法已经被精简掉了。

4.4　问题排查

通过前面的学习，我们已经可以突破 64KB 方法数限制，生成 APK 文件了。但在某些特殊情况下，安装这个 APK 并启动时可能会收到 java.lang.NoClassDefFoundError 异常，并导致崩溃。这是怎么回事呢？

实际上，MultiDex 在分装.dex 文件时会使用相当复杂的算法确定主.dex 文件包含的类和方法，这些类和方法是 App 成功启动的前提。在大部分时候，这种识别并不会出现判断失误的情况。但如果工程依赖关系较复杂，可能会被算法忽略，导致本该包含在主.dex 文件中的类和方法被分装在了其他.dex 文件中，从而导致 App 启动时崩溃。

想要规避这个问题，需要手动添加在主.dex 文件中包含的类。

现在，让我们仅保留示例工程中 mothods 包内的 Methods01 类，启用 MultiDex，关闭代码缩减，然后构建 APK 文件。成功编译生成的 APK 结构如图 4.6 所示。

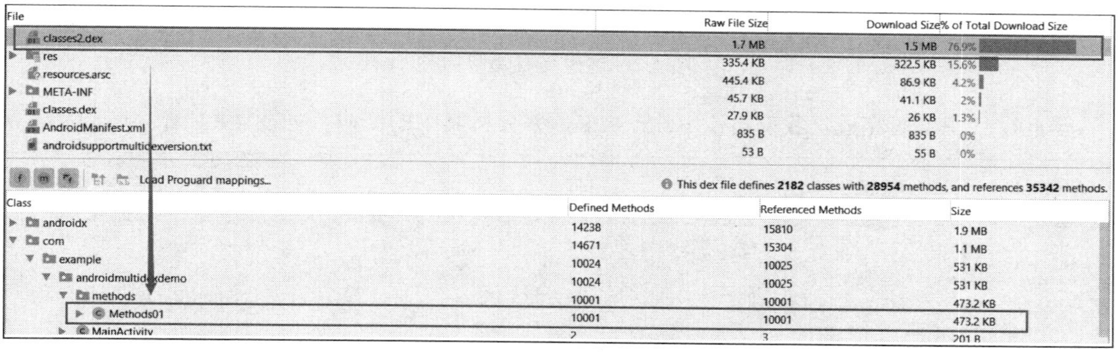

图 4.6　启用 MultiDex 的 APK 结构

由图 4.6 可知，method 包内的 Methods01 类及其方法被分到了 classes2.dex 中。

现在，假如 Methods01 类是程序启动所必需的代码，则需要手动将其放到 classes1.dex 中，具体做法如下：

首先，创建一个文本文档，文件名和路径可任意设置。本例将其命名为 multidex-config.txt，并保存到对应 Module 中 build.gradle 文件的同级目录下。

然后，编辑这个文件，将要保留的类完整的路径输入进去，每个类占单独的一行。本例中，我们要保留 method 包内的 Methods01.class，则应输入以下内容：

```
com/example/androidmultidexdemo/methods/Methods01.class
```

这里要特别注意，当我们以 Android 方式在 Android Studio 中查看代码结构时，multidex-config.txt 并不会显示出来，应该将视图方式切换为 Project 才能看到它。

最后，编辑相应 Module 的 build.gradle 文件，在 buildTypes 节点下的相应版本中添加如下代码：

```
multiDexKeepFile file('multidex-config.txt')
```

添加后，再次执行 Gradle Sync 进行同步。

现在，整个工程的新增部分如图 4.7 所示。

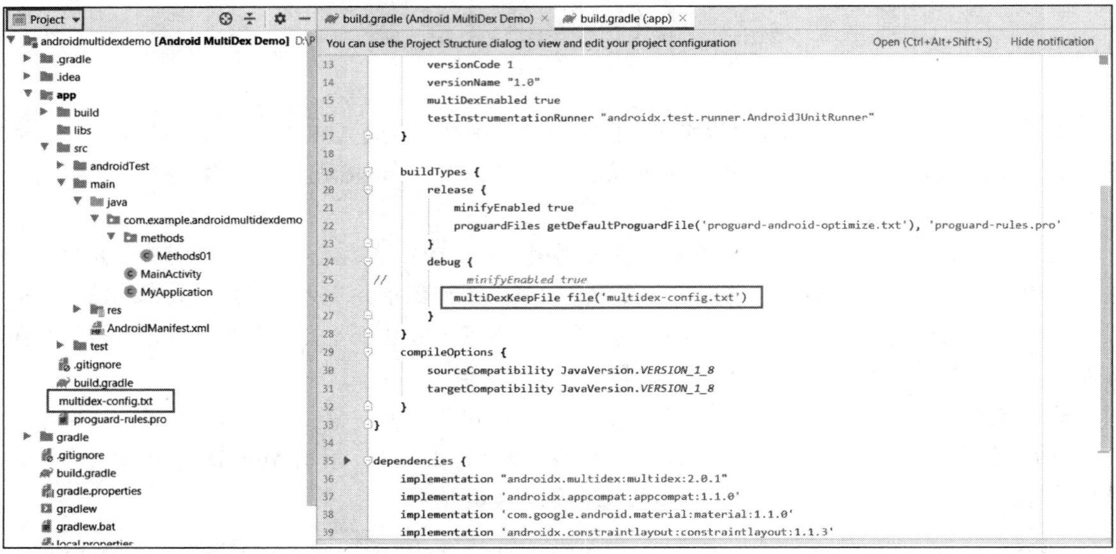

图 4.7 自定义要保留的类

至此，代码编写完成。我们再次 Build APK，并分析其中的结构，如图 4.8 所示。

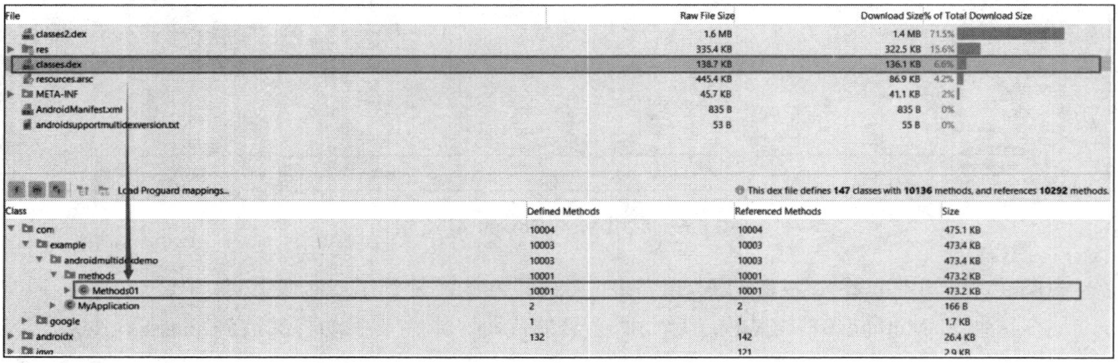

图 4.8 自定义主 .dex 文件的结构

仔细观察图 4.8，可以看到，主 .dex 文件中包含 Methods01 类，而 classes2.dex 中已经不存在该类了。

当然，除了可以通过 multidex-config.txt 来定义主 .dex 文件中包含的类和方法外，还可以通过 multidex-config.pro 来定义，它的编写方法与代码混淆的 Proguard 格式相同。下面的代码是 multidex-config.pro 的一个示例，其作用与 multidex-config.txt 相同。

```
-keep com.example.androidmultidexdemo.methods.Methods01
```

当然，它还支持通配符。比如，想要保留整个 method 包中的类，可以写成：

```
-keep com.example.androidmultidexdemo.methods.** { *; }
```

接着，在 build.gradle 中的相应位置添加：

```
multiDexKeepProguard file('multidex-config.pro')
```

即可完成配置。

和使用 multidex-config.txt 不同，使用 Proguard 格式的文件时，可以更轻松地找到它，如图 4.9 所示。

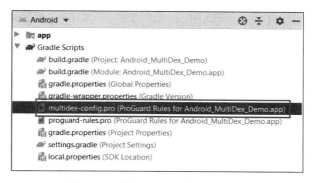

图 4.9　采用 Proguard 格式的定义

无须切换项目视图到 Project，以默认的 Android 视图方式就可以找到该文件。

第5章

Test 构建测试

众所周知，测试环节在软件开发中经常扮演重要的角色，它是软件开发过程中必不可少的环节，可以保证软件运行的正确性、性能等，因此不应忽视。

对于 Android 平台，有很多测试工具，对应不同的测试维度。本章将介绍测试相关的内容。

5.1　概　述

AndroidX 包提供了全面、易学且实用的 test 包，它包含很多内容，涉及单元测试、自动化 UI 测试、集成测试等。在正式探讨测试方法前，我们需要先明确测试的一般做法，因为它不仅关系到测试本身，还关系到测试之前的开发环节。

5.2　构建 App 的最佳实践

通常对于不同规模的 App，我们会采用不同的代码组织形式进行开发。若以 Module 个数作为区分方式，大体可以分为两种：单一 Module 和多 Module。

单一 Module 适用于规模较小、功能较为单一的 App。比如一个简单的二维码生成器，用户可以通过输入文本生成对应的二维码图像。这类 App 通常包含单一 Module，Module 中按照用户界面、业务逻辑、数据处理等进行分类管理。这类 App 在目前的市场上已经不多见了。

多 Module 适用于多个功能的 App，这种情况在目前的开发中较为多见。比如一个即时通信类 App，它包含实时音视频通话以及非实时的文字和多媒体消息聊天、好友列表、账户管理等多个模块。通常每个模块对应一个或多个 Module。这种模块化的组织方式可以让开发者更专注于特定范围的代码，减少开发与维护难度。想象一下，如果把如此多的功能合并在一个 Module 中，当我们要修改持久化数据层的时候，会涉及多少个功能模块。

在分模块开发时，要充分考虑单一模块的复杂度以及模块间的耦合度。比如，音视频通话与文字多媒体消息收发是在同一个模块中还是位于两个独立的模块更好呢？

当我们以模块来明确单一 Module 的范围后，无论整个 App 的功能如何增加，每个 Module 仍然只关注自身的代码范围，因为新增的功能会被定义为另一个 Module。我们最多需要关注的是 Module 间的通信方式，使其保持一致即可。比如当我们想要在好友列表中新增经常沟通的好友列表时，只需要修改好友列表对应 Module 的数据层即可，无须改动其他 Module 的代码。

此外，这种模块化的开发方式还可以让测试更加轻松。当我们想要测试模块间的通信时，可以制造假数据来完成测试，无须等待所有功能点都开发完成。

其实，这种分模块开发的方式有点类似于我们常玩的 QQ 游戏。起初只打开了游戏大厅，当想玩某个具体游戏的时候，需要单独安装它们。当有新的游戏发布时，并不影响之前安装好的游戏。当某个游戏需要更新时，其他的游戏也无须做任何处理。这里面，游戏大厅相当于主 Module，每个游戏相当于每个单独的 Module。

当然，用 QQ 游戏来打比方其实是较为理想的情况。还是那句话：Module 如何切割、如何定义 Module 间的通信标准都是需要妥善考虑的。请记住：测试通常伴随着开发进行，不要单一地为了方便开发而构建代码，那样做并不会让你很轻松。

5.3　测试的最佳实践

本节将介绍有关测试的基础知识和环境配置。正如本节的标题，在实际测试中可参考本章的内容进行测试工具以及测试设备的选择。

5.3.1　测试的分类

对于 Android App 的测试通常分为 3 类，即单元测试、集成测试及 UI 测试。

- 单元测试十分常见，通常会占到 70% 的测试比例，用于验证程序是否按照预期的方式运行。
- 集成测试的占比则逊色很多，只占到 20% 左右，用于验证单个 Module 内部以及与之相关的 Module 间的通信。
- UI 测试占比最少，只有 10% 左右，用于验证多个 Module 之间的通信。

这 3 类测试中，UI 测试最接近真实的用户使用场景，但维护它们的工作量也是最大的。相反，单元测试距离最终用户较远，但维护它们的工作量是最少的。

5.3.2　用于编写测试代码的目录结构

当我们使用 Android Studio 创建一个项目时，除了业务代码外，还有两个用于测试的包，名称分别为 androidTest 和 test，如图 5.1 所示。

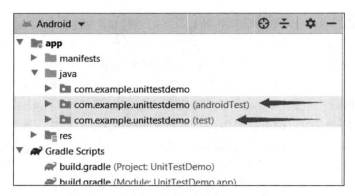

图 5.1　用于编写测试代码的目录

- androidTest 目录下通常存放运行在模拟器或真机上的测试代码，这些代码对应集成测试、UI 测试以及单靠 JVM 无法完成的测试。
- test 目录下包含单元测试，它通常无须使用模拟器或真机，仅靠 PC 即可进行。

5.3.3　选择测试设备

在进行测试前，通常会选择用于测试的设备。注意，这里的"设备"并非指实体设备。运行在计算机上的虚拟 Android 设备（如 AVD、Genymotion 等）、模拟 Android 设备（如 Robolectric、PowerMockito 等）同样算作"设备"。那么它们之间有何不同，我们又应该如何选择呢？

- 真实设备：毋庸置疑，使用真实设备进行测试，其运行结果可以说最接近用户实际的体验，但时间成本是最大的。此外，对于多种屏幕尺寸的适配，若采购真实设备用于测试，也会徒增金钱成本。
- 虚拟设备：使用 AVD、Genymotion 或类似的虚拟机或许是开发和测试最"中庸"的选择。我们可以创建任意屏幕参数的设备查看 UI 适配，却无须支付额外的金钱成本。在前几年，这类虚拟设备性能欠佳。但今非昔比，借助 Intel/AMD 的硬件加速能力，虚拟设备的性能已经非常好了。但它仍有不足，即这种加速只能用于虚拟 x86 或 x86-64 架构的 CPU。当我们要测试的对象面向 ARM 架构时，则无法启用硬件加速，测试效率并不高。
- 模拟设备：模拟设备的设计思路是实现仅靠 JVM 即可运行的 Android 代码，脱离了 Android 环境。也正因为这样，每次测试时无须编译 APK，也就无须安装它。这类设备提供了与 Android 原生 API 相同的能力，且附带了测试相关的 API。

由于篇幅所限，庞大的测试内容无法通过简单的一个章节全部阐述清楚，本章仅围绕测试主题展开对 AndroidX 的探索。即使如此，读者在学习完本章内容后，应对市面上大部分的 App 产品是不成问题的。

5.3.4　添加测试依赖库

若要使用 AndroidX 提供的测试 API，首要任务就是添加依赖库。一个新建的 Android 项目已经为我们自动添加了两个与 AndroidX 相关的测试库，即 androidx.test.ext:junit 和 androidx.test.espresso:
espresso-core。实际上，AndroidX 提供的测试库非常丰富，完整的依赖库如下：

```
dependencies {
    // 核心库
    androidTestImplementation 'androidx.test:core:1.0.0'
    // AndroidJUnitRunner 和 JUnit Rules
    androidTestImplementation 'androidx.test:runner:1.3.0'
    androidTestImplementation 'androidx.test:rules:1.2.0'
    // 断言
    androidTestImplementation 'androidx.test.ext:junit:1.0.0'
    androidTestImplementation 'androidx.test.ext:truth:1.0.0'
    androidTestImplementation 'com.google.truth:truth:0.42'
    // Espresso 相关依赖
    androidTestImplementation 'androidx.test.espresso:espresso-core:3.1.0'
    androidTestImplementation 'androidx.test.espresso:espresso-contrib:3.1.0'
    androidTestImplementation 'androidx.test.espresso:espresso-intents:3.1.0'
    androidTestImplementation
'androidx.test.espresso:espresso-accessibility:3.1.0'
    androidTestImplementation 'androidx.test.espresso:espresso-web:3.1.0'
    androidTestImplementation
'androidx.test.espresso.idling:idling-concurrent:3.1.0'
    // 引入方式为 androidTestImplementation 或 implementation 皆可，前者仅集成到测试
    // 用 APK
    androidTestImplementation
'androidx.test.espresso:espresso-idling-resource:3.1.0'
}
```

接下来，我们分别阐述单元测试、集成测试和 UI 测试的方法。

5.4　单元测试

单元测试是 3 类测试中最基本，同时也是占比最高的测试类别。它适用于验证某个类、某个方法，同时不应涉及其他部分的代码。单元测试不适用于验证界面交互。单元测试分为本地测试和插桩测试，前者运行在 PC 上，后者运行在真机或虚拟设备上。下面分别进行说明。

5.4.1　本地单元测试

根据测试内容对 Android 框架的依赖程度不同，需要使用不同的测试工具。若测试内容对 Android 框架依赖性较多，则推荐使用 Robolectric 框架；反之则推荐使用 Mockito 框架。无论是 Robolectric 还是 Mockito，它们都属于模拟设备。由于篇幅所限，我们仅介绍与 AndroidX 有关的 Robolectric 框架。

接下来，让我们创建一个项目，名为 UnitTestDemo，然后集成并使用 Robolectric 框架进行代码测试。

1. 集成 Robolectric 框架

要使用 Robolectric 框架，需要先集成相关的库。Robolectric 自 4.0 版本开始，与 Android 官方测试库完全兼容。因此，我们无须单独添加 Robolectric 依赖，直接在 build.gradle 中添加如下代码即可：

```
testImplementation 'junit:junit:4.+'
testImplementation 'androidx.test:core:1.0.0'
```

其中，JUnit4 在创建项目的时候被自动引入，它是不可或缺的依赖。

此外，还需在 android 节点下添加 testOptions 节点及相关代码。

完整的 build.gradle 文件关键代码如下：

```
plugins {
    id 'com.android.application'
}
android {
    ...
    testOptions {
        unitTests {
            includeAndroidResources = true
        }
    }
    ...
}
dependencies {
    ...
    testImplementation 'junit:junit:4.+'
    testImplementation 'androidx.test:core:1.0.0'
    testImplementation 'org.robolectric:robolectric:4.4'
    ...
}
```

这里需要特别指出，截至笔者编写这段文字时，Robolectric 框架只支持测试 API Level 29（即 Android Q）及以下版本。另外，对于 Android Q，还需要 JDK 版本为 9。

2. 简单的测试示例

下面在 MainActivity 类中创建一个方法，然后在测试类中尝试调用这个方法，验证其运行是否如愿。

打开 MainActivity.java，在代码中添加一个方法，具体代码片段如下：

```
public int plusCalcExample(int a, int b) {
    return a + b;
}
```

很简单，这个方法的作用就是将传入的两个 int 类型参数相加，并返回计算结果。

接下来，在 test 包中创建名为 RobolectricUnitTest 的 Java 类。完整的 RobolectricUnitTest 类代码如下：

```
@RunWith(RobolectricTestRunner.class)
@Config(sdk = Build.VERSION_CODES.P)
public class RobolectricUnitTest {
    @Test
```

```
public void functionTest() {
    ActivityScenario<MainActivity> mainActivityActivityScenario =
ActivityScenario.launch(MainActivity.class);
    mainActivityActivityScenario.onActivity(activity -> {
        Assert.assertEquals(10 + 20, activity.plusCalcExample(10, 20));
    });
}
}
```

下面我们来拆解这段代码。

@RunWith 注解是必不可少的，它表明这个测试类使用 Robolectric 框架。@Config 注解是 Robolectric 框架的配置参数（后文会详细阐述 Robolectric 框架的常用配置），本例指明要模拟的 Android 设备系统版本为 Android P（对应 API Level 为 28）。在名为 functionTest 的方法中创建了 ActivityScenario 对象，该对象是 AndroidX 提供的，其作用是搭建测试代码与 Activity 的"桥梁"。正如以上代码所示，我们可以通过该对象的 onActivity()方法在 MainActivity 的主线程中执行相应操作，并验证操作是否符合预期。

本例中调用了 assertEquals()方法，该方法来自 Assert 类，它需要两个参数，一个是期望值，另一个是实际值。可以看到，期望返回值是 10+20，即 30。实际值则调用了 MainActivity 的 plusCalcExample()方法，分别传入了 10 和 20 作为参数。由于 plusCalcExample()方法仅对传入的参数相加并返回，因此其结果也是 30，测试通过。

运行测试代码与运行 App 略有区别，比较简单的方法是在测试类上右击，然后选择 Run（运行）。此后，工具栏上的运行配置下拉菜单将默认选中该测试类。再次单击工具栏上的运行按钮，或按键盘上的运行快捷键时，将默认运行测试代码，而非运行 App，如图 5.2 所示。

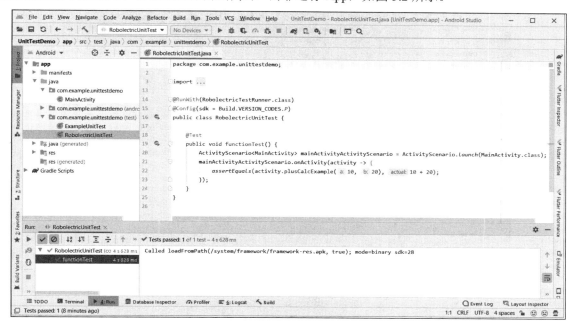

图 5.2　测试运行结果 1

Run 视图中没有出现任何错误提示，测试通过。

下面尝试修改期望值，将原有的 10+20 改为 10×20，即 200。测试结果又会如何呢？显然，测试无法通过。如图 5.3 所示，期望值是 200，实际值却是 30。

```
java.lang.AssertionError:
Expected :200
Actual   :30
<Click to see difference>
```

图 5.3 测试运行结果 2

至此，我们掌握了如何使用 Robolectric 框架进行针对方法的测试。除此之外，Robolectric 还可以验证 Activity 跳转、验证文件操作、验证数据库的增删改查、验证后台服务、验证对话框的交互等。另外，对于@Config 注解，都可以指定哪些参数呢？接下来我们一起深入 Robolectric 框架，来一同看看它都有哪些本领。

3. 配置 Robolectric 参数

Robolectric 允许我们通过两种方式进行配置，一种是通过@Config 注解，另一种是通过 *.properties 文件定义。前一种方式前面第 2 点演示过了，接下来主要演示后一种方式。

Robolectric 要求配置文件名为 robolectric.properties，存放位置在 src/test/resources 目录中。测试开始后，Robolectric 框架会自动读取该文件中的内容。

前面定义了模拟的 Android 版本为 P，对应 API Level 为 28。现在尝试通过配置文件来定义它，如图 5.4 所示。

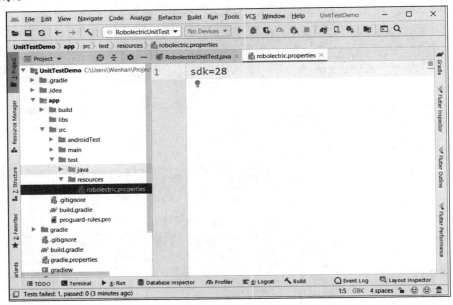

图 5.4 Robolectric 配置文件

由于我们定义的配置参数较为单一，因此整个配置文件的内容也非常简单。

接着回到测试代码，注释掉类开头的注解，然后重新运行测试。可以看到，测试依然可以成功执行。

@Config 注解除了可以添加到测试类的开始，也可以添加到某个测试方法上。前者相当于全局生效的参数，后者相当于局部生效的参数。这一点是使用配置文件无法实现的。通常，当配置项过多时，使用@Config 注解会增加代码的行数。一种比较推荐的做法是：使用配置文件来代替类开头的注解内容，相当于全局生效的配置。如果某个测试方法需要特定的配置参数，则在该方法前添加@Config 注解即可，且仅为特殊性的内容。比如测试类中的全部方法皆为面向 Android P 进行测试，可以将 sdk 参数的值通过配置文件进行定义。但出于兼容性，业务代码中的某个方法需要对低版本的 Android 做兼容处理。当需要测试这部分代码时，在相应的测试方法前添加@Config 注解即可。

最后，通过 Config 类的源码，我们来看看都有哪些参数提供配置：

```
public Builder(Config config) {
    sdk = config.sdk();
    minSdk = config.minSdk();
    maxSdk = config.maxSdk();
    manifest = config.manifest();
    qualifiers = config.qualifiers();
    packageName = config.packageName();
    resourceDir = config.resourceDir();
    assetDir = config.assetDir();
    shadows = config.shadows();
    instrumentedPackages = config.instrumentedPackages();
    application = config.application();
    libraries = config.libraries();
}
```

可见，提供给我们使用的参数非常丰富，读者可根据项目的实际需要进行配置。

4. 在测试过程中查看和输出 Log

除了@Config 注解外，还有@Before 注解。和@Config 注解不同，@Before 注解来源于 JUnit4，带有该注解的方法将在测试方法被执行前运行。除了@Before 注解外，JUnit4 还支持以下注解：

- @BeforeClass：全局仅执行一次，且最先执行。
- @Test：测试方法。
- @After：在执行测试方法后执行的操作。
- @AfterClass：全局仅执行一次，且最后执行。
- @Ignore：忽略此方法。

@Before 的一个比较常见的应用是更改 Log 的输出方式。当然，对于具有多个测试方法，且几乎每个方法都要执行相同的预备操作的测试类，@BeforeClass 为更优选择。

回顾图 5.4，在 Run 视图中，我们可以看到测试通过，但无法看到测试运行的详细过程。下面尝试修改测试 Log 的输出方式查看测试是如何进行的。再次打开 RoboletricUnitTest 类，添加如下所示的方法：

```
@Before
public void logSetup() {
    ShadowLog.stream = System.out;
}
```

然后重新运行测试，观察 Run 视图的输出结果，如图 5.5 所示。

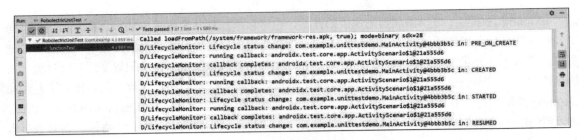

图 5.5　更改 Log 输出方式后的 Run 视图

从图 5.5 中可以很明显地看到，为了测试 MainActivity 类中的方法，Robolectric 框架模拟启动了这个 Activity。

那么，如果我们想自己输出一些 Log，该怎么做呢？答案是和开发 App 类似，只要执行 Log.x() 方法即可。现在，修改示例代码中的 functionTest() 方法如下：

```java
@Test
public void functionTest() {
    ActivityScenario<MainActivity> mainActivityActivityScenario =
ActivityScenario.launch(MainActivity.class);
    mainActivityActivityScenario.onActivity(activity -> {
        Log.d("functionTest", "开始：测试两数相加结果是否正确。");
        Assert.assertEquals(10 + 20, activity.plusCalcExample(10, 20));
        Log.d("functionTest", "结束：测试两数相加结果是否正确。");
    });
}}
```

重新运行测试，然后观察 Run 视图的日志输出，如图 5.6 所示。

图 5.6　自定义 Log 输出内容

5. 神奇的 Shadow 类

在 5.4.1 节第 2 点中为读者阐述了如何验证一个带返回值的方法是否正确，那么，如果某个方法不带返回值，比如启动一个 Activity，该如何测试呢？

```java
public void jumpToSecondActivity() {
    startActivity(new Intent(MainActivity.this, SecondActivity.class));
}
```

上面这段代码是由 MainActivity 跳转到 SecondActivity 的方法，方法名为 jumpToSecondActivity()，位于 MainActivity 类中。

接下来，回到 RololectricUnitTest 类，编写测试方法，完整代码如下：

```java
@Test
public void jumpActivityTest() {
```

```
        ActivityScenario<MainActivity> mainActivityActivityScenario =
ActivityScenario.launch(MainActivity.class);
        mainActivityActivityScenario.onActivity(activity -> {
            activity.jumpToSecondActivity();
            Intent expectedIntent = new Intent(activity, SecondActivity.class);
            Intent actual = shadowOf((Application)
ApplicationProvider.getApplicationContext()).getNextStartedActivity();
            Assert.assertEquals(expectedIntent.getComponent(),
actual.getComponent());
        });
    }
```

通过阅读上述代码可以发现，对于测试 Activity 是否正确跳转，其思路和 5.4.1 节第 2 点的示例是一样的，都是先执行 activity 中的对应代码，然后通过 Assert 类的方法进行判断，不同的只是判断依据的获取方式。

本例中先执行了 MainActivity 中的 jumpToSecondActivity()方法，然后创建了两个 Intent 对象，expectedIntent 表示期望的跳转结果，actual 表示实际的跳转结果。Intent 对象的 getComponent()方法则返回 ComponentName 对象，其中包含 package、class 等信息，通过这些信息可以精准地验证 Activity 跳转是否正确。

这里重点讲一下 shadowOf()。shadowOf()方法源自 org.robolectric.Shadows 类，根据传入的参数不同，返回不同的对象。本例传入的是 Application 对象，返回的则是 ShadowApplication 对象。若传入 Bitmap 对象，则返回 ShadowBitmap 对象；若传入 AudioManager 对象，则返回 ShadowAudioManager 对象，以此类推。从名称上看，这类 Shadow 对象和传入的参数有着密不可分的关系，事实上的确如此。由于单元测试最终在计算机上运行，而原生 Android 框架无法运行在计算机上，更没有相应的 4 大组件等 Android 框架，为了完成测试，每一个 Shadow 都修改或扩展了原生 Android 系统中相应的类，从而使运行测试的计算机与 Android 原生代码建立联系，最终使单元测试得以顺利进行。

本例中，通过传入 Application 对象返回 ShadowApplication 对象，而 getNextStartedActivity()则可以返回最近用于启动 Activity 的 Intent 对象，这个 Intent 对象正好反映了实际跳转的情况，可以用它与期望的跳转情况进行对比，从而完成验证。

类似地，我们还可以通过传入 Toast、Dialog 等实例，使用 ShadowToast、ShadowDialog 等对象验证 Toast、Dialog 等 UI 组件显示的内容正确与否。篇幅所限，这里就不再赘述了，感兴趣的读者请自行尝试，方法与本小节示例有异曲同工之妙。

6. 验证 Activity 和 Service 的生命周期

考虑这样一个场景：某个 App 需要在启动时从数据库加载列表数据。我们都知道，为了提高性能，通常在 Activity 启动时不应在 onCreate 方法中做耗时操作。现在，我们来模拟 Activity 的启动过程，看看它是否按照预期加载数据。我们先来看 MainActivity 的代码：

```
private List<String> data;
@Override
protected void onCreate(Bundle savedInstanceState) {
    super.onCreate(savedInstanceState);
    setContentView(R.layout.activity_main);
    data = new ArrayList<>();
```

```
}
@Override
protected void onResume() {
    super.onResume();
    for (int i = 0; i < 100; i++) {
        data.add("item" + (i + 1));
        try {
            Thread.sleep(20);
        } catch (InterruptedException e) {
            e.printStackTrace();
        }
    }}
public List<String> getData() {
    return data;
}
```

可以看到，MainActivity 在启动的时候仅创建了 data 对象，在 onResume()方法中，用循环模拟了 100 条数据的加载。其他类可以通过 getData()方法获取 data 对象。下面回到 RobolectricUnitTest 类，编写测试方法。

```
@Test
public void activityLifeCycleTest() {
    ActivityController<MainActivity> mainActivityActivityController =
Robolectric.buildActivity(MainActivity.class);
    mainActivityActivityController.create();
    long startTime = System.currentTimeMillis();
    mainActivityActivityController.resume();
    long duration = System.currentTimeMillis() - startTime;
    Log.d(getClass().getSimpleName(), "resume 方法耗时：" + duration);
}
```

仔细阅读上面的代码，为了更好地运行 Activity 中的生命周期方法，AndroidX 为我们提供了 ActivityController 对象。我们可以通过调用该对象的 create()、pause()、resume()等方法让 Activity 强制执行相应的生命周期方法。但这里有一个限制：由于 Activity 有自身的运行规律，因此在测试过程中要遵循这个规律。本例中，虽然我们要对 onResume()的执行性能进行考量，但无法在不执行 onCreate()方法的情况下执行 onResume()。因此，需要先调用 create()，再调用 resume()，否则测试将无法正常运作。同理，如果要测试 onRestart()方法，也不能在 Activity 处于非 Stop 状态时直接执行 restart()测试方法。

运行测试代码，可以看到 Log 输出如图 5.7 所示。

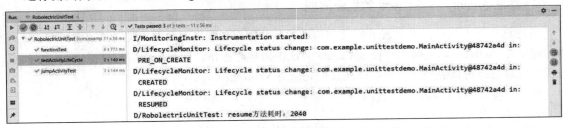

图 5.7　验证耗时操作

可见，onResume()方法耗时超过 2 秒。当然，由于不同设备之间存在性能差异，该时长会随之增减。这里仅用于方法讲解，请读者结合实际情况使用。

如前文所述，耗时操作最好放入非 UI 线程中执行。因此，我们调整 MainActivity 的 onResume()
代码如下：

```java
@Override
protected void onResume() {
    super.onResume();
    new Thread(() -> {
        for (int i = 0; i < 100; i++) {
            data.add("item" + (i + 1));
            try {
                Thread.sleep(20);
            } catch (InterruptedException e) {
                e.printStackTrace();
            }
        }
    }).start();
}
```

再次运行测试代码，结果如图 5.8 所示。

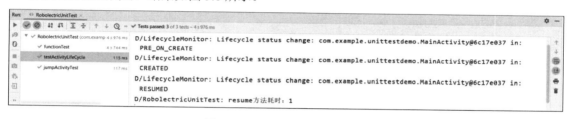

图 5.8　验证优化后的耗时操作

讲完了 Activity，再来讲一下 Service。

实际上，验证 Service 生命周期的方法和 Activity 非常相似。它是靠 ServiceContoller 进行的，
调用 Service 生命周期的方法与 ActivityController 基本相同。ServiceController 对象可以通过
Robolectric.buildService()方法获取（对于 ActivityController，则是 Robolectric.buildActivity()）。

7. 验证文件 IO 操作

讲到文件 IO 操作，相信大部分读者都不会陌生，它可以说是开发 App 的过程中必不可少的操
作，接下来就来探讨如何测试文件 IO 操作。

首先来看一个文件工具类：

```java
public class FileUtil {
    public boolean writeStringFile(String str, String path) {
        BufferedOutputStream outputStream = null;
        try {
            File file = new File(path);
            File parentFile = file.getParentFile();
            if ((parentFile != null && !parentFile.exists()) || (parentFile !=
null && parentFile.isFile())) {
                if (!parentFile.mkdirs()) {
                    return false;
                }
            }
```

```
            if (file.exists() && file.isFile()) {
                if (!file.delete()) {
                    return false;
                }
            }
            if (!file.createNewFile()) {
                return false;
            }
            outputStream = new BufferedOutputStream(new FileOutputStream(file));
            outputStream.write(str.getBytes());
            outputStream.close();
        } catch (IOException e) {
            e.printStackTrace();
            if (outputStream != null) {
                try {
                    outputStream.close();
                } catch (IOException ioException) {
                    ioException.printStackTrace();
                }
            }
            return false;
        }
        return true;
    }
    public String readStringFile(String path) {
        File file = new File(path);
        if (file.exists()) {
            BufferedInputStream inputStream = null;
            try {
                inputStream = new BufferedInputStream(new
FileInputStream(file));
                byte[] bytes = new byte[2048];
                StringBuilder sb = new StringBuilder();
                int count = 0;
                while ((count = inputStream.read(bytes)) != -1) {
                    sb.append(new String(bytes, 0, count,
Charset.forName("UTF-8")));
                }
                return sb.toString();
            } catch (IOException e) {
                e.printStackTrace();
            } finally {
                if (inputStream != null) {
                    try {
                        inputStream.close();
                    } catch (IOException e) {
                        e.printStackTrace();
                    }
                }
            }
        }
        return null;
    }
}
```

　　仔细阅读后可知，上述代码是一个文件 IO 的工具类，具有两个功能，分别是向指定的文件写入文本内容和读取文本内容。写文本的方法名为 writeStringFile()，它有一个 Boolean 型的返回值，表示文件是否完成写入。另外，这个方法自带了递归创建父目录以及创建目标文件的操作，且每一次写入文件都是覆盖操作。读文本的方法名为 readStringFile()，它有一个 String 型的返回值，表示文件中的文本内容。

下面编写测试方法来验证它：

```
@Test
public void fileIOTest() {
    ActivityScenario<MainActivity> mainActivityActivityScenario =
ActivityScenario.launch(MainActivity.class);
    mainActivityActivityScenario.onActivity(activity -> {
        FileUtil fileUtil = new FileUtil();
        String testStr_1 = "测试文本ABC";
        String testStr_2 = "XYZ测试文本";
        String path =
ApplicationProvider.getApplicationContext().getExternalFilesDir(null).getPath()
+ File.separator + "test.txt";
        Log.d("FileIOTest 路径: ",path);
        assertTrue(fileUtil.writeStringFile(testStr_1, path));
        assertEquals(testStr_1, fileUtil.readStringFile(path));
        Log.d("FileIOTest","写文本测试通过");
        assertTrue(fileUtil.writeStringFile(testStr_2, path));
        assertEquals(testStr_2, fileUtil.readStringFile(path));
        Log.d("FileIOTest","覆盖写文本测试通过");
    });
}
```

上述代码分别验证了文件写入以及覆盖写入的结果。和之前介绍过的验证方式不同，这里用到了 Assert.assertTrue() 方法，该方法用于验证传入的参数是否为 true。另外，为了更清晰地捕捉错误的位置，在两次测试完成后均添加了 Log 输出，这一点是良好的测试习惯。运行测试方法，顺利通过。

感兴趣的读者可以对上述代码稍加修改，观察当代码未通过测试时的报错信息。

8. 使用模拟数据进行测试

在某些时候，我们可能会考虑采用模拟（Mock）数据辅助测试，这些数据通常可以隔离测试部分代码与其他部分代码。

若要进行这样的测试，则使用 Mockito 框架是一个不错的选择。Mockito 框架与 AndroidX 关系不大，这里就不再赘述了，感兴趣的读者可自行查阅相关文档。

9. 小结

至此，有关本地单元测试的内容即将告一段落。通过本章的学习，相信读者已经掌握了本地单元测试的技巧。正如本章一开始讲的那样，本地单元测试通常在 PC 机上运行，通过模拟设备（Robolectric 框架）完成测试过程。在实际测试工作中，通常会综合使用 JUnit4、Robolectric 和 Mockito，但它们仍会存在很大的缺口。

在 5.4.1 节的第 5 点中，我们尝试从一个 Activity 跳转到另一个 Activity。虽然测试通过，但在真机上运行仍有可能发生崩溃，因为新的 Activity 并没有在 AndroidManifest.xml 文件中声明。

在 5.4.1 节的第 7 点中，即使不添加文件读写权限，仍然可以测试通过，而当我们把文件读写工具类由 Java 变为 Kotlin 语言时，测试则无法进行。

可见，只靠本地单元测试是无法保证 App 最终的运行质量的。这是因为不同的测试有它们各自的适用场景。本地单元测试更适合不需要在真实设备上运行的场景，它很少测试与被测试代码发生关联的部分，因此也是速度最快的。对于 Android 框架相关 API，只验证其使用方法是否正确，最终能否达到预期并不一定。因此，接下来我们一起使用真机进行设备单元测试。

5.4.2 设备单元测试

Instrumented 直接翻译为"感知化""仪器化""仪表化"，Google 官方将其翻译为"插桩"和"仪器"。和本地单元测试不同，Instrumented 单元测试需要真机或模拟器来运行。因此，笔者将 Instrumented 单元测试翻译为设备单元测试。

设备单元测试通常用来测试和 Android 框架 API 相关的代码片，本节将以 SharedPreferences（首选项）的存取为例讲解如何进行设备单元测试。

1. 集成 AndroidX 依赖库

若要顺利完成设备单元测试，首要任务就是集成相关的测试库。

在相应 Module 的 build.gradle 文件下的 dependencies 节点中添加以下依赖：

```
androidTestImplementation 'androidx.test:runner:1.3.0'
androidTestImplementation 'androidx.test:rules:1.2.0'
```

此外，如果要与 Espresso 或 UI Automator 配合使用，则还需要添加这两个库依赖。Espresso 和 UI Automator 将在本章稍靠后的位置单独讲解，这里暂不涉及。

添加好依赖后，继续来到 android 节点下添加以下代码，将 AndroidJUnitRunner 指定为默认的设备单元测试工具程序：

```
defaultConfig {
    testInstrumentationRunner "androidx.test.runner.AndroidJUnitRunner"
}
```

大多数情况下，这一步在创建新项目的时候已经被自动添加了。都做好后，不要忘记执行 Gradle Sync。

至此，设备单元测试的依赖库已经添加完成。

2. 测试示例

下面先开发功能代码，再编写相应的测试代码。首先登场的是功能代码：

```
public class SharedPrefUtil {
    private static SharedPreferences sharedPreferences;
    private static SharedPrefUtil instance;
    private SharedPrefUtil(Context context) {
        sharedPreferences = context.getSharedPreferences("test",
Context.MODE_PRIVATE);
    }
    public static SharedPrefUtil getInstance(Context context) {
        if (instance == null) {
            synchronized (SharedPrefUtil.class) {
                if (instance == null)
```

```
                                instance = new
SharedPrefUtil(context.getApplicationContext());
                }
        }
        return instance;
    }
    public void setStringData(String str) {
        sharedPreferences.edit().putString("testStr", str).apply();
    }
    public String getStringData() {
        return sharedPreferences.getString("testStr", "");
    }
}
```

可以看到，这是一个名为 SharedPrefUtil 的类，它的角色是一个工具类。整个类运用了单例设计模式，对外开放了 getInstance()静态方法以获取本类实例，setStringData()和 getStringData()用来保存和获取数据。整个类结构简单，易于理解。

接下来，在 androidTest 目录（本地单元测试是 test 目录）中创建名为 InstrumentedUnitTest 的类，编写以下代码：

```
@RunWith(AndroidJUnit4.class)
public class InstrumentedUnitTest {
    private final String STRING_DATA = "TEST_ABC";
    @Test
    public void getString() {
        Context context = ApplicationProvider.getApplicationContext();
        SharedPrefUtil.getInstance(context).setStringData(STRING_DATA);
        String str = SharedPrefUtil.getInstance(context).getStringData();
        Assert.assertEquals(STRING_DATA, str);
    }
}
```

细心的读者可能会问：除了注解表明该测试使用 AndroidJUnit4，与本地单元测试不同外，其他内容和本地单元测试的方法并无二致，这是怎么回事呢？

这话说得倒是没错，不过当我们运行测试时，表现就不同了。由于本地单元测试最终使用模拟设备（即 Robolectric 框架），因此无须真机或模拟器。而设备化测试在进行时一定是和设备相关的，它对设备的依赖更重，也更适合测试 Android 框架 API（比如某些厂商会修改 Android API 的实现或使用方式，此时更需要使用设备化测试进行验证）。因此，当我们没有连接真机时，模拟器会自动启动。Android Studio 中 Run 视图的日志输出记载了详细的测试指令，详见图 5.9 的方框区域。

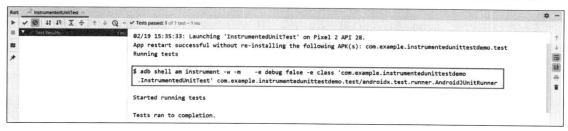

图 5.9　Instrumented 测试日志输出

可以看到测试通过。读者可以尝试修改被测代码或测试方法，观察其未通过测试时的日志输出。

3. 小结

至此，设备单元测试的基本方法已经阐述完毕。我们可以得到这样一个结论：虽然本地单元测试在测试效率上很高，但若没有设备单元测试，则 App 的质量无法全面保证。另外，设备单元测试在处理不同厂商的系统 API 中扮演重要角色。

当然，这只是"基本"方法。

既然已经与真机或模拟器连接，是不是可以进行 UI 测试了呢？没错！实际上，UI 测试也是设备单元测试的一种。下一节将分别介绍用于测试单个 App 的 Espresso 框架以及用于测试多个 App 的 UI Automator 框架。

5.5　UI 测 试

这里的 UI 测试专指自动化 UI 测试。相对而言，传统意义上的人工手动方式会更加耗时、烦琐。通过自动化 UI 测试可以进一步确保 App 产品符合预期要求，并能够承受一定的使用压力。

自动化 UI 测试分为两大类，分别是针对单个应用和跨应用的测试。针对单个应用的测试很好理解，测试目标就是待测试 App 本身。通过不同的输入检查其输出是否正确，以达到测试的目的。跨应用的测试一般用于 App 之间的交互，比如 App 调用系统相机进行拍照返回，调用第三方 App 进行登录，等等。

本节将介绍如何使用 AndroidX 中的测试工具完成这些测试。对于测试单个应用而言，我们使用的测试工具是 Espresso；对于跨应用的测试而言，则使用 UI Automator。

5.5.1　Espresso

Espresso 测试框架提供了丰富的 API，是编写针对单个应用的 UI 测试的好学、易用的工具。Espresso 支持在 Android 2.3.3（即 API Level 10）及以上的设备上运行，因此经过 Espresso 验证的产品可以覆盖几乎全部的用户。

1. 准备工作

要使用 Espresso 测试工具，首先要引用依赖。在 5.4.2 节的结尾处，我们提到 UI 测试实际上也是基于设备化单元测试的。因此，除了添加 Espresso 本身之外，还要添加设备化单元测试的依赖，这些依赖都位于相应 Module 的 build.gradle 文件中。因此，关键部分的 build.gradle 文件代码如下：

```
...
android {
    ...
    defaultConfig {
        ...
        testInstrumentationRunner "androidx.test.runner.AndroidJUnitRunner"
    }
    ...
}
```

```
dependencies {
    ...
    testImplementation 'junit:junit:4.+'
    androidTestImplementation 'androidx.test.ext:junit:1.1.2'
    androidTestImplementation 'androidx.test:runner:1.3.0'
    androidTestImplementation 'androidx.test:rules:1.2.0'
    androidTestImplementation 'androidx.test.espresso:espresso-core:3.3.0'
    ...
}
```

这里有一些依赖库在创建项目的时候已经被自动引入了，请读者务必对照依赖的引入情况，不要遗漏。

另外，要特别注意：为了确保测试的顺利进行以及测试结果的准确性，请各位读者在开始测试前务必关闭测试设备上的动画效果，这些效果的选项均位于开发者选项菜单中，包括窗口动画缩放、过渡动画缩放以及动画程序时长缩放，如图 5.10 所示。

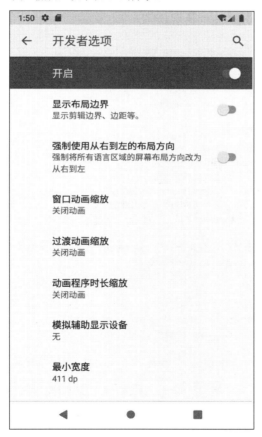

图 5.10　开发者选项设置

无论使用的是真机还是模拟器，均要进行这一设置。

2. 测试代码的一般流程

编写 Espresso 测试代码一般有 3 步，我们将其称为编程模型。这 3 步按照先后执行的顺序分别为：

- ViewMatchers：找到相应的视图组件。
- ViewActions：执行相应视图组件的某些行为。
- ViewAssertions：验证相应行为的结果是否符合预期。

这里要注意：第二步在某些情况下是可以省略的。对于一些无须执行操作，仅验证显示的内容正确与否的测试场景，就无须这一步。比如，我们要验证刚刚创建好的项目是否包含"Hello World"文字等。同时，这一步又是可以多次执行的。比如，对一个 EditText 控件反复输入不同的文本，然后校验相应的行为是否符合预期。

3. 简单的测试示例

下面用简单的测试示例来体会一下完整的 Espresso 测试是如何完成的。

首先来看待测试界面的布局代码：

```xml
<?xml version="1.0" encoding="utf-8"?>
<androidx.constraintlayout.widget.ConstraintLayout
xmlns:android="http://schemas.android.com/apk/res/android"
    xmlns:app="http://schemas.android.com/apk/res-auto"
    xmlns:tools="http://schemas.android.com/tools"
    android:layout_width="match_parent"
    android:layout_height="match_parent"
    tools:context=".MainActivity">
    <LinearLayout
        android:layout_width="match_parent"
        android:layout_height="wrap_content"
        android:orientation="vertical"
        app:layout_constraintBottom_toBottomOf="parent"
        app:layout_constraintLeft_toLeftOf="parent"
        app:layout_constraintRight_toRightOf="parent"
        app:layout_constraintTop_toTopOf="parent">
        <EditText
            android:id="@+id/activity_main_input_et"
            android:layout_width="match_parent"
            android:layout_height="wrap_content" />
        <TextView
            android:id="@+id/activity_main_show_input_tv"
            android:layout_width="wrap_content"
            android:layout_height="wrap_content" />
    </LinearLayout>
</androidx.constraintlayout.widget.ConstraintLayout>
```

由上面的代码可知，整个界面包含一个输入框和一个文本框，呈垂直方式排列，整体居中显示。

再来看看逻辑代码：

```java
public class MainActivity extends AppCompatActivity {
    private EditText inputEt;
    private TextView showInputTv;
    @Override
    protected void onCreate(Bundle savedInstanceState) {
        super.onCreate(savedInstanceState);
        setContentView(R.layout.activity_main);
        inputEt = findViewById(R.id.activity_main_input_et);
```

```
        showInputTv = findViewById(R.id.activity_main_show_input_tv);
        inputEt.addTextChangedListener(new TextWatcher() {
            @Override
            public void beforeTextChanged(CharSequence s, int start, int count,
int after) {

            }
            @Override
            public void onTextChanged(CharSequence s, int start, int before, int
count) {

            }
            @Override
            public void afterTextChanged(Editable s) {
                showInputTv.setText(s.toString());
            }
        });
    }
}
```

好了，看到这，相信各位读者已经很清楚示例代码的目的了。它就是用 TextView 实时回显了 EditText 中用户输入的内容，而我们测试的目的就是验证程序是否真的会如此运作。

接下来编写测试代码，这里要引入一个新的知识点，就是 ActivityTestRule。通过使用 ActivityTestRule，在运行测试方法前都会启动相应的 Activity，并在测试结束后关闭它。因此，我们使用@Rule 注解，并将待测试的 MainActivity 传入其中。为了更深刻地体会 AndroidTestRule 的作用，建议读者尝试不加 ActivityTestRule，直接运行测试代码，通过报错的信息加深对其的理解。

下面一起来看完整的测试代码。

```
@RunWith(AndroidJUnit4.class)
public class TextInputTest {
    @Rule
    public ActivityTestRule<MainActivity> activityRule
            = new ActivityTestRule<>(MainActivity.class);
    @Test
    public void checkInputShowBack() {
        String exampleStr = "12345";
        onView(withId(R.id.activity_main_input_et))
                .perform(closeSoftKeyboard(),typeText(exampleStr));
        onView(withId(R.id.activity_main_show_input_tv))
                .check(matches(withText(exampleStr)));
    }
}
```

上述代码中包含名为 checkInputShowBack() 的方法。在该方法中，首先调用 ViewMatchers.withId()，通过 ID 查找相应的视图组件，即 EditText。然后，调用 ViewActions.typeText() 方法完成输入，输入的内容是 12345（保存在名为 exampleStr 的字符串变量中）。接着，使用同样的方法，通过 ID 找到 TextView，又通过文本查找 View。最后，调用 ViewAssertions.matches()方法进行匹配校验，TextView 与查找到的 View 是同一个视图组件时测试通过。

总的来说，通常使用 Espresso.onView()方法查找视图组件，ViewInteraction.perform()执行操作，ViewInteraction.check()方法检验实际与预期的结果。

在进行测试时要特别留意，由于输入法的因素，尝试输入某些字符可能会导致所输入的文本并非与测试文本一致（即使是输入英文文本，也有可能会出现意想不到的问题）。请读者在测试时使用数字，或者更改输入法设置来规避这个问题。

怎么样？有没有觉得完成测试其实是一件很简单的事呢？这些测试代码乍看上去非常好理解，但要流畅地把它们写出来，还需要我们深入测试代码的每一步，看看它们各自都有哪些用法。

4. 匹配视图组件

匹配视图组件是进行测试的第一步。我们可以通过 Espresso 框架的 onView() 方法完成这一步操作，它支持以视图 ID、视图中包含的字符串以及多条件混合的方式进行匹配，最终将返回 ViewInteraction 对象，而 ViewInteraction 对象可以在后续的测试工作中使用。

正如前面示例中演示的那样，我们使用的就是以视图 ID（withId() 方法）和视图文本（withText() 方法）进行匹配。但是，在有些情况下，这些方法并不管用，比如在 ListView 中的子视图，或者不同界面中存在相同的 ID，等等。对于这些情况，我们要单独拿出来讨论。

下面来看这样一个界面，它的最上方是一个 TextView，下面则是 ListView。布局文件代码如下：

```xml
<LinearLayout
    android:layout_width="match_parent"
    android:layout_height="wrap_content"
    android:orientation="vertical"
    app:layout_constraintBottom_toBottomOf="parent"
    app:layout_constraintLeft_toLeftOf="parent"
    app:layout_constraintRight_toRightOf="parent"
    app:layout_constraintTop_toTopOf="parent">
    <TextView
        android:id="@+id/activity_main_show_input_tv"
        android:layout_width="wrap_content"
        android:layout_height="wrap_content" />
    <ListView
        android:id="@+id/activity_list_exp_lv"
        android:layout_width="match_parent"
        android:layout_height="match_parent" />
</LinearLayout>
```

接着，来到使用该界面的 Activity——ListActivity，它的完整代码如下：

```java
public class ListActivity extends AppCompatActivity {
    private ListView expLv;
    private TextView showInputTv;
    private ExpListAdapter expListAdapter;
    private List<String> data;
    @Override
    protected void onCreate(Bundle savedInstanceState) {
        super.onCreate(savedInstanceState);
        setContentView(R.layout.activity_list);
        expLv = findViewById(R.id.activity_list_exp_lv);
        showInputTv = findViewById(R.id.activity_main_show_input_tv);
        data = new ArrayList<>();
        for (int i = 0; i < 100; i++) {
            data.add("Item" + i);
        }
        expListAdapter = new ExpListAdapter(data, ListActivity.this);
        expLv.setAdapter(expListAdapter);
```

```
expLv.setOnItemClickListener((parent, view, position, id) -> {
    showInputTv.setText(data.get(position));
});
    }
}
```

正如各位读者看到的，这个 Activity 的效果就是当用户点击列表中的元素后，将该元素的文本显示在 ListView 上方的 TextView 中。

下面开始进行验证。这次我们进行两次测试：第一次验证列表中的文本是否都正确显示（正确显示的标准是每个元素均已 Item 字符串作为开头）；第二次验证点击列表中的元素后，列表上方的 TextView 显示的文本与所点击的元素内的文本是否一致。

按照之前的逻辑，进行第一个验证的代码如下：

```
onView(withId(R.id.item_list_exp_tv)).check(matches(withText(startsWith("It
em"))));
```

上述代码中，item_list_exp_tv 是每个元素中 TextView 的 ID。

让我们运行试试看，不出意外的话，会收到 AmbiguousViewMatcherException 异常提示，测试无法进行，导致这一异常的原因是 ID 不唯一。

想想看，ID 当然不唯一了，如果 ListView 中所有元素布局中的组件 ID 都是相同的，那么 Espresso 就不知道它要找的目标是谁了。

要规避这一问题并顺利完成测试，正确的做法是调用 Espresso 的 onData()方法，该方法将返回 DataInteraction 对象。具体代码片段如下：

```
onData(is(instanceOf(String.class)))
        .inAdapterView(withId(R.id.activity_list_exp_lv))
        .atPosition(index)
        .onChildView(withId(R.id.item_list_exp_tv))
        .check(matches(withText(startsWith("Item"))));
```

下面让我们逐行拆解：

- onData()方法中的参数表示验证数据是否均为 String 类型。
- inAdapterView()中的参数意为匹配 ListView 视图。
- atPosition()中的参数是 Integer 类型，表示指定某个元素。
- onChildView()中的参数是元素中 TextView 的 ID，至此，真正的验证项才找到。
- check()方法无须解释，它的作用是进行条件检验，当它的参数与实际情况完全一致时，测试通过。

经过这样的解释后，上述代码就不难理解了。下面继续丰富上面的代码，使其能够进行第二项测试，修改后的完整测试方法如下：

```
@Test
public void checkSelectItem() {
    int index = 4;
    onData(is(instanceOf(String.class)))
            .inAdapterView(withId(R.id.activity_list_exp_lv))
            .atPosition(index)
            .onChildView(withId(R.id.item_list_exp_tv))
```

```
                    .perform(click()).check(matches(withText(startsWith("Item"))));
        onView(withId(R.id.activity_main_show_input_tv))
                    .check(matches(withText("Item" + index)));
    }
```

下面再来简单讲一下如何进行多重条件匹配。请各位读者阅读下面这句代码：

```
onView(allOf(withId(R.id.item_list_exp_tv), not(withText("Item10"))));
```

从字面意义上去解读它就可以。很显然，这句话的目的就是找到所有 ID 名为 item_list_exp_tv 但不等于 Item10 字样的视图组件。可见，它通过两个条件进行组件匹配。除了 allOf()、not()外，还有 anyOf()、both()、closeTo()、contains()等条件，它们都位于 Matchers 类中，且都是静态方法。这个类位于 org. hamcrest 包中，是 Hamcrest 库中的工具。读者可另外学习有关 Hamcrest 的相关内容，这里不再过多展开。希望通过上面的示例代码，达到抛砖引玉的作用。

至此，关于如何匹配视图组件的内容就结束了。接下来我们继续前往下一步——执行操作。

5. 执行操作

我们知道，通过调用 Espresso.onView()或 Espresso.onData()方法将返回 ViewInteraction 或 DataInteraction 对象。然后，可以通过调用这些对象的 perform()方法执行操作，进而对其结果进行校验，以确保程序按照预期方式运行。那么，我们都可以执行哪些操作呢？

- ViewActions.click()：点击动作。
- ViewActions.typeText()：通过点击获得焦点，然后输入特定的字符串。
- ViewActions.scrollTo()：滚动视图组件。如果视图组件是 ScrollView 的子类，还要求 android:visibility 属性值为 View.VISIBLE；如果视图组件是 AdapterView 的子类，则应使用 onData()方法。
- ViewActions.pressKey()：按下物理按键。
- ViewActions.clearText()：清除视图组件中的文本。

以上便是常用的操作了，还有一些方法是更简易的实现。比如，按返回键可以直接调用 pressBack()，双击可以直接调用 doubleClick()，等等。另外，还要注意，要求某个视图组件执行操作前，必须确保该视图组件显示在屏幕区域内。

6. 验证操作

在执行操作时，是通过调用 ViewInteraction 或 DataInteraction 对象的 perform()方法实现的。验证操作则是通过 check()方法实现的，方法中需要传入 ViewAssertion 对象。对于测试未通过的情况，将收到 AssertionFailedError 异常。

在前面的示例中，我们大多使用 ViewAssertions.matches()方法。实际上，还可以调用 ViewAssertions 类的其他静态方法用来验证多种情况。具体如下：

- ViewAssertions.doesNotExist：判断当前视图结构中是否不存在符合特定条件的视图。
- ViewAssertions.matches：判断当前视图结构中是否存在符合特定条件的视图。
- ViewAssertions.selectedDescendantsMatch: 判断某个视图中是否存在符合特定条件的子视图。

以上便是 ViewAssertions 类的所有静态方法了，可见其数量虽然并不多，但应对日常的测试验证已绰绰有余。

5.5.2　UI Automator

UI Automator 是进行 UI 测试的另一个非常好用的框架，和 Espresso 不同，UI Automator 除了可以对单个 App 进行测试外，还可以跨多个 App 进行测试，因此它的适用性更加广泛。同时，UI Automator 轻松易学习，易掌握，易应用。但要特别注意，UI Automator 要求操作系统至少为 Android 4.3（API Level 18）及以上。幸运的是，目前基本所有的设备均满足该要求。

本节将为读者揭开 UI Automator 的面纱，逐步递进地讲述其用法。

1. 准备工作

通过前面的学习，我们知道无论是 Espresso 还是 UI Automator，均依赖设备化单元测试。因此，若要使用 UI Automator 框架，应引入相关的依赖库。这些依赖都位于相应 Module 的 build.gradle 文件中。因此，关键部分的 build.gradle 文件代码如下：

```
...
android {
    ...
    defaultConfig {
        ...
        testInstrumentationRunner "androidx.test.runner.AndroidJUnitRunner"
    }
    ...
}
dependencies {
    ...
    testImplementation 'junit:junit:4.+'
    androidTestImplementation 'androidx.test.ext:junit:1.1.2'
    androidTestImplementation 'androidx.test:runner:1.3.0'
    androidTestImplementation 'androidx.test:rules:1.2.0'
    androidTestImplementation 'androidx.test.uiautomator:uiautomator:2.2.0'
    ...
}
```

截至作者撰写本书时，UI Automator 的新稳定版本发布于 2018 年 10 月，版本号是 2.2.0。

2. 测试代码的一般流程

编写 UI Automator 测试代码一般有 3 步，我们将其称为编程模型。这 3 步按照先后执行的顺序分别为：

- 查找视图组件：获取 UiDevice 对象，通过 UiDevice 对象精准匹配被测的视图组件。
- 执行操作：通过对界面组件执行操作，模拟真实的使用过程。
- 验证结果：对比执行操作的结果与预期结果是否一致。

如果你是顺序阅读本书的，会发现 UI Automator 和 Espresso 在测试流程上完全一致。没错，就是这样的，它们的区别主要在于适用场景的不同。下面用一个简单的示例来体会 UI Automator 的用法。

3. 简单的测试示例

请读者想象如下应用场景：当用户上传图片时，通常会选择从照片选取或拍摄一张照片，此时当用户选择拍一张照片时，App 可能会唤起系统相机进行拍照，然后把拍照后的照片回传到 App。接下来的示例就是验证当用户选择拍一张照片时，App 能否像预期那样成功地获取到照片。

如图 5.11 所示，一个名为 UIAutomatorDemo 的 App 启动后有一个"点击拍照"字样的按钮，点击这个按钮后（对应图中 1），唤起系统相机准备拍照，用户点击拍照按钮（对应图中 2）进行拍照，随后点击确认按钮（对应图中 3），最后返回 UIAutomatorDemo，拍照后的照片将显示在按钮上方（对应图中 4）。

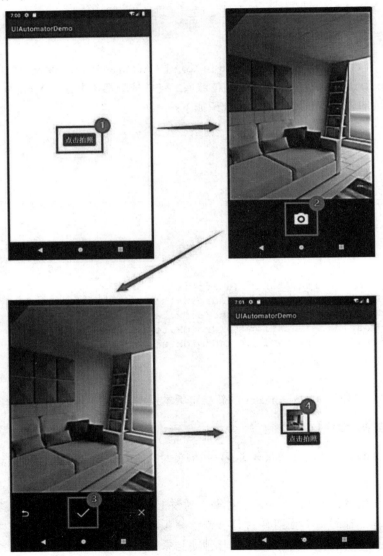

图 5.11　示例 App 交互流程图

好了，明确了 App 的交互过程后，测试代码的思路也变得清晰起来，即依次执行匹配并点击视图组件就可以了。下面我们来看完整的测试代码：

```java
    @RunWith(AndroidJUnit4.class)
@SdkSuppress(minSdkVersion = 18)
public class UiAutomatorTestDemo {
    private UiDevice uiDevice;
    private static final int STEP_WAIT_TIMEOUT = 5000;
    private static final String MY_PACKAGE = "com.example.uiautomatordemo";
    @Test
    public void testTakePhoto() throws UiObjectNotFoundException {
        uiDevice =
UiDevice.getInstance(InstrumentationRegistry.getInstrumentation());
        uiDevice.pressHome();
        final String launcherPackage = uiDevice.getLauncherPackageName();
        uiDevice.wait(Until.hasObject(By.pkg(launcherPackage).depth(0)),
            STEP_WAIT_TIMEOUT);
        Context context = ApplicationProvider.getApplicationContext();
        Intent intent = context.getPackageManager()
            .getLaunchIntentForPackage(MY_PACKAGE);
        intent.addFlags(Intent.FLAG_ACTIVITY_CLEAR_TASK);
        context.startActivity(intent);
        uiDevice.wait(Until.hasObject(By.pkg(MY_PACKAGE).depth(0)),
            STEP_WAIT_TIMEOUT);
        UiObject takePhotoBtn = uiDevice.findObject(new UiSelector()
            .text("点击拍照")
            .className("android.widget.Button"));
        takePhotoBtn.click();
        uiDevice.wait(Until.findObject(By.res("com.android.camera2",
"shutter_button")), STEP_WAIT_TIMEOUT);
        UiObject takePhotoIv = uiDevice.findObject(new UiSelector()
            .resourceId("com.android.camera2:id/shutter_button")
            .className("android.widget.ImageView"));
        takePhotoIv.click();
        uiDevice.wait(Until.findObject(By.res("com.android.camera2",
"done_button")), STEP_WAIT_TIMEOUT);
        UiObject confirmPhotoIb = uiDevice.findObject(new UiSelector()
            .resourceId("com.android.camera2:id/done_button")
            .className("android.widget.ImageButton"));
        confirmPhotoIb.click();
        uiDevice.wait(Until.findObject(By.res("com.example.uiautomatordemo",
"activity_main_show_photo_iv")), STEP_WAIT_TIMEOUT);
        UiObject showPhotoIv = uiDevice.findObject(new UiSelector()
            .resourceId("com.example.uiautomatordemo:id/activity_main_show_pho
to_iv")
            .className("android.widget.ImageView"));
        assertTrue(showPhotoIv.getBounds().width() > 0 &&
showPhotoIv.getBounds().height() > 0);
    }
}
```

在 5.5.2 节第 2 点中，已经阐述过测试代码的一般流程，相信读者在粗略地阅读上述代码后就大概理解运行逻辑了。但这看上去虽然很好理解，但有一个问题是我们从未遇到过的：代码中那些资源 ID、包名、组件类型是如何知道的呢？接下来的章节将给出答案。

4. 界面检查器

为了更便捷地编写测试代码，找到对应的视图组件，Android SDK 提供了非常好用的可视化工具，名为 uiautomatorviewer。该工具位于\Android\Sdk\tools\bin 目录下，可以通过设置环境变量或直接导航到该目录下，然后运行 uiautomatorviewer.bat 即可。

启动 uiautomatorviewer，然后启动示例 App。当 App 启动成功并显示界面后，单击 uiautomatorviewer 工具左上方的 Device Screenshot（设备截图）按钮，稍等片刻，便可得到屏幕显示内容的分析结果，如图 5.12 所示。

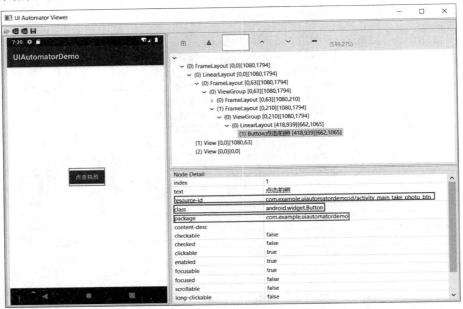

图 5.12　uiautomatorviewer 界面分析结果示例

很明显，界面中 App 的包名、"点击拍照"按钮的视图层级、ID、类型以及其他多种属性值一目了然。需要特别说明的是，无论目标 App 是 Debug 还是 Release 版本，都不会影响 uiautomatorviewer 工具的正常运行。

下面以 5.5.2 节第 3 点中的示例代码为例逐步阐述 UI Automator 的使用方法。

5. 查找视图组件

查找视图组件是进行测试的第一步。在 UI Automator 框架中，UiDevice 对象用来访问设备状态信息，以及模拟用户操作。因此，获取 UiDevice 对象是第一步中的首要任务。

回看 5.5.2 节第 3 点中的示例代码，可以发现要获取 UiDevice 对象并不难，只要执行 UiDevice. getInstance()方法即可。相应的代码片段如下：

```
UiDevice.getInstance(InstrumentationRegistry.getInstrumentation());
```

该方法将返回 UiDevice 对象。

接着，示例代码通过 UiDevice.getLauncherPackageName()；获取到 Launcher（即启动器，大多数 Android 设备应至少包含一个启动器）的包名。

随后调用 wait()方法，直到界面满足特定条件。该方法需要两个参数，第一个参数表示条件，类型为 SearchCondition；第二个参数表示超时等待的时间，单位为毫秒，类型为 long。这里有 5000 毫秒的超时，考虑到设备运行至特定状态所消耗的时间，这里设定 5000 毫秒为宜：

```
UiDevice.wait(Until.hasObject(By.pkg(launcherPackage).depth(0)),
    STEP_WAIT_TIMEOUT);
```

下面重点讲一下匹配条件。可以看到，上述代码使用了 Until 类的静态方法作为条件参数。Until 类位于 androidx.test.uiautomator 包中，提供 3 种不同的匹配类型，对应 3 种不同的返回值，应用在不同的时机。具体解释如下：

- Search Conditions：该类型对应的一类判断标准一般为视图组件是否存在。比如示例中的 hasObject()，表示当前显示内容中是否存在这样的组件。另外，还有 gone()、findObject()和 findObjects()方法，分别表示组件是否可见、找到第一个符合条件的组件和找到所有符合条件的组件。
- UiObject2 Conditions：该类型一般对应某个组件状态是否与条件匹配。比如 clickable()表示某个组件是否可点击，textMatches()表示某个组件显示的文本是否与给定的条件相符，等等。该类型有很多类似的静态方法共我们使用，由于篇幅所限，这里就不一一列举了。
- Event Conditions：该类型表示一种条件，通常与其他事件同时发生，主要用于判断是否发生了特定的事件，并将其作为依据，进行后续步骤。比如 scrollFinished()，一般作为一个可滚动的视图组件是否滚动到尽头（未必是到底，也有可能是上方、左边或者右边）的依据，再比如 newWindow()，则作为新窗口出现的依据。

示例代码主要运用了 Search Conditions 类型作为返回值。

除了 Until 类外，还有一个类同样需要我们留意，它就是 By。

By 类位于 androidx.test.uiautomator 包内，该类拥有很多静态方法，且均返回 BySelector 对象。因此，该类的作用就是通过方便调用的静态方法构建 BySelector 对象，用于筛选。当我们通过 Until 类进行视图组件匹配（即调用返回 SearchCondition 类型的方法）时，通常需要传入 BySelector 类型参数。

在 5.5.2 节第 3 点的示例代码中，除了调用 By.pkg()和 By.res()方法分别对报名和资源 ID 进行筛选外，还有 By.text()（特定文本的显示，支持正则表达式）、By. Desc（通过 contentDescription 属性值）、By.clickable()（是否可点击）、By. Scrollable()（是否可滑动）等。感兴趣的读者可以参考该类的 API 文档获取全部可用的方法。

上述查找视图组件的方法适用于判定符合特定条件的视图是否存在，当我们要对某个视图组件进行操作时，就要调用 UiDevice.findObject()方法。

这里要特别注意 UiDevice.findObject()与 Until.findObject()的区别，虽然它们的方法名一模一样，但 UiDevice.findObject()最终返回 UiObject 对象，该对象可以让相应的视图组件执行操作，Until.findObject()最终返回 SearchCondition<UiObject2>对象，用于判断该组件是否存在。

```
UiObject takePhotoIv = uiDevice.findObject(new UiSelector()
    .resourceId("com.android.camera2:id/shutter_button")
    .className("android.widget.ImageView"));
```

示例代码中总共调用了 4 次 UiDevice.findObject()方法，我们以其中一次为例分析。很明显，该方法需要一个 UiSelector 对象，我们通过匿名对象的方式传入该类型对象。

UiSelector 同样位于 androidx.test.uiautomator 包内，它的作用是精准定位视图组件。上述代码片段演示了如何通过包名、视图组件 ID 和视图类型进行定位（关于如何获取这些信息，请阅读 5.5.2 节第 4 点的内容）。除此之外，还可调用 UiSelector.text()（根据组件显示的文本）、UiSelector. description ()（根据组件 contentDescription 属性值）等方式定位。同时，以上方式还可结合起来使用（示例代码就是结合使用的范例）。

6. 执行操作

找到视图组件后，就需要命令组件执行操作了。我们继续回看 5.5.2 节第 3 点中的示例代码，可以发现执行操作可大致分为两类，一类是与单个视图组件关系不大的，例如回到 Home、获取设备信息等，这一类操作主要由 UiDevice 类实现。

UiDevice 对象可以执行很多任务，常见的有点击、滑动、物理按键等真实操作的模拟，还有应用包名、Activity 名、屏幕尺寸、方向等信息的获取，甚至还可以执行超时等待和截屏等。具体方法读者可参考 UiDevice 的 API 文档，该类位于 androidx.test.uiautomator 中。

另一类操作则和某个视图组件有紧密联系，比如输入文字、滑动等。这一类主要由 UiObject 对象实现。比如下面这段代码：

```
UiObject takePhotoBtn = uiDevice.findObject(new UiSelector()
        .text("点击拍照")
        .className("android.widget.Button"));
takePhotoBtn.click();
```

这段代码的意义在于找到界面中类型为 Button、包含"点击拍照"字样的组件（有关如何匹配视图组件的内容，可参考 5.5.2 节第 5 点的内容），然后单击它。

除了单击之外，UiObject 还能执行哪些操作呢？下面列举一些常用的用法。

- click()：点击相应视图组件的中心点。
- clickTopLeft()：点击相应视图组件的左上方边界。
- clickTopRight ()：点击相应视图组件的右下方边界。
- longClick()：长按视图组件的中心点。
- longClickTopLeft()：长按视图组件的左上方边界。
- longClickTopRight ()：长按视图组件的右下方边界。
- clickAndWaitForNewWindow()：点击并等待新窗口弹出。
- dragTo()：拖动视图组件到特定的位置。
- setText()：覆盖视图组件中原有的可输入文本内容。
- clearTextField()：清除视图组件中原有的可输入文本内容。
- swipeUp()：向上滑动视图组件。
- swipeDown()：向下滑动视图组件。
- swipeLeft()：向左滑动视图组件。
- swipeRight()：向右滑动视图组件。

另外，UiObject 还提供了获取视图组件状态的 API，比如 isClickable()（判断相应视图组件是否可点击）、getBounds()（获取相应视图组件的尺寸）、exists()（判断相应视图组件是否存在）等。

对于由多个视图组件组成的视图，可使用 UiCollection 类。使用时，可参考下面的代码片段：

```
UiCollection multiView = new UiCollection(new UiSelector()
        .className("android.widget.LinearLayout"));
UiObject title = multiView.getChildByText(new UiSelector()
        .className("android.widget.TextView"), "Title");
title.click();
UiObject content = multiView.getChildByText(new UiSelector()
        .className("android.widget.TextView"), "Content");
content.click();
```

这段代码演示了如何使用 UiCollection 匹配到由两个 TextView（文本框）组成的 LinearLayout（线性布局），然后分别点击了这两个 TextView。

对于可滚动（包括垂直或水平方向）视图，可使用 UiScrollable 类。使用时，可参考下面的代码片段：

```
UiScrollable exampleListView= new UiScrollable(new UiSelector()
        .className("android.widget.ListView"));
UiObject number4Item = exampleListView.getChildByText(new UiSelector()
        .className("android.widget.TextView"), "Item4");
number4Item.click();
```

上述代码演示了如何找到 ListView 中包含 Item4 字样的单个元素，并点击了这个元素。

由于篇幅所限，感兴趣的读者可自行查阅相关 API 文档，这些类位于 androidx.test.uiautomator 包中。

7. 验证结果

验证结果是完整测试流程中的最后一环，UI Automator 支持标准 Junit 框架的 Assert 类方法。该类在 5.4.1 节第 2 点中有所使用，只不过并未包含在 AndroidX 中，自然也不是 Jetpack 的内容。这里就不再详细展开了，该类位于 org.junit 包中，感兴趣的读者可自行查阅相关文档。另外，对有一定英语基础或一定编程经验的朋友，直接查看源码或许是了解该类更便捷的方式。

5.6 集成测试

本节让我们一起探讨集成测试的相关内容，在本章伊始，向读者介绍了测试的分类，即单元测试、UI 测试和集成测试。前两类测试分别在 5.4 节和 5.5 节中有所介绍，其测试内容主要集中在 Activity（活动）中，本节将目光聚焦于 Service（后台服务）和 Content Provider（内容提供者）。

5.6.1 运行针对 Service 的测试

Service 作为 Android 四大组件之一，在实际的开发过程中经常用到。一个典型的 Service 测试分为 3 步：集成测试依赖库、编写测试代码以及运行测试。下面对其分别阐述。

1. 添加依赖库

Service 的测试基于设备化测试，因此进行 Service 测试时添加的依赖项与设备化测试一致，具体代码如下：

```
...
android {
    ...
    defaultConfig {
        ...
        testInstrumentationRunner "androidx.test.runner.AndroidJUnitRunner"
    }
    ...
}
dependencies {
    ...
    testImplementation 'junit:junit:4.+'
    androidTestImplementation 'androidx.test.ext:junit:1.1.2'
    androidTestImplementation 'androidx.test:runner:1.3.0'
    androidTestImplementation 'androidx.test:rules:1.2.0'
    ...
}
```

实际上，对于一个新创建的工程，我们仅需添加 androidx.test:runner 和 androidx.test:rules 即可，其他的依赖和配置已经被自动引用了。

2. 编写测试代码

在开始编写测试代码前，不妨先来看看被测的 Service 的代码：

```
public class ExampleService extends Service {
    public static final String NUMBER_1 = "num1";
    public static final String NUMBER_2 = "num2";
    private final IBinder mBinder = new LocalBinder();
    private int num_1;
    private int num_2;
    @Override
    public IBinder onBind(Intent intent) {
        if (intent.hasExtra(NUMBER_1)) {
            num_1 = intent.getIntExtra(NUMBER_1, 0);
        }
        if (intent.hasExtra(NUMBER_2)) {
            num_2 = intent.getIntExtra(NUMBER_2, 0);
        }
        return mBinder;
    }
    public int getSumResult() {
        return num_1 + num_2;
    }
    public class LocalBinder extends Binder {
        public ExampleService getService() {
            return ExampleService.this;
        }
    }
}
```

通过阅读以上代码，可以发现该 Service 的作用非常简单，即在发生 onBind()回调时接收两个 int 型数据，然后提供 getSumResult()方法，以便随时获取这两个数的和。

下面我们再来看测试代码：

```
@RunWith(AndroidJUnit4.class)
public class ExampleServiceTest {
    @Rule
    public final ServiceTestRule serviceRule = new ServiceTestRule();
    @Test
    public void testServiceSumFunc() throws TimeoutException {
        int num_1 = 50;
        int num_2 = 150;
        Intent serviceIntent = new Intent(getApplicationContext(),
ExampleService.class);
        serviceIntent.putExtra(ExampleService.NUMBER_1, num_1);
        serviceIntent.putExtra(ExampleService.NUMBER_2, num_2);
        IBinder binder = serviceRule.bindService(serviceIntent);
        ExampleService service = ((ExampleService.LocalBinder) binder).getService();
        Assert.assertEquals(service.getSumResult(), num_1 + num_2);
    }
}
```

众所周知，要进行设备化测试，自然要添加@RunWith(AndroidJUnit4.class)的注解，这一点是毋庸置疑的。对于@Rule 标签，读者是否有种熟悉的感觉？对了，在模拟 Activity 操作的时候用过它。而若要模拟 Service 的启动、停止等操作，只要如法炮制，通过声明 ServiceTestRule 类型对象，然后使用该对象的相应方法即可，比如在示例代码中出现的 bindService()。

对于 Service 的测试，方法非常简单，易于学习和掌握。如果读者按照顺序阅读本章内容，对于上述代码的理解会非常容易；如果是有选择地阅读到本节内容，建议同时阅读 5.4.2 节。

最后，要特别说明，无法通过 startService()方法在测试中启动 Service。

3. 运行测试代码

下面运行测试代码，结果如图 5.13 所示。

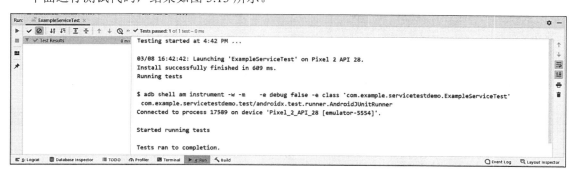

图 5.13　Service 测试结果

由图 5.13 可以看到，测试成功通过。

另外要说明的是，Service 的运行通常不会引起任何界面变化，因此在测试的过程中，所连接的设备也不会出现任何界面交互。看上去好像什么也没有发生，但实际上或许已经完成了测试。

5.6.2 运行针对 Content Provider 的测试

本节讨论 Content Provider（内容提供者）的测试，在实际开发中，或许不是很常用，但作为 Android 四大组件之一，其地位仍不可小觑。

对于 Content Provider 的测试，我们照旧分 3 步进行说明，分别是添加依赖库、编写测试代码以及运行测试代码。

1. 添加依赖库

测试 Content Provider 属于设备化测试，因此进行 Content Provider 测试时添加的依赖项与设备化测试一致，具体代码如下：

```
...
android {
    ...
    defaultConfig {
        ...
        testInstrumentationRunner "androidx.test.runner.AndroidJUnitRunner"
    }
    ...
}
dependencies {
    ...
    testImplementation 'junit:junit:4.+'
    androidTestImplementation 'androidx.test.ext:junit:1.1.2'
    androidTestImplementation 'androidx.test:runner:1.3.0'
    androidTestImplementation 'androidx.test:rules:1.2.0'
    ...
}
```

实际上，对于一个新创建的工程，我们仅需添加 androidx.test:runner 和 androidx.test:rules 即可，其他的依赖和配置已经被自动引用了。

2. 编写测试代码

在编写测试代码前，我们按照惯例先来看看被测试部分的代码。

```
public class DataProvider extends ContentProvider {
    static final String PROVIDER_NAME = "com.example.contentprovidertestdemo";
    static final String URL = "content://" + PROVIDER_NAME + "/data";
    static final Uri CONTENT_URI = Uri.parse(URL);
    static final String _ID = "_id";
    static final String TITLE = "title";
    static final String CONTENT = "content";
    static final int DATA_ITEM = 1;
    static final UriMatcher uriMatcher;
    static {
        uriMatcher = new UriMatcher(UriMatcher.NO_MATCH);
```

```
            uriMatcher.addURI(PROVIDER_NAME, "data", DATA_ITEM);
    }
    private SQLiteDatabase db;
    static final String DATABASE_NAME = "data";
    static final String TABLE_NAME = "example";
    static final int DATABASE_VERSION = 1;
    static final String CREATE_DB_TABLE =
            " CREATE TABLE " + TABLE_NAME +
                    " (_id INTEGER PRIMARY KEY AUTOINCREMENT, " +
                    " title TEXT NOT NULL, " +
                    " content TEXT NOT NULL);";
    private static class DatabaseHelper extends SQLiteOpenHelper {
        DatabaseHelper(Context context) {
            super(context, DATABASE_NAME, null, DATABASE_VERSION);
        }
        @Override
        public void onCreate(SQLiteDatabase db) {
            db.execSQL(CREATE_DB_TABLE);
        }
        @Override
        public void onUpgrade(SQLiteDatabase db, int oldVersion, int newVersion) {
            ...
        }
    }
    @Override
    public boolean onCreate() {
        Context context = getContext();
        DatabaseHelper dbHelper = new DatabaseHelper(context);
        db = dbHelper.getWritableDatabase();
        return db != null;
    }
    @Override
    public Uri insert(Uri uri, ContentValues values) {
        long rowID = db.insert(TABLE_NAME, "", values);
        if (rowID > 0) {
            Uri _uri = ContentUris.withAppendedId(CONTENT_URI, rowID);
            getContext().getContentResolver().notifyChange(_uri, null);
            return _uri;
        }
        return null;
    }
    @Override
    public Cursor query(Uri uri, String[] projection, String selection, String[]
selectionArgs, String sortOrder) {
        ...
    }
```

```
    @Override
    public int delete(Uri uri, String selection, String[] selectionArgs) {
        ...
    }
    @Override
    public int update(Uri uri, ContentValues values, String selection, String[]
selectionArgs) {
        ...
    }
    @Override
    public String getType(Uri uri) {
        ...
    }
}
```

通过阅读上面的代码片段，可知被测 App 的共享数据库由名为 data 的单一数据表构成。由建表语句可知，该数据表中包含 3 个字段，分别为自增加的整型的"_id"作为主键，title 和 content 都是非空的字符串型。受篇幅所限，这里将除 insert()（插入一条数据）外的其他方法均省略。同样，我们的测试代码也将以测试 insert()方法为例，其他的查找、删除、更新方法的实现可参考与本书配套的示例代码，测试方法读者可自行练习。

接着，再来看测试代码：

```
@RunWith(AndroidJUnit4.class)
public class ExampleContentProviderTest {
    @Rule
    public ProviderTestRule mProviderRule =
            new ProviderTestRule.Builder(DataProvider.class,
"com.example.contentprovidertestdemo").build();
    @Test
    public void testInsert() {
        ContentResolver resolver = mProviderRule.getResolver();
        ContentValues values = new ContentValues();
        values.put(DataProvider.TITLE, "TimeMillis");
        values.put(DataProvider.CONTENT, System.currentTimeMillis());
        Uri uri = resolver.insert(
                DataProvider.CONTENT_URI, values);
        assertNotNull(uri);
    }
}
```

上述代码中，@RunWith 注解是进行设备化测试必不可少的元素。@Rule 注解中的 ProviderTestRule 与 ServiceTestRule、ActivityTestRule 类似，它们都是帮助我们模拟相应组件运行的。testInsert()则是测试方法，在该方法中，以判断 insert()方法的返回值是否为 null 作为测试是否通过的依据。这是因为在被测代码中，只有当数据库执行插入操作失败时，才会返回 null。

3. 运行测试代码

在完成测试代码编写后，我们就可以运行测试了。和测试 Service 类似，Content Provider 在测试过程中通常不会出现界面交互的过程，App 自然也不会产生 UI 上的变化。因此，大多数 App 在运行 Content Provider 测试时看上去是没有任何反应的，但实际上测试已经在进行了。

一切顺利的话，测试结果将会成功通过，如图 5.14 所示。

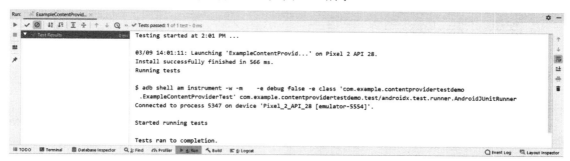

图 5.14　Content Provider 测试结果

一些做事谨慎的朋友可能会有这样的疑问：虽然返回的 URI 并不是 null，但还是想看看具体的测试数据，这些数据会不会干扰到正常的用户使用数据呢？

答案当然是：不会。

打开 Android Studio 中的 Database Inspector 视图，然后启动被测 App，会看到如图 5.15 所示的数据库结构。

图 5.15　进行过测试的 App 数据库结构

很明显，用户正常使用的数据库名为 data，测试用的数据库名为 test.data。它们各自操作各自的数据库，不会发生干扰，因此也就不会影响正常使用的数据（如图 5.15 所示，运行一次测试后，用户正常使用的数据库依然是空的）。

若要查看测试用的数据表内容，笔者的建议是直接使用 sqlite3 命令行，如图 5.16 所示。

```
Terminal:   Local ×   +
generic_x86_64:/ # cd data/data/com.example.contentprovidertestdemo
generic_x86_64:/data/data/com.example.contentprovidertestdemo # ls
app_dxmaker_cache cache code_cache databases
generic_x86_64:/data/data/com.example.contentprovidertestdemo # cd databases
generic_x86_64:/data/data/com.example.contentprovidertestdemo/databases # sqlite3 test.data
SQLite version 3.22.0 2018-12-19 01:30:22
Enter ".help" for usage hints.
sqlite> .tables
android_metadata   example
sqlite> select * from example;
1|TimeMillis|1615269672315
sqlite>
≡ TODO   Terminal   Database Inspector   Q 3: Find   Profiler   ▶ 4: Run   Build   6: Logcat
```

图 5.16　查看测试数据

　　如果对 sqlite3 不熟悉也没关系，只要按照图中的指令逐步做下来即可，用方框框住的内容就是测试时添加的数据。读者可多次执行测试，会看到测试数据也在一点点地增加。

5.6.3　针对 Broadcast 的测试

　　有的读者可能会问，Android 四大组件中，还有 BroadcastReceiver（广播接收器）未被提及。这是因为 Android 并未提供适用于 BroadcastReceiver 的测试用例类。在实际测试过程中，可以通过传递 Intent 对象或通过 ApplicationProvider.getApplicationContext()方法创建 BroadcastReceiver 对象，然后调用 BroadcastReceiver 的方法，即可验证其能否正常运作。

第6章

ViewBinding 和 DataBinding

从本章开始，我们来到 Android Jetpack 的第二部分——Architecture（架构）。这个部分包含多种组件库，为实现更好的 App 架构提供了方便。此外，如果打算使用 Kotlin 编程语言，Android KTX 组件还可以进一步为编码提供便利。

打个不太恰当的比方，如果我们要上场打仗，这些组件库就相当于各式各样的武器，能应付不同的战场环境。但只有武器是远远不够的，还要我们充分地熟悉每一样武器的适用场景。回到开发 App 上来，只有这些组件库同样是不够的，我们还要掌握 Android 的架构原则。有了原则作为指导，该不该用武器、用哪样武器就不言自明了。

6.1 Android 应用架构原则

根据 Google 官方的建议，在构建 App 架构时，最好遵循两大原则——分离关注点（Separation of Concerns，SoC）和通过模型驱动界面。

6.1.1 分离关注点

分离关注点可谓是构建 Android 架构时最重要的原则。实际上，何止 Android App，对于开发任何软件产品、从事其他劳动甚至解决日常生活中的复杂问题，分离关注点都不失为一种优秀的思维方式。

简单来说，分离关注点就是将复杂的问题（无论这个问题看上去有多复杂）分解，分解的方法可以是拆分为多个小问题，也可以是将大问题拆解为不同方面。然后逐个解决这些拆分后的"小团体"，最后汇总，合成整体解决方案。在这方面，我国可以说是践行分离关注点的先驱了，庖丁解牛就是很典型的例子。

在构建 Android App 时，分离关注点主要是指 MVC、MVP 等架构设计模式。

6.1.2 通过模型驱动界面

模型是指 MVC、MVP 或 MVVM 中开头的 M（Model）。模型可以看作是界面和数据之间的"桥梁"，它将界面交互和数据隔离开，降低二者的耦合度，这是非常有必要的。我们知道，系统往往会在内存资源不足时销毁一些后台程序。若用户在多个 App 之间来回切换时发生内存不足的情况，之前驻留后台的程序就变得十分危险了。对于那些几乎全部逻辑都写在 Activity 或 Fragment 中的 App 而言，想要恢复之前的状态，无疑是一场灾难。遵循分离关注点原则架构设计的 App 则会好很多，Activity 与 Fragment 仅负责界面交互，所有状态的保存均与其无关。当需要恢复现场时，仅需再次向负责与状态保存模块交互的模块（这样的模块通常被称为模型）下达获取数据的指令，然后刷新界面（我们甚至可以借助 Android Jetpack 中的应用架构组件实现自动完成这些操作）就可以了，从而避免 Activity 或 Fragment 中变量持有的状态随着其销毁而丢失的窘境。

6.1.3 官方建议的应用架构

通过前两节的学习，我们已经掌握了 Android 架构设计之"道"，本节主要探讨"术"。Google 官方给出应用架构如图 6.1 所示。

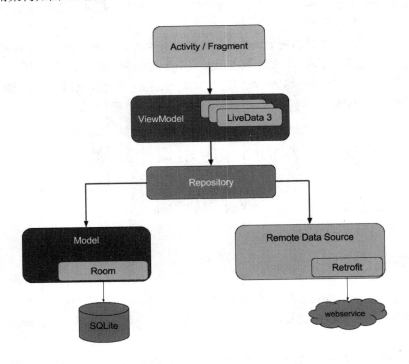

图 6.1 官方建议的 Android 应用程序架构设计（摘自 Android 开发者官网）

由图 6.1 可以看出，位于最上层的 Activity/Fragment 是和用户最相关的界面部分，这部分通常是由一个或多个视图组件组成的。它与 ViewModel（视图模型）直接交互，而非直接与本地/远程数据存储交互。由于 ViewModel 不会随 Activity 或 Fragment 的销毁发生数据丢失，因此无论系统是否把 App 回收，App 都能很方便地恢复现场。Repository 则扮演数据提供者的角色，无论数据来自本地存储还是网络存储，它总能提供稳定的数据来源。而要达成上述这一切，则需要诸如 LiveData、Room、Lifecyle 等 Jetpack 架构组件的支持。

6.1.4　Android Jetpack 架构组件

Android Jetpack 包含众多组件，其中一部分就是和 App 架构密切相关的，它们分别是：

- DataBinding：视图数据绑定。
- DataStore：键值对或类型化对象数据存储。
- Lifecycle：管理生命周期。
- Navigation：页面导航。
- ViewModel：UI 相关的数据存储。
- LiveData：可观察的数据存储。
- Room：数据库存储。
- WorkManager：管理任务调度。
- Paging：分页加载。
- AppStartup：App 启动初始化。

接下来，我们会对上述组件逐一深入讲解。

6.2　视图绑定

如果你是一位从事多年 Android 开发的朋友，应该听说过 ViewInject 吧？它通过注解的方式节省了编写 findViewById()之类的代码。优点很明显——加快了开发速度，但缺点也很明显——性能开销大，而且 Google 官方并不推荐这种写法。或许是为了弥补性能消耗的弊端，ButterKnife 出现了。不可否认在过去 ButterKnife 确实很好用，但随着 Android Studio 更新到 4.1 版本，Android Gradle Plugin 升级到 5.0 版本后，资源 ID 将不再是 final 类型，因此在注解中使用 ID 就变得不靠谱了。Butter Knife 官方也宣布不再维护了，并且建议使用 View Binding，也就是视图绑定。

6.2.1　启用视图绑定支持

View Binding 最早发布在 2019 年的 I/O 大会上，是 Google 推荐的视图绑定库。和常见的依赖集成方式不同，若要使用视图绑定，则只需在相应 Module 级的 build.gradle 文件中将 View Binding 设为启用即可。代码如下：

```
android {
    ...
    // 视图绑定
    buildFeatures {
        viewBinding true
```

```
        }
    ...
}
```

添加上述代码后，别忘了运行 Gradle Sync 指令。

6.2.2　实战视图绑定

首先来看布局文件：

```xml
<?xml version="1.0" encoding="utf-8"?>
<LinearLayout xmlns:android="http://schemas.android.com/apk/res/android"
    xmlns:tools="http://schemas.android.com/tools"
    android:layout_width="match_parent"
    android:layout_height="match_parent"
    android:gravity="center"
    android:orientation="vertical"
    android:padding="10dp"
    tools:context=".MainActivity">
    <LinearLayout
        android:layout_width="match_parent"
        android:layout_height="wrap_content"
        android:layout_gravity="center_horizontal"
        android:orientation="horizontal">
        <TextView
            android:id="@+id/activity_main_name_tv"
            android:layout_width="wrap_content"
            android:layout_height="wrap_content"
            android:text="@string/activity_main_name_tv" />
        <EditText
            android:id="@+id/activity_main_name_et"
            android:layout_width="match_parent"
            android:layout_height="wrap_content"
            android:hint="@string/common_hint" />
    </LinearLayout>
    <LinearLayout
        android:layout_width="match_parent"
        android:layout_height="wrap_content"
        android:layout_gravity="center_horizontal"
        android:orientation="horizontal">
        <TextView
            android:id="@+id/activity_main_age_tv"
            android:layout_width="wrap_content"
            android:layout_height="wrap_content"
            android:text="@string/activity_main_age_tv" />
        <EditText
            android:id="@+id/activity_main_age_et"
            android:layout_width="match_parent"
            android:layout_height="wrap_content"
            android:hint="@string/common_hint" />
    </LinearLayout>
    <LinearLayout
```

```
            android:layout_width="match_parent"
            android:layout_height="wrap_content"
            android:layout_gravity="center_horizontal"
            android:orientation="horizontal">
            <TextView
                android:id="@+id/activity_main_phone_tv"
                android:layout_width="wrap_content"
                android:layout_height="wrap_content"
                android:text="@string/activity_main_phone_tv" />
            <EditText
                android:id="@+id/activity_main_phone_et"
                android:layout_width="match_parent"
                android:layout_height="wrap_content"
                android:hint="@string/common_hint" />
        </LinearLayout>
        <Button
            android:id="@+id/activity_main_confirm_btn"
            android:layout_width="match_parent"
            android:layout_height="wrap_content"
            android:text="@string/activity_main_confirm_btn" />
</LinearLayout>
```

虽然代码很长，但理解起来还算是比较容易的。程序运行后，App 界面如图 6.2 所示。

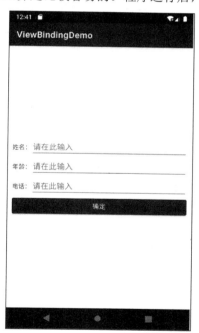

图 6.2　示例程序界面

相信读者还记得在启用 View Binding 后执行过一次 Gradle Sync。实际上，在执行 Build 操作时，会自动生成 ActivityMainBinding.java 类（如果尝试查看这个类的源代码，Android Studio 将自动打开对应的 XML 布局文件，而不是 Java 代码。真正的 Java 代码位于 build 目录下，感兴趣的读者可以自行阅读以了解 View Binding 的原理。有关绑定类的生成以及如何自定义绑定类，请跳转至 6.3.5

节），ViewBinding 的使用精髓就在于这个类。

接下来，我们回到 MainActivity.java，来看看如何使用 ActivityMainBinding 类。

```java
public class MainActivity extends AppCompatActivity {
    private ActivityMainBinding activityMainBinding;
    @Override
    protected void onCreate(Bundle savedInstanceState) {
        super.onCreate(savedInstanceState);
        activityMainBinding =
ActivityMainBinding.inflate(getLayoutInflater());
        View view = activityMainBinding.getRoot();
        setContentView(view);
        });
    }
}
```

上面这段代码展示了如何在 Java 代码中使用 ViewBinding。显而易见，和传统写法不同，这里的 setContentView() 方法不再传入布局文件所属的 ID，而是传入通过 ActivityMainBinding.getRoot() 方法返回的 View。

当我们需要和界面组件发生互动时，也是很容易的。如图 6.2 所示，尝试给界面下方的"确定"按钮添加事件，在姓名不为空的情况下进行提交。代码片段如下：

```java
activityMainBinding.activityMainConfirmBtn.setOnClickListener(v -> {
        if
(!activityMainBinding.activityMainNameEt.getText().toString().equals("")) {
            // 提交数据
        }
});
```

通过上述代码可以清楚地看到我们是如何通过 ActivityMainBinding 对象给按钮设置监听器的，以及获取输入框中的文本内容的。

这样做有 3 个显著的好处：一个是省去了声明若干界面组件对象的过程，在一定程度上简化了代码；另一个是可以直接使用布局文件中的 ID（通常 Java 代码和 XML 布局文件中相同的组件命名并不一致，在有类似命名的多个组件存在时，区分它们是很难的），在一定程度上避免了一些人为的编码错误；还有一个是避免空指针，如果布局文件中不存在某个 ID，我们不会有机会通过 ViewBinding 访问到它。

需要特别说明的是，在 Fragment 中使用 ViewBinding 时，由于不存在 setContentView() 方法，因此我们需要在重写的 onCreateView() 方法体中将 ActivityMainBinding.getRoot() 方法返回的 View 作为整个方法的返回值。举例来说，如果在某个 Fragment 中使用本节示例中的布局文件，onCreateView() 方法体代码应与下面的示例代码片段类似：

```java
@Override
public View onCreateView(LayoutInflater inflater, ViewGroup container, Bundle savedInstanceState) {
    activityMainBinding = ActivityMainBinding.inflate(getLayoutInflater());
    View view = activityMainBinding.getRoot();
    return view;
}
```

另外，要特别注意，当我们在 Fragment 中使用 ViewBinding 时，切记要在 onDestroyView()方法中将相关变量置空。对应到本例，则可以写成：

```
@Override
public void onDestroyView() {
    super.onDestroyView();
    activityMainBinding = null;
}
```

这一步是经常被忽略的，请各位读者谨记。

最后，我们再来探讨如何添加例外项。例外项将作用于整个布局，因此应添加到整个布局文件的根节点中。比如，如果我们不再希望生成 ActivityMainBinding.java，应在整个布局文件最开始的 LinearLayout 中添加：

```
tools:viewBindingIgnore = "true"
```

添加后，再次执行 Gradle Sync。完成后回到 MainActivity.java，会发现 ActivityMainBinding 类不再可用。

6.3　数据绑定

数据绑定和视图绑定不同，前者的主要精髓在于"声明式编程"，而后者只是节省开发者代码量的工具。那么，什么是声明式编程呢？

6.3.1　声明式编程简述

作为学习数据绑定的背景知识，这里简要地解释一下什么是声明式编程，以及与传统的过程式编程的区别。

为了更好地理解，笔者决定打个比方来解释。比如某天你买了新房，打算装修一下，通常会怎么做呢？当然是找装修公司了，毕竟比自己动手要省时省力。只要有原料，并告诉他们最终的效果就可以等待完工了（当然还要付钱）。可见，在这个过程中，我们关注的重点是结果，而非过程。装修工人具体怎么施工并不是我们关心的重点。这就是声明式编程的最大特点——告诉别人（程序中的其他模块）我要什么，然后等待结果的到来就可以了。和声明式编程相对的是过程式编程，它主要的关注点除了最终的结果外，还会关注过程。最典型的例子是做饭，如果我们想要获得最终的成品——菜，必然要关注做菜的每一步，不然很可能就成了黑暗料理。

那么，声明式编程和过程式编程孰优孰劣呢？其实并不存在优劣，而是它们有各自的适用场景，就像装修和做菜。

回到开发 Android 应用程序上来，假如现在需要实现如下需求：从网络中获取数据，数据结构是 User 类型，里面包含 name 的成员变量，获取到该数据后，将 name 变量的值放在一个 TextView 中。传统的编程方式是从 Activity 或 Fragment 中触发网络访问，等待得到响应数据后，调用 TextView 的 setText()方法并传入 name 变量的值，从而完成整个流程。当需要刷新页面时，重复上述过程。显然，这是过程式编程的思维。

使用 DataBinding 后，整个流程将发生些许变化。同样是从 Activity 或 Fragment 中触发数据请求（注意，这一次只是触发了获取数据的操作，并不关心数据真正的来源），区别是无须等待响应数据，事先把数据对象（即使是空数据，也要注意避免空指针异常）和 TextView 绑定。这样，整个流程就完成了。当得到响应数据或需要刷新页面时，无须再次调用 TextView 的 setText()方法（这意味着，我们无须关心数据是通过怎样具体的步骤显示在界面上的）。显然，这是声明式编程的思维，事先与 TextView 绑定的数据对象就是结果。我们无须关注数据对象是如何改变并刷新页面的，只需做好绑定即可。

6.3.2　启用数据绑定支持

讲了这么多，到了该动手的环节。启用数据绑定的方法和启用视图绑定类似，均是在相应的 build.gradle 配置中将对应的开关设置为 true。下面的代码片段演示了如何为项目启用数据绑定：

```
android {
    ...
    // 视图绑定
    buildFeatures {
        dataBinding true
    }
    ...
}
```

完成后，运行 Gradle Sync 完成配置。

6.3.3　可观察的数据对象

本节实现数据到界面的单向绑定。所谓单向绑定，就是如 6.3.1 节中所述的那样，给装修师傅们（UI 组件）准备好原料（非空的数据），然后等待施工完成（在界面上显示数据）就可以了，并且随着原料（数据）的变化，施工的结果也会跟着变化（界面上显示的内容）。因此，我们需要先学会使用一类特殊的对象——可观察的数据对象；然后掌握如何在布局文件中绑定数据；最后介绍如何在 Java 代码中更新数据。本节主要探讨第一步，即可观察的数据对象。

可观察的数据对象具有"变化通知"的能力，简而言之，当这类对象自身发生改变时，会通知相应对象（最典型的就是界面），从而使其他对象及时采取必要的操作（比如，刷新界面内容）。想象一下，一旦将界面组件与这类数据绑定，会发生怎样的变化呢？没错，界面会自动更新。

在 Android 中，我们可以直接使用现有的可观察对象类型，也可以自定义可观察对象类型。

1. 常见的可观察数据对象

常见的可观察数据对象有以下几种：

- ObservableBoolean: 可观察的布尔类型对象。
- ObservableByte: 可观察的字节类型对象。
- ObservableChar: 可观察的字符类型对象。
- ObservableShort: 可观察的短整数类型对象。
- ObservableInt: 可观察的整数类型对象。

- ObservableLong: 可观察的长整数类型对象。
- ObservableFloat: 可观察的单精度浮点类型对象。
- ObservableDouble: 可观察的双精度浮点类型对象。
- ObservableParcelable: 可观察的序列化类型对象。
- ObservableField<T>: 可观察的字段（元素）类型对象。
- ObservableArrayMap<K, V>: 可观察的集合（ArrayMap）类型对象。
- ObservableArrayList<T>: 可观察的集合（ArrayList）类型对象。

不必过多解释，单从名称上看，这些对象可以存放的数据一目了然。需要特别说明的是，对于 String 类型，使用 ObservableField<String>即可。例如下面这段代码：

```java
public class ExampleDataObject {
    private ObservableLong dateTime;
    public ObservableLong getDateTime() {
        return dateTime;
    }
    public void setDateTime(ObservableLong dateTime) {
        this.dateTime = dateTime;
    }
}
```

上面这段代码看上去和普通的 Java 实体类别无二致。若要创建 ExampleDataObject 对象，并获取或修改 dateTime 变量的值，则可参考如下代码片段：

```java
// 创建 ExampleDataObject 对象
ExampleDataObject currentDateTime = new ExampleDataObject();
currentDateTime.setDateTime(new ObservableLong());
// 修改 dateTime 变量的值
currentDateTime.getDateTime().set(System.currentTimeMillis());
// 获取 dateTime 变量的值
currentDateTime.getDateTime().get();
```

2. 自定义可观察数据对象

自定义可观察数据对象适用于对象中的某些字段用于数据绑定而非全部的情况。比如，一个叫作 CustomObservableObject 的类，其中包含两个成员变量，分别是 dataValue_1 和 dataValue_2，其中与界面显示直接相关的只有 dataValue_1。此时，可使用@Bindable 注解标记 dataValue_1，表示只有该变量参与数据绑定操作。然后在相应的 setDataValue_1()方法中调用 notifyPropertyChanged()方法，实现数据改变后的通知效果。具体实现可参考该类的完整代码：

```java
public class CustomObservableObject extends BaseObservable {
    private String dataValue_1;
    private String dataValue_2;
    @Bindable
    public String getDataValue_1() {
        return dataValue_1;
    }
    public String getDataValue_2() {
        return dataValue_2;
    }
    public void setDataValue_1(String dataValue_1) {
```

```
        this.dataValue_1 = dataValue_1;
        notifyPropertyChanged(BR.dataValue_1);
    }
    public void setDataValue_2(String dataValue_2) {
        this.dataValue_2 = dataValue_2;
    }
}
```

这里需要特别说明一下，传入 notifyPropertyChanged()方法的参数值——BR 类。

BR 类是数据绑定中的资源 ID 类，在编译期间生成，该类包含所有参与数据绑定的对象。

使用自定义可观察对象的方法也非常简单，若要创建 CustomObservableObject 对象，并获取或修改 dataValue_1 变量的值，则可参考如下代码片段：

```
// 创建 CustomObservableObject 对象
CustomObservableObject currentDateTime2 = new CustomObservableObject();
// 修改 dataValue_1 变量的值
currentDateTime2.setDataValue_1(System.currentTimeMillis() + "");
// 获取 dataValue_1 变量的值
currentDateTime2.getDataValue_1();
```

6.3.4　实战单向数据绑定

在上一节中，我们介绍了可观察的数据对象，它是实现数据绑定的前提。本节将继续探讨如何将这些对象和布局 XML 文件绑定到一起，此外，还会介绍如何在布局文件中"处理"这些数据。最后，尝试在 Activity 中修改对象中成员变量的值，实现界面自动刷新的目的。本节的示例将为读者演示怎样使用单向数据绑定实现数字时钟的显示。

1. 绑定布局与数据

使用数据绑定与传统未使用数据绑定的 XML 布局文件结构不同，它要求布局文件以 layout 作为根节点，在 layout 节点中包含 data 与 view 根节点两个元素。具体可参考下面的代码示例：

```
<?xml version="1.0" encoding="utf-8"?>
<layout>
    <data>
        <variable
            name="currentDateTime"
            type="com.example.databindingdemo.ExampleDataObject" />
    </data>
    <LinearLayout xmlns:android="http://schemas.android.com/apk/res/android"
        xmlns:tools="http://schemas.android.com/tools"
        android:layout_width="match_parent"
        android:layout_height="match_parent"
        android:gravity="center"
        android:orientation="vertical"
        tools:context=".MainActivity">
        <TextView
            android:layout_width="wrap_content"
            android:layout_height="wrap_content"
            android:text="@{String.valueOf(currentDateTime.dateTime)}"
            android:textSize="36sp" />
    </LinearLayout>
```

```
</layout>
```

下面我们逐步拆解上述代码，首先来看由 LinearLayout 作为根节点的 View 部分。可以看到，整个线性布局中仅包含一个 TextView。这里重点关注 android:text 的属性值，很明显与传统的赋值方式不同，在这里，它的值为@{String.valueOf(currentDateTime.dateTime)}。像这种格式，我们称它为绑定表达式。示例代码中的赋值含义是将currentDateTime 对象中的 dateTime 属性转换为 String 类型，并将结果作为 android:text 的实际显示值。至于绑定表达式中如何对数据加工，以及怎样调用 Java 方法，读者可阅读接下来第 2 点和第 3 点的内容。

接着，再来看看 data 节点。在该节点下有一个 variable 子节点。正如 variable 的字面含义那样，该节点通常声明在绑定表达式中允许使用的属性。除此之外，我们还可以在 data 节点中添加 import 子节点，一般用于在绑定表达式中调用 Java 方法，有关这部分内容读者可阅读第 3 点的内容。

回到示例代码，使用了一个名为 currentDateTime 的对象变量，对应的类型为 com.example.databindingdemo.ExampleDataObject。因此，我们可以在后面的视图组件（即 TextView）的绑定表达式中使用这个变量，并访问其中的 dateTime 成员变量。

完成布局文件的编码后，下面来看 Java 代码部分。

```
public class MainActivity extends AppCompatActivity {
    private boolean allowRun;
    @Override
    protected void onCreate(Bundle savedInstanceState) {
        super.onCreate(savedInstanceState);
        ActivityMainBinding binding = DataBindingUtil.setContentView(this,
R.layout.activity_main);
        allowRun = true;
        ExampleDataObject exampleDataObject = new ExampleDataObject();
        exampleDataObject.setDateTime(new ObservableLong());
        binding.setCurrentDateTime(exampleDataObject);
        exampleDataObject.getDateTime().set(System.currentTimeMillis());
        new Thread(() -> {
            while (allowRun)
                try {
exampleDataObject.getDateTime().set(System.currentTimeMillis());
                    Thread.sleep(1000);
                } catch (InterruptedException e) {
                    e.printStackTrace();
                }
        }).start();
    }
    @Override
    protected void onDestroy() {
        super.onDestroy();
        allowRun = false;
    }
}
```

上面是 Activity 的完整代码，使用了我们刚刚编写好的布局文件。在 Activity 的 onCreate()方法中，可以看到 setContentView()方法被 DataBindingUtil.setContentView()取代了。DataBindingUtil 位于 androidx.databinding 包中，它的返回值是 ViewDataBinding 类型的子类。ActivityMainBinding 是在编译过程中自动生成的 ViewDataBinding 子类，它可以看作是从 Java 代码到 XML 布局文件的"桥梁"。随后调用的 ActivityMainBinding.setCurrentDateTime()方法对应在布局文件中 variable 节点下的 name

值，作用是将 exampleDataObject 对象绑定给布局文件的 currentDateTime 变量。至此，数据的单向绑定已经完成。余下的部分就很好理解了，无非是 App 启动后开启一个线程，实现每隔一秒重新设定 exampleDataObject 对象中的变量值，并在 App 关闭时停止线程运行。正是由于 exampleDataObject 对象被绑定到布局中，因此每当该对象发生变化时，布局中相应的变量也会响应这个变化，并自动完成相应视图组件的刷新。

下面运行 App，结果如图 6.3 所示。

图 6.3　显示当前时间的示例

我们将会看到图 6.3 中的时间毫秒值有规律地增加（大约每隔一秒增加 1000，可能会有 1 毫秒左右的误差）。

有没有感受到单向数据绑定的方便呢？不过，这里还有一些不完美的地方。这个时间显示为当前时间的时间戳，并不方便人们查看，如果能自动格式化为年月日时分秒就好了。不过，有的时候我们会在不同的视图组件中显示不同格式的时间。比如，有时候只显示日期，即年月日；有时候只显示时间，即时分秒；有时候只显示时分，不需要秒……对于上述这种情况，编写适用于各种组件的 Java 方法成本太高了，有没有一种方法可以实现在布局中自动完成转换呢？这样一来，即使绑定的数据值一样，也能够在不同的视图组件中显示合适的数据。这就需要对绑定表达式"下手"。

2. 绑定表达式

现在，笔者来解答在第 1 点中的疑问。回看布局文件代码，在为 TextView 赋值时，代码是这样写的：

```
android:text="@{String.valueOf(currentDateTime.dateTime)}"
```

像这种值，我们称其为"绑定表达式"。从代码中可以看出，它将 currentDateTime 中的 dateTime 变量转为 String 类型，这里的转换过程与 Java 代码无异。因此，我们可以推测，即使在 XML 布局文件中也可以调用 Java 方法，诸如 String、Integer 以及很多 java.lang 包中的类都可以直接调用。

除此之外，绑定表达式还支持以下常用的运算符：

- 算术运算符（+、-、/ *、%）。
- 字符串连接运算符（+）。
- 逻辑运算符（&&、||）。
- 二元运算符（&、|、^）。
- 一元运算符（+、-、!、~）。
- 移位运算符（>>、>>>、<<）。
- 比较运算符（==、>、<、>=、<=）（< 需要转义为<）。
- Instanceof。
- 分组运算符（()）。
- 字面量运算符。
- 数组访问（[]）。
- 三元运算符（?:）。

上述运算符无须过多解释，使用方法也与 Java 代码中基本一致。

下面来尝试使用最简单的算术运算符，继续第 1 点中的示例——将毫秒值转换为秒。具体代码片段如下：

```
<TextView
    android:layout_width="wrap_content"
    android:layout_height="wrap_content"
    android:text="@{String.valueOf(currentDateTime.dateTime/1000)}"
    android:textSize="36sp" />
```

如以上代码所示，转换的方法很简单，只要将原有的 dateTime 属性值除以 1000 即可。

这里要解释一下为什么一直要将 Long 转换为 String 了。我们都知道，android:text 属性的赋值有两种，一种是资源 ID，另一种是文本。显然，对于本例而言，若将 Long 型值当作这个属性的值，Android 操作系统将会默认该值为资源 ID。然而并没有对应的资源，因此会引发崩溃。

再次运行 App，结果如图 6.4 所示。

图 6.4　显示当前时间的示例（以秒为单位）

很明显，相较图 6.3，图 6.4 中的数字明显短了，而且每次数值变化只发生在个位，即 1 秒钟。但是，现在的显示效果仍然不完美，至少它的可读性并不强。

3. 在布局文件中调用自定义 Java 方法

如果能将日期时间显示为如图 6.5 所示的样子，日期时间的可读性就大大增加了。

图 6.5　格式化日期时间显示

要实现如图 6.5 所示的显示效果，就要介绍一个新的知识点——如何在 XML 布局文件中调用自定义的 Java 方法。

在第 2 点中，我们已经探讨过在 XML 布局文件中可以调用一些内置 Java 类的方法。实际上，对于这些"内置"的方法，我们可以把它们看作是默认导入进来的。而若要调用其他 Java 类的方法，只要手动将相应 Java 类导入进来就可以了。具体参考下面的代码：

```xml
<?xml version="1.0" encoding="utf-8"?>
<layout>
    <data>
        <import
            alias="DateTimeConverter"
            type="com.example.databindingdemo.DateTimeUtil" />
        <variable
            name="currentDateTime"
            type="com.example.databindingdemo.ExampleDataObject" />
    </data>
    <LinearLayout xmlns:android="http://schemas.android.com/apk/res/android"
        xmlns:tools="http://schemas.android.com/tools"
        android:layout_width="match_parent"
        android:layout_height="match_parent"
        android:gravity="center"
        android:orientation="vertical"
        tools:context=".MainActivity">
        <TextView
            android:layout_width="wrap_content"
```

```
            android:layout_height="wrap_content"
android:text="@{DateTimeConverter.convertLongToDate(currentDateTime.dateTime)}"
            android:textSize="36sp" />
        <TextView
            android:layout_width="wrap_content"
            android:layout_height="wrap_content"
android:text="@{DateTimeConverter.convertLongToTime(currentDateTime.dateTime)}"
            android:textSize="36sp" />
    </LinearLayout>
</layout>
```

重点关注上述代码中 data 节点下的 import，它有两个属性：type 表示要引入的 Java 类，该属性是必选的；alias 表示别名，它用来代替原有的 Java 类名，并在后面的绑定表达式中使用，别名通常在引入位于不同包内的具有相同 Java 类名的类时使用。DateTimeUtil 则是提供日期时间转换的工具类。当然，一个 XML 布局文件中允许引入多个 Java 类。

完成编码后，重新运行 App，即可得如图 6.5 所示的显示效果。

4. 针对 include 标签的处理

在实际开发中，我们可能会在布局文件中使用 include 标签实现特定视图的复用。在这种情况下，该如何正确地使用数据绑定呢？

在第 3 点的示例代码中，我们使用两个 TextView 分别显示了日期和时间。现在，为了演示 include 标签的处理，我们将第二个（也就是负责时间显示的）TextView 单独写在 time_only.xml 中。完整代码如下：

```
<?xml version="1.0" encoding="utf-8"?>
<layout>
    <data>
        <import
            alias="DateTimeConverter"
            type="com.example.databindingdemo.DateTimeUtil" />
        <variable
            name="currentDateTime"
            type="com.example.databindingdemo.ExampleDataObject" />
    </data>
    <LinearLayout xmlns:android="http://schemas.android.com/apk/res/android
"
        android:layout_width="wrap_content"
        android:layout_height="wrap_content">
        <TextView
            android:layout_width="wrap_content"
            android:layout_height="wrap_content"
            android:text="@{DateTimeConverter.convertLongToTime(currentDate
Time.dateTime)}"
            android:textSize="36sp" />
    </LinearLayout>
</layout>
```

接着，在 activity_main.xml 中通过 include 标签使用这个布局，关键部分的代码如下：

```
<include
    layout="@layout/time_only"
    bind:currentDateTime="@{currentDateTime}" />
```

怎么样，是不是一看就明白了呢？需要特别说明的是，数据绑定不支持 merge 节点作为 include 节点的直接父级。如下所示的代码结构是无法使用数据绑定特性的：

```
<merge>
    <include layout="@layout/xxx"
        bind:data_1="@{firstData}"/>
    <include layout="@layout/xxx"
        bind:data_2="@{secondData}"/>
</merge>
```

5. 事件处理

对于点击、长按等事件的响应，常见的传统编码方式通常是在 Java 代码层面设置监听器，或在布局文件中将方法名作为事件的属性值。但它们都有一个致命的弱点，那就是不够灵活。

数据绑定提供了较为灵活的解决方案，可以像绑定布局与数据那样绑定布局与方法。接下来，我们继续对本节的示例代码进行修改，阐述如何绑定布局与 Java 方法。

打开 ExampleDataObject 类，添加一个 logCurrentDateTime() 方法，该方法将在用户点击 TextView 时执行（注意，在实体类中响应用户点击并不符合 Google 推荐的架构设计，这里仅做示例。在实际开发中，响应用户点击应在 ViewModel 层处理）。具体代码片段如下：

```
public void logCurrentDateTime(String dateTime) {
    Log.d(getClass().getSimpleName(), dateTime);
}
```

可见，该方法非常简单，只是向 Logcat 输出了传入的参数值。

接着，回到 activity_main.xml。由于之前已经将 ExampleDataObject 类作为 variable 引入，此处无须再次向 data 节点添加 variable 元素，也无须修改 Java 代码，仅需增加 TextView 的 android:onClick 属性，具体代码片段如下：

```
<TextView
    android:layout_width="wrap_content"
    android:layout_height="wrap_content"
    android:onClick="@{() -> currentDateTime.logCurrentDateTime(DateTimeCon
verter.convertLongToDate(currentDateTime.dateTime))}"
    android:text="@{DateTimeConverter.convertLongToDate(currentDateTime.dat
eTime)}"
    android:textSize="36sp" />
```

这里重点关注 android:onClick 的属性值，它调用了 ExampleDataObject 类的 logCurrentDateTime() 方法，并将格式化后的日期字符串作为参数值传给了该方法。重新运行 App，并点击日期文本，可以观察到 Logcat 输出。

要特别注意的是，每当我们尝试在 XML 布局文件中增加 variable 元素时，切记不要忘了修改 Java 代码。例如，增加 name 属性值为 currentDateTime 的 variable 元素时，相应的 Java 代码为：

```
ActivityMainBinding binding = DataBindingUtil.setContentView(this, R.layout
.activity_main);
ExampleDataObject exampleDataObject = new ExampleDataObject();
```

```
exampleDataObject.setDateTime(new ObservableLong());
binding.setCurrentDateTime(exampleDataObject);
```

当读者朋友修改完布局文件，却发现响应事件的方法并没有被执行的时候，就要查一下 Java 代码了。

6.3.5　创建和自定义绑定类

如果你是顺序阅读本章内容的，对 ActivityMainBinding 一定不会陌生，该类在执行 Build 时自动生成，且在实现数据绑定的过程中起到至关重要的作用。那么，该类是怎样生成的，如何自定义该类的内容呢？我们将在本节给出答案。

1. 绑定类的生成过程

在开启了数据绑定能力后，数据绑定库将自动完成绑定类的生成。在默认情况下，我们在 Java 代码中通过直接跳转源码的方式是无法查看该类的内容的，取而代之的是直接跳转到对应的布局文件。因此，要查看绑定类，需要手动切换项目视图为 Project 方式，默认的位置在 build\generated\data_binding_base_class_source_out\debug\out\[应用包名]\databinding\。通过查看绑定类的源码可以发现，该类继承自 ViewDataBinding，且每个布局对应一个绑定类。

绑定类的名称在默认情况下按照布局文件的名称经 Pascal 大小写形式转换，并加上 Binding 后缀而得。例如布局文件为 activity_main.xml，对应的绑定类则为 ActivityMainBinding.java。绑定类中通常包含所有布局文件中 data 节点中 variable 子节点的属性值绑定（各种 getXxx() 和 setXxx() 方法），以及常见的创建绑定对象的方式（包含不同传入参数的多个 inflate() 方法），适用于不同的场景。

2. 自定义绑定类的名称和路径

对于绑定类，我们的自定义范围只有其类名和存放路径，且有一定的局限性。

自定义绑定类的方法是在布局文件的 data 节点中增加 class 属性，值包含类名，当我们需要自定义路径时，还应包含完整的路径。表 6.1 展示了几种自定义绑定类的赋值方式及结果，供读者参考。

表6.1　自定义绑定类的3种方式

class 属性值举例	生成绑定类的完整路径
<data class="BindingActivityMain">	[Module 名]\build\generated\data_binding_base_class_source_out\debug\out\[应用包名]\databinding\BindingActivityMain.java
<data class=".BindingActivityMain">	[Module 名]\build\generated\data_binding_base_class_source_out\debug\out\[应用包名]\BindingActivityMain.java
<data class="[应用包名].binding_classess.BindingActivityMain">	[Module 名]\build\generated\data_binding_base_class_source_out\debug\out\[应用包名]\binding_classes\BindingActivityMain.java

需要说明的是，表中使用的布局文件名为 activity_main.xml，默认生成的绑定类的完整路径为：[Module 名]\build\generated\data_binding_base_class_source_out\debug\out\[应用包名]\databinding\ActivityMainBinding.java。

6.3.6　绑定适配器

　　细心的读者可能会发现，自动生成的绑定类——ActivityMainBinding 是一个抽象类，这意味着一定有某个类实现了绑定类中尚未实现的方法。顺着这个思路，我们找到了 ActivityMainBindingImpl 类。它是 ActivityMainBinding 类的子类，位于[Module 名]\build\generated\ap_generated_sources\debug\out\[应用包名]\databinding 目录下。在这个类中，我们重点关注 executeBindings()方法。在该方法中，通常使用了所有进行数据绑定的视图组件的绑定适配器。

　　本节继续沿用上一节的示例代码。我们知道，在示例布局中存在多个 TextView 发生数据绑定，在 executeBindings()方法中发现多个 TextViewBindingAdapter 的调用。像这种以 BindingAdapter 为结尾的类，我们称其为"绑定适配器"。

　　本节继续深入探究数据绑定的原理，并介绍绑定适配器，同时阐述如何自定义绑定适配器，以实现数据自动转换。

1. 绑定适配器的原理

　　既然我们已经找到了 TextViewBindingAdapter，不妨进一步看看这个类的源码。而当我们看到这个类的源码时，会发现它包含众多 setXxx()静态方法。实际上，每当绑定的数据值发生变化时，绑定类都会调用适当的 setXxx()方法。此外，由于在布局文件中通过 android:text 属性进行绑定，因此数据绑定库会自动搜索绑定适配器中的 setText()和 getText()方法。而且，由于 android:text 值是一个字符串类型，因此被搜索的 setText()方法所需参数值以及 getText()方法的返回值也应该是字符串类型。

　　需要注意的是，getXxx()方法是可以省略的，比如 TextViewBindingAdapter 内部就只有若干 setXxx()方法。

　　看到这，相信读者对数据绑定的原理已经有了进一步的认识。从本质上说，使用数据绑定虽然可以节省开发过程中的代码量，但原理是不变的。

2. 自定义绑定适配器

　　熟悉了数据绑定库自带的适配器后，我们再来探讨一下如何自定义绑定适配器。我们仍以图 6.5 所示的显示效果为例，整个界面仍以两个 TextView 作为显示内容。首行显示当前日期，第二行显示当前的时间。除了布局代码外，其他部分的代码维持不变。此外，另创建一个名为 DateTimeTextViewBindingAdapter 的类，该类就是我们自定义的绑定适配器类。

　　首先来看 DateTimeTextViewBindingAdapter 的完整代码：

```
public class DateTimeTextViewBindingAdapter {
    @BindingAdapter(value = {"formattedDateTime", "isOnlyDate"}, requireAll =
true)
    public static void setFormattedDateTime(TextView textView, ObservableLong
rawTimeMillis, boolean isOnlyDate) {
        if (isOnlyDate) {

textView.setText(DateTimeUtil.convertLongToDate(rawTimeMillis.get()));
        } else {

textView.setText(DateTimeUtil.convertLongToTime(rawTimeMillis.get()));
        }
```

```
        }
    }
```

如以上代码所示，整个类仅有一个方法。当我们要自定义绑定适配器时，只要做到"依葫芦画瓢"就可以了。同样是静态的 Java 方法，传入使用它的控件类型，如本例中的 TextView。剩下的两个参数则是根据具体业务需要确定的，本例中是可观察的 Long 类型，表示当前的时间戳精确到毫秒；以及一个布尔类型的值，表示仅显示日期或时间。

这里要特别注意该方法的注解内容——BindingAdapter 是必需的。它里面包含两部分内容：value 表示允许在 XML 布局文件中使用的属性名，requireAll 参数决定何时使用此绑定适配器。当值为 true，必须存在 value 中的所有属性时，适配器才生效；反之，则缺少的属性皆为类型默认值，适配器生效。

回到 XML 布局文件，再来一起看看它的代码：

```xml
<?xml version="1.0" encoding="utf-8"?>
<layout xmlns:app="http://schemas.android.com/apk/res-auto">
    <data>
        <variable
            name="currentDateTime"
            type="com.example.bindingadapterdemo.ExampleDataObject" />
    </data>
    <LinearLayout xmlns:android="http://schemas.android.com/apk/res/android"
        xmlns:tools="http://schemas.android.com/tools"
        android:layout_width="match_parent"
        android:layout_height="match_parent"
        android:gravity="center"
        android:orientation="vertical"
        tools:context=".MainActivity">
        <TextView
            android:layout_width="wrap_content"
            android:layout_height="wrap_content"
            android:textSize="36sp"
            app:formattedDateTime="@{currentDateTime.dateTime}"
            app:isOnlyDate="@{true}" />
        <TextView
            android:layout_width="wrap_content"
            android:layout_height="wrap_content"
            android:textSize="36sp"
            app:formattedDateTime="@{currentDateTime.dateTime}"
            app:isOnlyDate="@{false}" />
    </LinearLayout>
</layout>
```

将上述代码与 6.3.4 节第 3 点中的布局文件相比较，很明显，此处的代码更加易读和简洁。这里，我们仅在 data 节点下引入了一个 variable 子节点。重点在于两个 TextView 的写法，由于我们在自定义适配器中完成了对 TextView 中显示文字的赋值（通过 setText()方法），因此在此处仅需为 app:formattedDateTime 和 app:isOnlyDate 赋值即可。

这里有三点需要注意，第一点是使用自定义适配器时，布局文件中的属性名应为 app:xxx，而不是 android:xxx；第二点是为了确保 app:xxx 属性值可用，需要在 XML 开始处添加命名空间声明：xmlns:app="http://schemas.android.com/apk/res-auto"；第三点是如果希望绑定的数据发生变化，界面可以自动更新，别忘了使用可观察的数据对象。

至此，有关绑定适配器的内容就告一段落了。在实际开发中，绑定适配器可以帮助我们更灵活地转换原始数据的显示方式。书中的示例仅仅起到抛砖引玉的作用，希望读者在理解用法后，能够做到"举一反三"，充分利用自定义绑定适配器的能力减少开发成本。

6.3.7 双向数据绑定

双向数据绑定是本章的最后一节，在前面的几节中，我们已经实现了数据到视图组件的绑定，但它们都是单向的。所谓单向，简单地说就是数据驱动界面，当数据变化时，界面上显示的内容也跟着变化。有没有一个办法让界面驱动数据呢？举个例子，当我们在 EditText 上输入文字，希望数据源随着输入内容的不同实时发生变化时，该怎样实现呢？

显然，靠单向绑定是很难的，需要进行双向数据绑定才能实现。本节就以该示例进行演示，探讨如何进行双向数据绑定。

1. ViewModel 与双向数据绑定

回顾 6.1.3 节中官方简易的架构模型，从图 6.1 中可以看到，与 Activity/Fragment 直接沟通的并非数据源，而是 ViewModel。ViewModel 被称为视图模型，它具有不会随 Activity 或 Fragment 的销毁发生数据丢失的特点。在本节的示例中，我们先对 ViewModel 有个大概的了解，知道它的作用，并简单地运用就可以了，有关 ViewModel 组件的更多内容将在第 9 章进行详细说明。

2. ViewModel 类

我们先创建用于和界面发生交互的 ViewModel 类，它非常简单，直接来看完整代码：

```
public class InputViewModel extends BaseObservable {
    private String inputText;
    @Bindable
    public String getInput() {
        return inputText;
    }
    public void setInput(String inputStr) {
        if (!inputStr.equals(inputText)) {
            inputText = inputStr;
            notifyPropertyChanged(BR.input);
        }
    }
}
```

可见，该类集成了 BaseObservable 类，这样做为了实时响应后台数据的变化。换句话说，InputViewModel 对象类型应该是一个自定义的可观察的数据。继续往下看，该类包含一个成员变量 inputText，这个字符串类型的变量用来存放和实时回显用户输入的文本。再往下，可以看到有 Bindable 注解的方法 getInput() 以及 setInput()。无须赘述，这两个方法将被布局文件使用。

除了示例中的写法外，还允许使用自定义绑定适配器的方法，有关这部分内容，读者可回看 6.3.5 节第 2 点的知识。

需要特别注意，在 setInput() 方法中，并非每次数据变化都会调用 notifyPropertyChanged() 方法更新界面。这样做是为了规避可能引发的无限循环，在实际开发中请留意。

3. 在布局文件中使用 ViewModel

下面来到 XML 布局文件：

```xml
<?xml version="1.0" encoding="utf-8"?>
<layout xmlns:android="http://schemas.android.com/apk/res/android">
    <data>
        <variable
            name="inputText"
            type="com.example.twowaybindingdemo.InputViewModel" />
    </data>
    <LinearLayout xmlns:tools="http://schemas.android.com/tools"
        android:layout_width="match_parent"
        android:layout_height="match_parent"
        android:gravity="center"
        android:orientation="vertical"
        android:padding="10dp"
        tools:context=".MainActivity">
        <EditText
            android:id="@+id/activity_main_input_et"
            android:layout_width="match_parent"
            android:layout_height="wrap_content"
            android:inputType="text"
            android:text="@={inputText.input}" />
        <TextView
            android:id="@+id/activity_main_text_echo_tv"
            android:layout_width="wrap_content"
            android:layout_height="wrap_content"
            android:text="@{inputText.input}"
            android:textSize="36sp" />
    </LinearLayout>
</layout>
```

可以看到，布局文件的结构很简单。为了与 InputViewModel 对象绑定，在 data 节点中引入了名为 inputText 的 variable 子节点，类型为 InputViewModel。我们重点关注 EditText 中 android:text 的值，它与 TextView 不同。单向数据绑定的表达式为@{}，与单向数据绑定相对的则是@={}。我们可以这样理解，@{}的数据流向是从数据源到布局，@={}的数据流向是从布局到数据源。因此，示例代码在 EditText 中通过@={}表达式完成了对 InputViewModel 对象中 inputText 变量的赋值。

最后，回到 Activity 代码，创建 InputViewModel 对象，并将其与布局文件绑定。代码如下：

```java
public class MainActivity extends AppCompatActivity {
    private InputViewModel inputViewModel;
    @Override
    protected void onCreate(Bundle savedInstanceState) {
        super.onCreate(savedInstanceState);
        ActivityMainBinding activityMainBinding = DataBindingUtil.setContentView(this, R.layout.activity_main);
```

```
    inputViewModel = new InputViewModel();
    activityMainBinding.setInputText(inputViewModel);
  }
}
```

完成编码后，运行 App。当我们尝试在输入框中输入文本时，下方的文本框实时回显了当前输入的内容，如图 6.6 所示。

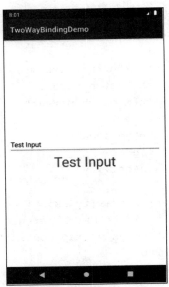

图 6.6 双向数据绑定示例

至此，双向数据绑定便完成了。

第7章

生命周期

在实际开发过程中，某些代码逻辑与 Activity/Fragment 的生命周期密切相关。比如，需要显示自己实时位置的界面。为了提供正常的功能并节约耗电量，通常在 App 处于前台活动时进行 GPS 定位，当 App 切换到后台运行时，不再请求 GPS 定位。若整个 App 仅有一个界面，照此逻辑实现并非很费事，最多也就是将不同生命周期的回调方法依次实现。但若多个界面都有此需求，则不可避免地会产生冗余代码。Lifecycle 库则是 Google 官方为开发者提供的 Android Jetpack 架构组件之一，它为规避冗余代码提供了较为完善的解决方案，本章将为读者演示如何使用这个库。

7.1 概　述

顾名思义，Lifecycle 与 Activity/Fragment 的生命周期紧密相连，它在生命周期变化时自动执行自定义的一个或多个方法，且无须开发者在 Activity/Fragment 中显式地实现生命周期回调方法。值得一提的是，Lifecycle 还支持与 Service、Application 的生命周期互动。

本章的示例是模拟视频播放器的运行。当 App 启动时，初始化播放器，然后进行播放。当 App 被置于后台时，暂停播放，直到回到前台后继续播放。当 App 退出时，停止播放，释放播放器资源。

7.2 实战 Lifecycle 组件

俗话说，"光说不练假把式"。本节我们就一起动手，使用 Lifecycle 组件模拟视频播放器 App。本节仅以 Activity 的生命周期为例进行讲解，对于 Fragment、Service 和 Application 的使用方式基本相同，就不再赘述了。

7.2.1 添加依赖项

截至目前，Lifecycle 的最新、最稳定版本是 2.3.0，发布于 2021 年 3 月 10 日。若要使用 Lifecycle 组件，则只需要在相应 Module 中添加 implementation 即可，具体方法如下：

```
implementation "androidx.lifecycle:lifecycle-runtime:2.3.0"
```

添加后，执行 Gradle Sync，完成后就可以使用 Lifecycle API 了。

7.2.2 实现生命周期感知接口

讲到"实现"某个接口，相信读者会联想到 implements。没错，要使用 Lifecycle，让某个类实现 LifecycleObserver 接口是必需的。从名称上看，LifecycleObserver 的意思是"生命周期观察者"，可以简单地理解为将 Activity 中生命周期的方法"延伸"给另一个类（实现了 LifecycleObserver 接口），当生命周期方法被回调时，与之相关的"延伸"方法便会得到执行。具体可参考这个类的完整代码：

```java
public class VideoPlayerObserver implements LifecycleObserver {
    private final String TAG = getClass().getSimpleName();
    private static class VideoPlayerObserverHolder {
        private static final VideoPlayerObserver INSTANCE = new VideoPlayerObserver();
    }
    private VideoPlayerObserver() {
    }
    public static VideoPlayerObserver getInstance() {
        return VideoPlayerObserverHolder.INSTANCE;
    }
    @OnLifecycleEvent(Lifecycle.Event.ON_CREATE)
    public void createPlayer() {
        Log.d(TAG, "createPlayer");
    }
    @OnLifecycleEvent(Lifecycle.Event.ON_START)
    public void startPlay() {
        Log.d(TAG, "startPlay");
    }
    @OnLifecycleEvent(Lifecycle.Event.ON_RESUME)
    public void resumePlay() {
        Log.d(TAG, "resumePlay");
    }
    @OnLifecycleEvent(Lifecycle.Event.ON_PAUSE)
    public void pausePlay() {
        Log.d(TAG, "pausePlay");
    }
    @OnLifecycleEvent(Lifecycle.Event.ON_STOP)
    public void stopPlay() {
        Log.d(TAG, "stopPlay");
    }
    @OnLifecycleEvent(Lifecycle.Event.ON_DESTROY)
    public void destroyPlayer() {
        Log.d(TAG, "destroyPlayer");
    }
}
```

如以上代码所示，这个叫作 VideoPlayerObserver 的类实现了 LifecycleObserver 接口，我们称之为生命周期感知类。它允许以单例模式创建实例（在实际开发中，是否采用单例模式取决于实际的代码结构，这一步不是必需的），随后所有的非静态方法均添加了 OnLifecycleEvent 注解，注解中是 Lifecycle 类常量。这些方法的执行时机从注解值的字面意义对应到 Activity 的生命周期来理解即可。此外，我们还可以创建多个方法，对应同一个生命周期。

7.2.3 使用生命周期感知类

回到 Activity，我们通过 getLifecycle().addObserver()方法使用生命周期感知类。对于本例，Activity 的实现如下：

```
@Override
protected void onCreate(Bundle savedInstanceState) {
    super.onCreate(savedInstanceState);
    setContentView(R.layout.activity_main);
    getLifecycle().addObserver(VideoPlayerObserver.getInstance());
}
```

这里需要解释一下，我们之所以能够调用 getLifecycle()，原因在于默认创建的 MainActivity 继承自 AppCompatActivity，AppCompatActivity 又继承自 FragmentActivity，FragmentActivity 又继承自 ComponentActivity，ComponentActivity 实现了 LifecycleOwner 接口，getLifecycle()恰好存在于该接口中。

回到本例的 Activity，为了更好地理解 Activity 生命周期与 VideoPlayerObserver 类中方法的执行规律，我们依旧实现了每个 Activity 生命周期的回调方法，每个方法中只向 Logcat 输出 Log。

编码完成后，启动 App，并观察 Logcat 输出，结果如图 7.1 所示。

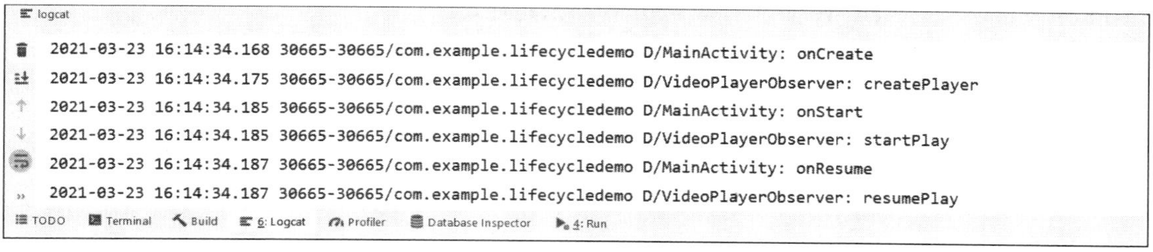

图 7.1 App 启动时的日志输出

可见，虽然我们并没有在 Activity 生命周期函数中调用 VideoPlayerObserver 的方法，但它们确实被执行了，这一切都是由 Lifecycle 组件自动完成的。同样，当我们试图返回 Home 或退出 App 时，VideoPlayerObserver 中相应的方法也会被自动执行。

7.3 Lifecycle KTX API

在本章的最后，我们来聊聊 Android KTX 对 Lifecycle 组件的扩展（为了叙述简便，后文统一使用 Lifecycle KTX）。如果你对 Android KTX 还不是很了解，建议先阅读第 3 章的内容。

Lifecycle KTX 提供了一种在指定的生命周期更方便地执行代码的方式，我们直接通过实际代码来阐述。

首先，要使用 Lifecycle KTX 的 API，首先需要在 Module 的 build.gradle 文件中添加依赖项。要注意的是，必须将 Lifecycle 与 Lifecycle KTX 一同添加才行，代码如下：

```
implementation "androidx.lifecycle:lifecycle-runtime:2.3.0"
implementation "androidx.lifecycle:lifecycle-runtime-ktx:2.3.0"
```

接着，再来看 Activity 类的代码：

```
class MainActivity : AppCompatActivity() {
override fun onCreate(savedInstanceState: Bundle?) {
    super.onCreate(savedInstanceState)
    setContentView(R.layout.activity_main)
    lifecycleScope.launchWhenCreated {
        ...
    }
  }
}
```

相信读者可以很清楚地理解上述代码的含义，即在 onCreate()生命周期回调方法中执行相应的代码。当然，除了支持在 onCreate() 方法中执行外，我们还可以通过调用 lifecycleScope.launchWhenResumed()和 lifecycleScope.launchWhenStarted()方法分别在生命周期为 onResume()和 onStart()时执行方法体内部的代码。

从原理上说，lifecycleScope 是由 Lifecycle KTX 创建的，每个 Lifecycle 对象对应一个 lifecycleScope，它会随着该 Lifecycle 的销毁而不复存在。换句话说，就是通过 lifecycleScope.launchWhenXxx()方法执行的代码仅在当前组件（如本例中的 Activity）的生命周期内有效。在实际开发中，对于某些需要"特殊性"处理的组件（比如一个用于导航业务的 Activity，获取 GPS 位置仅用于该 Activity 而非所有 Activity）尤其有效。

第8章

页面导航

对于页面跳转，绝对是开发 Android App 无法避开的话题。我们都知道，在 Android 中，作为 4 大组件的 Activity 是专门负责界面的。在 Android 3.0 没有出现之前，若想跳转页面，则不得不在多个 Activity 之间进行。后来有了 Fragment，让界面跳转时的性能提升了一大截，同时还兼顾了不同尺寸屏幕的显示效果以及视图组件的复用。

为了应对 App 功能不断增加、业务需求不断变化的实际情况，派生出了多种 Activity 与 Fragment 的组织形式。比如单个 Activity 管理所有 Fragment，或者多个 Activity 管理各自的 Fragment，通常会按照功能模块来划分。但无论是哪种组织形式，都有其适合发挥的场景。对于页面较少、结构较为简单的 App，由单个 Activity 管理多个 Fragment 是更优选的；而对于页面较多、功能较多、结构复杂的 App，分模块对应 Activity，再通过每个模块的 Activity 管理各自的 Fragment 则是更优选的。但无论采用哪种形式，管理 Fragment 页面都要我们自己手动实现，这里面包括传值、切换动画、适配不同尺寸的屏幕、旋转屏幕的处理等。

作为 Android Jetpack 组件之一的 Navigation，专为处理页面跳转而生。它不但提供了实现上述操作的统一标准，而且还增添了很多安全、易用的特性，比如提供了传值时的类型安全保障、提供页面跳转的概览图等，本章会详细阐述 Navigation 组件的用法。

不过在动手之前，需要先了解页面导航的原则。作为开发者，了解官方指导是十分必要的，而且 Navigation 组件本身同样是按照官方的导航原则设计的。

8.1 页面导航原则

Google 官方给出的页面导航建议并不难掌握，总结起来主要有 3 条，下面逐一介绍。

8.1.1 向上和返回按钮的逻辑

向上按钮指 App 页面左上角位置的返回箭头按钮，它位于 App 应用栏中；返回按钮指的是系统中位于整个设备屏幕下方的返回按钮。这两个按钮都有返回的含义，但又有所不同。无论用户点击的是向上按钮还是返回按钮，App 都应正确地返回到在当前页面之前最近一次浏览的页面。举个例子，如果用户从页面 A 跳转到页面 B，此时无论用户点击向上按钮还是返回按钮，都应显示页面 A 的内容。不同的是，返回按钮允许用户退出当前 App（这里将 App 未在前台显示的状态统一看作退出程序），向上按钮不允许用户离开当前 App。虽然通过编写代码可以实现，但从设计原则的角度上讲不应该这么做。因此在日常使用中，大多数产品在 App 的起始页面不会设计向上按钮。

8.1.2 设计导航堆栈

通常，当用户启动一个 App 时，首先显示的页面应与用户通过返回键退出程序前的最后一个页面一致，我们称该页面为"起始目的地"。每个具有 UI 的 App 都应设计一个起始目的地页面，但在设计时不应将通过某些条件触发的页面当作起始目的地。这些页面通常是启动时的闪屏、未登录时弹出的登录页面等。这些页面通常在用户退出程序（这里将 App 未在前台显示的状态统一看作退出程序）前不会显示。

举个例子，对于微信这种国民级应用，它的起始目的地页面并非启动时的闪屏，也不是用户登录页面，而是消息列表页。消息列表页在日常使用中，启动 App 后即可看到，且在用户按返回键后将程序切换至后台运行状态。

此外，当页面发生跳转时，毫无疑问，当前显示的页面处于页面堆栈的栈顶位置。无论要对页面堆栈进行怎样的改变，其改变的动作都应由栈顶页面触发。比如将当前页面移出堆栈，或将另一个页面添加到当前堆栈。作为起始目的地，在退出程序前，返回堆栈应该始终包含这一页面。

看到这，读者可能会有这样的疑问：当页面 A 跳转到页面 B，虽然页面 A 是起始目的地页面，但并不希望在 B 页面通过返回键回到 A 页面，而是通过某些条件触发才行。该如何妥善设计页面堆栈呢？一种解决方法是评估页面 A 的启动条件，若它不符合起始目的地的条件，则可以直接将页面 B 作为起始目的地；另一种解决方法是拦截处于页面 B 时的返回键动作，通过自定义返回键事件替代系统默认的操作也可避免从 B 页面直接返回 A 页面的情况。

8.1.3 针对深层链接跳转的返回处理

设想一下，现有一个购物 App，该 App 中有一个商品列表页和商品详情页。通常，用户可通过启动 App，然后从列表中选取自己感兴趣的商品，最终抵达商品详情页。现在，考虑当用户直接从外部 App 跳转到商品详情页的情况。这种情况在社交分享的场景下颇为常见，我们称这种跳转方式为"深层链接"。

在跳转到商品详情页后，若用户点击向上或返回按钮时，会发生什么呢？答案是返回发生跳转前的位置。当发生深层链接跳转时，App 原先的返回堆栈会被替换。

但是，笔者测试了几款常见的 App，发现它们并不完全遵循这种设计，这或许是出于对易用性的考虑。当我们设计页面导航时，也应在原则本身与实际易用性之间做好平衡。

8.2　实战 Navigation 组件

在了解页面导航原则后，我们一起动手使用 Navigation 组件。本节将首先实现一个简单的页面跳转示例，该示例由一个 Activity 以及三个 Fragment 组成。随后，逐步深入每一个步骤，详解 Navigation 组件。

8.2.1　一个简单的示例

本节将通过一个简单的 Navigation 组件使用示例来带领读者体验该组件的使用，对于每个步骤的细节将在后面阐述。

1. 概述

示例中包含 3 个 Fragment，分别为 FragmentA、FragmentB 和 FragmentC，它们通过 MainActivity 组织。FragmentA 包含一个 TextView 和一个 Button，分别显示 A 字样及跳转到 FragmentB 页面；FragmentB 同样包含一个 TextView 和一个 Button，分别显示 B 字样及跳转到 FragmentC 页面；FragmentC 只包含一个 TextView，显示 C 字样。Android Studio 为 Navigation 配置文件提供了非常好的可视化视图，如图 8.1 所示。

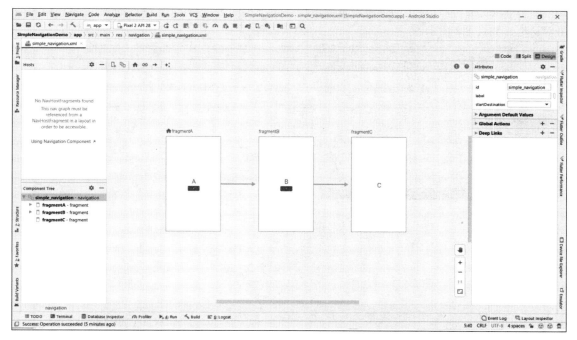

图 8.1　Android Studio 中的 Navigation Editor 视图

2. 集成 Navigation 组件依赖库

对于新创建的工程，默认是没有启用 Navigation 组件支持的，因此需要手动集成它。目前，该组件的最新、最稳定版本发布于 2021 年 3 月 10 日，版本号为 2.3.4。

打开 Module 级别的 build.gradle 文件，在 dependencies 节点下添加以下依赖：

```
implementation "androidx.navigation:navigation-fragment:2.3.4"
implementation "androidx.navigation:navigation-ui:2.3.4"
```

注　意
这里添加了两个依赖，它们的作用分别是 Navigation 组件的基础 API 以及与 UI 互动的 API，后者对于实现 App 向上按钮的动作以及与抽屉菜单组件集成非常有帮助（可参考 8.2.4 节第 7 点和第 8 点的内容）。

此外，如果考虑使用 Kotlin 编程语言，则需要添加以下依赖：

```
implementation "androidx.navigation:navigation-fragment-ktx:2.3.4"
implementation "androidx.navigation:navigation-ui-ktx:2.3.4"
```

3. 添加页面导航配置文件

由于篇幅所限，对于 Fragment 布局及相关 Java 代码就不展开讨论了，读者可自行查看本书配套的示例源码，或自行实现。接下来重点关注如何编写页面导航配置文件。

页面导航配置文件是 XML 格式的，它位于 Module 的 res\navigation 目录中，文件名可自定义。比较方便的创建方法是在 Android Studio 的 Project 视图中，依次展开项目目录层级到 Module 下的 res 目录，在 res 上右击，在弹出的菜单中依次选择 New→Android Resource File，将弹出 New Resource File 对话框，如图 8.2 所示。

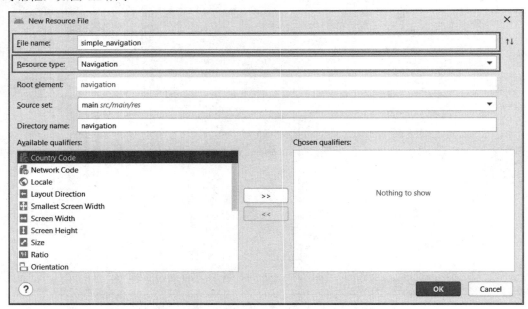

图 8.2　创建页面导航配置文件

我们需要在 File name 一栏填入文件名（不包含扩展名），并在 Resource type 一栏选择 Navigation 类型，之后单击 OK 按钮，配置文件就创建完成了。

本例将创建名为 simple_navigation.xml 的页面导航配置文件。

4. 添加跳转目的地

一旦 simple_navigation.xml 创建完成，Android Studio 将自动打开 Navigation Editor（页面导航编辑器）视图。如果该视图并未自动开启，可以通过打开 simple_navigation.xml 文件启动该视图。

将该视图的查看方式切换至 Split，即代码与可视化编辑器等分方式，如图 8.3 所示。

图 8.3　以 Split 方式查看 Navigation Editor

首先，为 App 添加起始视图，该视图将在 App 启动和退出前可见。单击图 8.3 中方框中的 New destination（新建目的地）按钮，将弹出一个下拉菜单，从该菜单中找到 fragment_a，然后单击该菜单项，如图 8.4 所示。

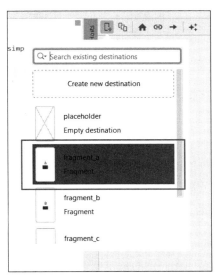

图 8.4　添加 FragmentA 页面

完成添加后，就可以在 Navigation Editor 视图的右侧看到该页面的预览图，如图 8.5 所示。

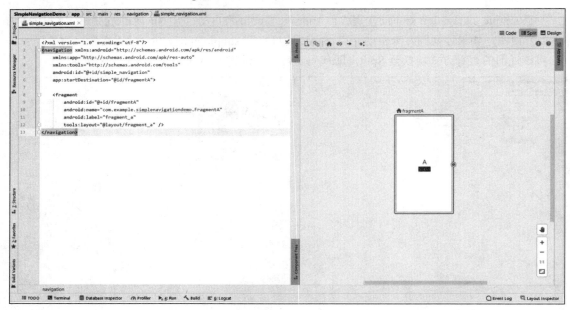

图 8.5　完成添加 FragmentA 页面

接着，使用同样的方式添加 FragmentB 与 FragmentC 页面，完成添加后，Navigation Editor 应显示为如图 8.6 所示的状态。

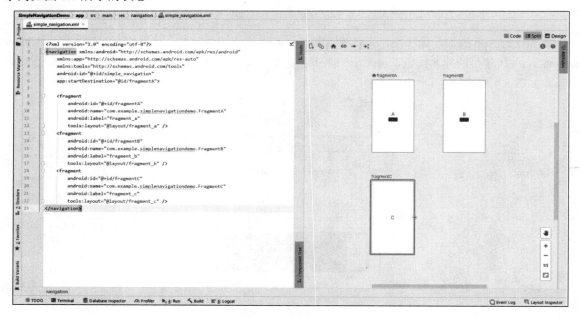

图 8.6　完成添加所有 Fragment 页面

需要说明的是，如果添加的页面在右侧的预览图中被叠加显示在一起，可以手动拖曳页面到合适的位置，或者单击位于 New destination 按钮右侧的 Auto Arrange（自动排列）按钮，也可实现预览图的自动排列。

　　需要注意的是，在我们进行每一步操作后，左侧的代码视图均会实时反映代码的变化，感兴趣的读者可阅读代码内容，以便加深对其理解。

5. 配置页面跳转逻辑

　　接下来，继续编辑 simple_navigation.xml 文件，指明 3 个 Fragment 页面的跳转逻辑。

　　在 Navigation Editor 视图中，首先将鼠标置于 FragmentA 预览图中，此时将在预览图右侧边框的中间位置显示一个节点。单击这个节点，并拖曳到 FragmentB 的预览图中，即表示这两个 Fragment 的跳转方式可由 FragmentA 跳转到 FragmentB（见图 8.7）。此外，当发生返回或向上事件时，由 FragmentB 跳转到 FragmentA。

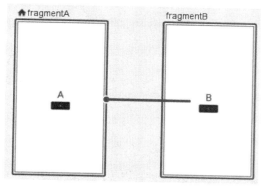

图 8.7　添加 FragmentA 与 FragmentB 的跳转逻辑

　　接着，继续添加 FragmentB 与 FragmentC 的跳转逻辑。完成后的 Navigation Editor 视图的预览图如图 8.8 所示。

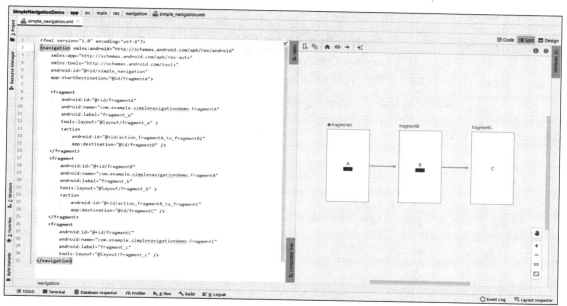

图 8.8　完成添加所有 Fragment 的跳转逻辑

当然，如果在完成后看到的箭头线条并非如图 8.8 所示的直线，依旧可以通过单击 Auto Arrange 按钮实现自动排列。

至此，页面跳转的逻辑便完成了。这里要特别说明的是，这一步实现的仅仅是页面跳转的逻辑关系，并非实际的跳转动作，实际的跳转动作将由实际项目的业务需求而定。对应到本例，则是单击 FragmentA 或 FragmentB 中的按钮才可触发实际的跳转事件。

6. 实现跳转事件

现在，让我们回到 FragmentA 的 Java 代码部分，并为 FragmentA 中的按钮添加监听器，实现页面跳转。

```
public class FragmentA extends Fragment {
    @Override
    public View onCreateView(LayoutInflater inflater, ViewGroup container,
                    Bundle savedInstanceState) {
        View view = inflater.inflate(R.layout.fragment_a, container, false);

view.findViewById(R.id.fragment_jump_to_next_btn).setOnClickListener(v ->
                Navigation.findNavController(view).navigate(R.id.fragmentB)
        );
        return view;
    }
}
```

以上代码便是完整的 FragmentA.java，这里重点关注 Button（ID 为 fragment_jump_to_next_btn）按钮的点击事件。它调用了 Navigation.findNavController().navigate() 方法实现跳转，并非传统意义上的 FragmentManager 类。有关页面跳转的详细内容将在后面阐述，这里只要照此方式实现 FragmentA 和 FragmentB 中的按钮点击事件即可。

7. 在 Activity 中嵌入 Fragment 容器

所谓"Fragment 容器"，即 androidx.fragment.app.FragmentContainerView，它是使用 Navigation 组件必不可少的视图元素。具有 FragmentContainerView 视图的 Activity 或 Fragment 称为"导航宿主"。

请读者阅读下面的代码，这段代码是 MainActivity 的布局文件：

```
<?xml version="1.0" encoding="utf-8"?>
<androidx.constraintlayout.widget.ConstraintLayout
xmlns:android="http://schemas.android.com/apk/res/android"
    xmlns:app="http://schemas.android.com/apk/res-auto"
    xmlns:tools="http://schemas.android.com/tools"
    android:layout_width="match_parent"
    android:layout_height="match_parent"
    tools:context=".MainActivity">
    <androidx.fragment.app.FragmentContainerView
        android:id="@+id/nav_host_fragment"
        android:name="androidx.navigation.fragment.NavHostFragment"
        android:layout_width="0dp"
        android:layout_height="0dp"
        app:defaultNavHost="true"
        app:layout_constraintBottom_toBottomOf="parent"
        app:layout_constraintLeft_toLeftOf="parent"
```

```
        app:layout_constraintRight_toRightOf="parent"
        app:layout_constraintTop_toTopOf="parent"
        app:navGraph="@navigation/simple_navigation" />
</androidx.constraintlayout.widget.ConstraintLayout>
```

上述代码中包含全屏显示的 FragmentContainerView 组件，其中 android:name 属性固定不变，它的值指向一个实现了 NavHost 的类。NavHostFragment 是默认的 NavHost 实现类，它负责处理 Fragment 目的地的跳转。app:defaultNavHost 属性值为 true，表示 NavHostFragment 将拦截系统返回按钮的默认操作，以此来实现 Fragment 栈的回退跳转。同一个布局文件中，若存在多个 FragmentContainerView，则只能有一个 FragmentContainerView 的 app:defaultNavHost 属性值为 true。app:navGraph 的属性值是该 FragmentContainerView 要使用的导航配置文件。

完成编码后，运行 App。首先出现的页面是 FragmentA，单击该页面上的按钮，将会跳转至 FragmentB，单击 FragmentB 上的按钮，将会跳转至 FragmentC。然后，按下系统的返回键，页面将回到 FragmentB，再次按下返回键，将回到 FragmentA，此时再按下返回键，退出 App。整个页面跳转流程如图 8.9 所示。

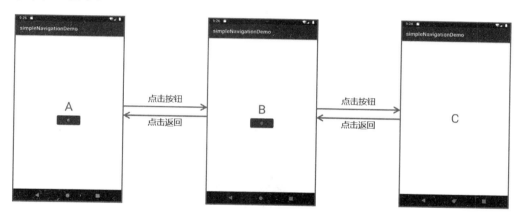

图 8.9　Fragment 的跳转流程

8.2.2　添加导航目的地

目的地在页面跳转过程中始终扮演着重要角色。通过上一节的示例，我们已经了解了如何将 Fragment 作为目的地。实际上，Navigation 组件还支持将 DialogFragment 作为导航目的地。甚至在尚未实现视图组件时，可以使用占位页面代替。下面一起来看如何更方便且高效地设计导航目的地。

1. 从 DialogFragment 创建目的地

继续修改上一节中的 SimpleNavigationDemo 工程，在最后的 FragmentC 页面中添加一个按钮，用来触发弹出对话框。然后准备一个名为 ConfirmDialogFragment 的类，该类实现了包含一个 Android 机器人图标的对话框，该类继承了 androidx.fragment.app.DialogFragment。

这里要特别注意，切勿继承 android.app.DialogFragment。一方面，该类已经不提倡使用；另一方面，该类无法与 Navigation 组件一起工作。

若要在页面导航配置文件中添加对话框，目前只能通过手写代码的方式实现。方法为在

navigation 节点下添加 dialog 子节点，对于本例，读者可参考以下代码片段：

```
<dialog
    android:id="@+id/confirm_dialog_fragment"
    android:name="com.example.simplenavigationdemo.ConfirmDialogFragment"
    android:label="fragment_dialog_confirm"
    tools:layout="@layout/fragment_confirm_dialog">
</dialog>
```

完成编码后，别忘了修改 FragmentC 页面对应的 fragment 标签内容，添加到 id 为 confirm_dialog_fragment 的 action。这部分代码如下：

```
<fragment
    android:id="@+id/fragmentC"
    android:name="com.example.simplenavigationdemo.FragmentC"
    android:label="fragment_c"
    tools:layout="@layout/fragment_c">
    <action
        android:id="@+id/action_fragmentC_to_my_dialog_fragment"
        app:destination="@id/confirm_dialog_fragment" />
</fragment>
```

当然，也可以在预览图上通过拖曳鼠标的方式添加 action。

最后，回到 FragmentC 的 Java 代码，添加跳转动作的实现：

```
Navigation.findNavController(view).navigate(R.id.confirm_dialog_fragment)
```

重新运行 App，来到 FragmentC 页面，单击跳转按钮，可见一个显示内容为 Android 图标的 Dialog 显示出来了，如图 8.10 所示。

图 8.10　DialogFragment 的跳转

2. 添加目的地占位页面

当我们设计一个页面繁多的 App 的页面导航配置文件时，难免会发现某些页面并未实现。但此时如果丢掉当前的工作去实现那个功能，很可能就会遗忘而不会再来添加导航配置了，又或者某些页面在设计导航文件时由于种种原因暂时无法实现。在这种情况下，目的地占位页面就很有用了。它可以在导航配置文件中充当那些尚未实现的页面，当完成相应页面的实现后，替换这些占位页面即可。这样一来，就确保了思路上的连贯性。

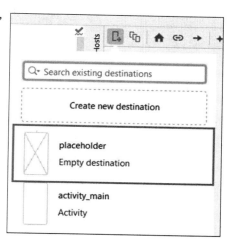

不过，占位页面毕竟不是实际的页面，即使在其他 Fragment 中实现了到占位页面的跳转，也会因为 java.lang.IllegalStateException 异常而导致 App 崩溃。异常信息通常是 Fragment class was not set。

要添加占位页面非常简单，同样是在 Navigation Editor 视图中点击 New Destination 按钮，随后选取 placeholder 即可，如图 8.11 所示。

图 8.11　添加占位页面

随后，占位页面便出现在预览图中了，如图 8.12 所示。

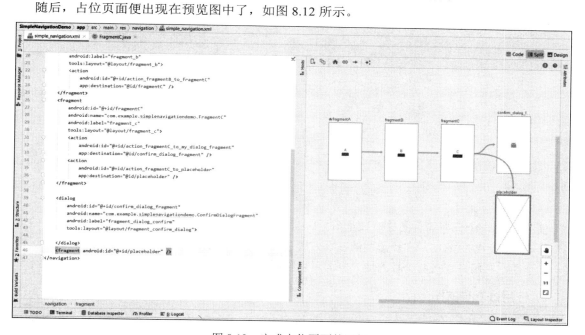

图 8.12　完成占位页面的添加

仔细观察图 8.12，如前文所述，占位页面不能被跳转，否则将会崩溃，但在页面导航配置文件中被指定为跳转 action 是可以的。因此，在设计带有占位页面的页面导航文件时，同样要精心命名每个占位页面的 ID。

8.2.3 构建导航图

在 8.2.1 节中，我们大概知道了如何构建导航图，但这还不够。如何实现页面之间的数据传递？如何将某个功能模块的导航封装成库？对于结构较为复杂的 App，如何更高效地构建导航图？通过本节内容的学习，答案自会明了。

1. 认识导航预览图

我们知道，导航预览图主要由两部分构成：页面和连接线，如图 8.13 所示。

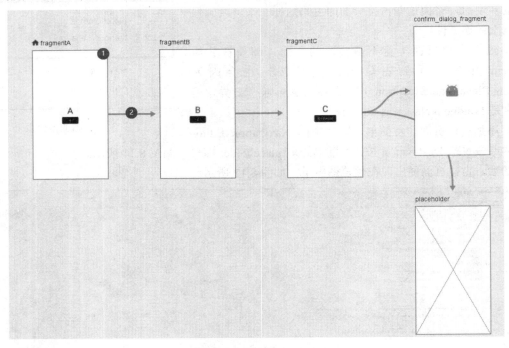

图 8.13　典型的页面导航预览图

图 8.13 是一个典型的页面导航预览图。1 号标记所代表的页面表示一个目的地，若该目的地是这个导航图的起始目的地，在预览图的左上方还会有一个小房子的图标；2 号标记所代表的连接线表示一个动作，用来连接两个目的地，页面可以按照连接线的指示跳转。

2. 使用嵌套导航图

在前面的示例代码中，我们一直使用的导航图中仅有 3 个全屏页面、一个对话框页面以及一个并不存在的占位页面。这种结构十分简单，用一个导航配置文件即可清晰地描述。但如果是 10 个页面甚至 20 个页面呢？单个配置文件就会显得很长，而且不那么容易维护。此时，应考虑使用嵌套导航图。

使用嵌套导航图具备两大优势：第一，正如前文所述，在具有众多页面的 App 中可使导航结构更加清晰，增强其可维护性；第二，嵌套导航图有点类似编程中的"封装"，设计优秀的嵌套图同样具备复用性和安全性。

通常，我们可将 App 中的子功能作为嵌套的导航图，比如账户登录注册、支付结算等。现在，考虑这样一个 App，它具有 3 个功能模块，分别是登录注册、商品列表和支付结算，除 Activity 外，总共 9 个页面。当然，示例仅是简化版本，实际的项目页面会更多。

如果我们使用单个页面导航图来指明页面跳转逻辑，导航图如图 8.14 所示。

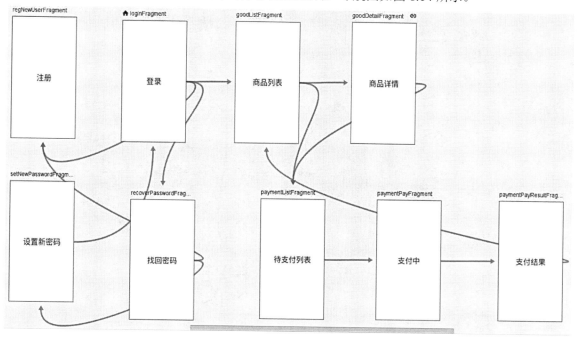

图 8.14　单个导航图表示的跳转逻辑

这样的导航图看上去如何？想象一下实际的项目，真的会把人搞晕。

再来看看如图 8.15 所示的导航图，是不是清爽了许多呢？

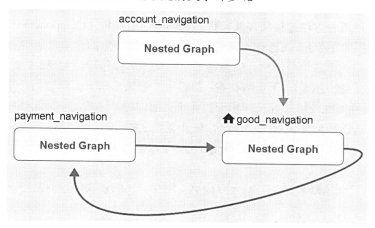

图 8.15　使用嵌套导航图表示的跳转逻辑

实际上，图 8.14 与图 8.15 所实现的逻辑是一样的。图 8.15 按照功能将 9 个页面重新整理归纳为 3 大模块（对应图中 3 个 Nested Graph，Nested Graph 意为嵌套图），分别为用户登录注册模块（account_navigation）、商品信息模块（good_navigation）和支付模块（payment_navigation）。由

于商品列表页面（GoodListFragment）是起始点，且该页面属于商品信息模块，因此应将商品信息
模块作为起始点。当我们双击查看某个模块的嵌套图时，可以显示其内部结构。以用户登录注册模
块（account_navigation）为例，其内部结构如图 8.16 所示。

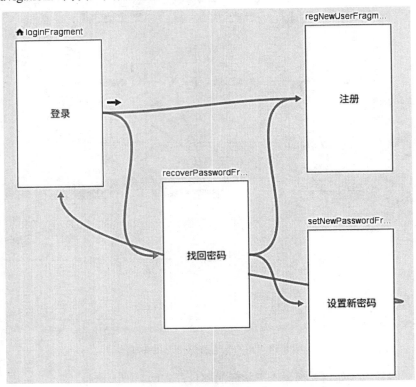

图 8.16　用户登录注册模块内部结构图

当然，还有一种查看方法是使用导航编辑器视图中的组件树（Component Tree），它默认位于
整个导航编辑器视图的左下角。在选取不同的页面或操作时，预览图区将以居中方式显示所选内容。

制作嵌套导航图的方法十分简单，仅需通过可视化图形操作即可实现。

假设当前我们正处于图 8.14 所示的状态，想将用户登录注册页面封装为一个嵌套图，仅需按下
键盘上的 Shift 键，并同时使用鼠标选择相应的 4 个页面即可。注意，无须选择相应的操作，页面间
的操作连接线将自动迁移至嵌套图内。选好后，松开键盘上的 Shift 键，然后在任意所选页面上右击，
在弹出的菜单中依次选择 Move to Nested Graph（移至嵌套图）→New Graph（新嵌套图）即可完成
封装。

如图 8.17 所示，创建嵌套图的方法十分简单。同样，我们依次创建商品信息模块嵌套图和支付
模块嵌套图。

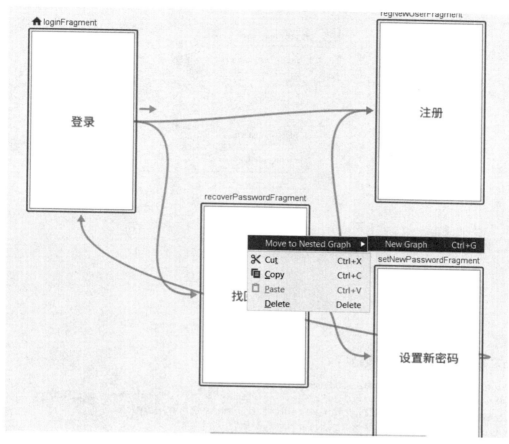

图 8.17 创建新的嵌套图

完成创建后，还需要做最后一步操作。由于在创建嵌套图的过程中没有为嵌套图命名，因此默认将创建名为 navigation、navigation1、navigation2、navigation3、……、navigationN 的嵌套图，这种命名方式非常不直观。重命名时建议读者使用 Android Studio 中的重构功能自动实现，不要手动改名，否则很容易改不全甚至改错，导致页面跳转逻辑出错。

好了，请读者动手实践吧，一起完成从图 8.14~图 8.15 的蜕变。

3. 使用库模块构建导航图

当我们使用嵌套导航图时，虽然在预览图中可以看到属于同一模块的页面被有序地组织了起来，但看代码的话可以发现其实所有的页面仍然写在了同一个 XML 文件中，只不过同一模块的页面被 navigation 标签包括进去了。而库模块的思想则是对每个模块做了更严格的分离。从预览图上看，使用库模块简化图 8.14 的最简洁方式如图 8.18 所示。

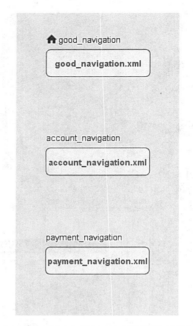

图 8.18　使用库模块的页面导航预览图

与之相关的 XML 文件代码如下：

```xml
<?xml version="1.0" encoding="utf-8"?>
<navigation xmlns:android="http://schemas.android.com/apk/res/android"
    xmlns:app="http://schemas.android.com/apk/res-auto"
    android:id="@+id/center_navigation"
    app:startDestination="@id/good_navigation">
    <include app:graph="@navigation/good_navigation" />
    <include app:graph="@navigation/account_navigation" />
    <include app:graph="@navigation/payment_navigation" />
</navigation>
```

看到这，相信读者能够猜到被包括进去的 3 个页面导航配置文件的内容了。没错，它们分别是 3 个功能模块各自的内部导航配置。

实际上，使用库模块更能体现封装的思想。对于包含子配置的父级文件而言，不关心子配置的内部实现，且子配置可在任何时候被其他模块复用，而使用嵌套方式进行封装的子组件无法做到这一点。当然，使用库模块封装后，虽然在图 8.18 所示的预览图中看不到模块间的操作（即连接线），但是依然不影响不同模块间的页面跳转和值传递。

4. 为导航图添加全局操作

最后，我们再来看看全局操作。所谓全局操作，就是指无论当前处于哪个页面，都可以随时跳转到某个位于全局级别的页面。

举例来说，对于本节的示例，消息中心在任何页面都能跳转，因此可以将其放在全局有效的位置，以便随时跳转。参考下面的代码：

```xml
<?xml version="1.0" encoding="utf-8"?>
<navigation xmlns:android="http://schemas.android.com/apk/res/android"
```

```
xmlns:app="http://schemas.android.com/apk/res-auto"
xmlns:tools="http://schemas.android.com/tools"
android:id="@+id/center_navigation"
app:startDestination="@id/good_navigation">
<include app:graph="@navigation/good_navigation" />
<include app:graph="@navigation/account_navigation" />
<include app:graph="@navigation/payment_navigation" />
<fragment
    android:id="@+id/messageCenterFragment"
    android:name="com.example.nestednavigationgraphdemo.MessageCenterFr
agment"
    android:label="fragment_message_center"
    tools:layout="@layout/fragment_message_center" />
<action
    android:id="@+id/action_global_messageCenterFragment"
    app:destination="@id/messageCenterFragment" />
</navigation>
```

仔细阅读上述代码，留意 action 节点，它是 navigation 的子节点，并不属于某个 Fragment 节点。像这种 action 节点，我们将其视为全局操作。我们在导航图范围内任何一个页面都可以按照如下方式跳转：

```
Navigation.findNavController(view).navigate(R.id.action_global_messageCente
rFragment)
```

8.2.4 在目的地之间跳转

在 8.2.1 节中，我们熟悉了使用 Navigation 组件进行页面导航的一般流程，其中一个很重要的步骤就是在目的地之间进行跳转。本节就来深入探索有关目的地跳转的细节以及示例中未曾使用的各种技巧。

1. 页面跳转的实现原理

在本节之前主要通过 Navigation.findNavController().navigate()的方式实现页面跳转。实际上，这个语句中，Navigation 类的 findNavController()方法将返回 NavController 类型对象，之后又调用了 NavController 对象的 navigate()方法完成跳转。

NavController 对象是在 NavHost 中管理页面导航的对象，每个 NavHost 都有一个与之匹配的 NavController。至于 NavHost，则是专门为 NavController 对象提供的。在本章之前的示例中，Activity 的布局文件都使用 NavHostFragment，该类也实现了 NavHost 抽象类的方法。

由此可知，NavController 对象是实现页面跳转的重要角色。Navigation 组件提供了 3 种获得 NavController 对象的方法，列举如下：

- NavHostFragment.findNavController(Fragment)。
- Navigation.findNavController(Activity, @IdRes int viewId)。
- Navigation.findNavController(View)。

当然，如果你使用 Kotlin 编程语言，也可按照如下方式实现：

- Fragment.findNavController()。

- Activity.findNavController(viewId: Int)。
- View.findNavController()。

以上 3 种方式覆盖了几乎所有需要导航的场景，在实际开发时，结合实际场景需求采用合适的方式即可。

获取到 NavController 对象后，下一步就是调用 NavController.navigate()方法进行跳转。该方法需要传入 int 值作为参数，该值表示跳转目的地的资源 ID。这里要特别注意，此处的资源 ID 指的是 fragment 的 ID，并非 action 的 ID。举例来说，现有 FragmentA 和 FragmentB，在导航图中，FragmentB 如下定义：

```
<fragment
    android:id="@+id/fragmentB"
    android:name="com.example.simplenavigationdemo.FragmentB"
    android:label="fragment_b"
    tools:layout="@layout/fragment_b">
    <action
        android:id="@+id/action_fragmentB_to_fragmentC"
        app:destination="@id/fragmentC" />
</fragment>
```

再来到 FragmentA，如果要跳转到 FragmentB，相应的跳转代码为：

```
Navigation.findNavController(view).navigate(R.id.fragmentB);
```

而非：

```
Navigation.findNavController(view).navigate(R.id.action_fragmentB_to_fragmentC);
```

2. 创建并访问深层链接

深层链接是实现页面导航的另一种方式，它可以实现直接跳转至某个页面而无须经过该页面之前的页面导航堆栈。举例来说，现有 3 个 Fragment，分别是 FragmentA、FragmentB 和 FragmentC。一般情况下，若要跳转到 FragmentC 页面，则需要先来到 FragmentA，再经过 FragmentB，最终来到 FragmentC。如果我们在 FragmentC 实现深层链接，就无须通过 FragmentB，在 FragmentA 处甚至在 App 外部直接跳转至 FragmentC。

深层链接分为两类，分别为显式深层链接和隐式深层链接。它们的创建方式各不相同，应用场景也各不相同。显式深层链接通常用于 App 内部跳转，由于需要导航页面 ID 作为参数，因此对 App 外不可用，单击通知栏的跳转可用显式深层链接实现；隐式深层链接对 App 外的其他 App 或浏览器都能做到有效响应，它使用 URI 作为页面跳转的依据，通过网页启动 App 中的某个功能，或在社交 App 中通过查看分享的消息启动 App 可使用隐式深层链接实现。

下面先来介绍显式深层链接。在 8.2.3 节中，我们模拟了一个简单的购物 App 作为示例。现在继续使用这个示例实现在商品列表页直接跳转到支付中页面。这相当于直接去购买某件商品，无须经过待支付列表页面。实现显式深层链接跳转非常简单，只需在想要跳转的位置实现跳转的代码逻辑即可。对应到本例，可在 GoodListFragment（商品列表页面）添加如下代码：

```
try {
    Navigation.findNavController(view).createDeepLink()
```

```
                .setDestination(R.id.paymentPayFragment).createPendingIntent().se
nd();
    } catch (PendingIntent.CanceledException e) {
        e.printStackTrace();
    }
```

可见，显式深层链接跳转是通过 PendingIntent 来实现的。运行上述代码，可以看到界面由商品列表字样的页面改为支付中字样的页面。

需要特别说明的是，如果我们使用了嵌套导航图（见 8.2.3 节第 2 点）或使用了库模块导航图（见 8.2.3 节第 3 点），通过这种方式跳转后，原有的页面堆栈会被深层链接页面定义的页面堆栈所代替。具体来说，如果通过显式深层链接商品列表页跳转到支付中页面，那么当我们在支付中页面按返回按钮时，页面会先返回待支付列表页（这是由 payment_navigation.xml，即支付模块的页面导航配置文件定义的），再回到商品列表页。

和显式深层链接不同，隐式深层链接则更为开放和灵活，当然也正因为这一点，如果处理不完善，可能会导致一些安全问题。

隐式深层链接通过 URI 进行页面跳转和传值（有关传值的方法将在下一小节中详述），因此需要先定义 URI 地址。举例来说，希望示例项目可以直接启动到商品详情页，类似我们平时使用 App 时，通过社交 App 点击分享链接启动 App，并查看分享的内容的使用场景。

首先打开 good_navigation.xml，切换至预览图，在右侧的属性视图中，找到 Deep Links 节点，点击加号，在弹出的窗口中填写 URI，最后单击 Add 按钮添加。整个过程如图 8.19 所示。

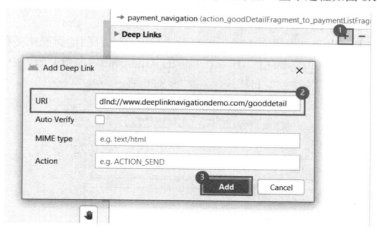

图 8.19　为页面添加隐式深层链接

当然，也可以通过编写代码的方式添加隐式深层链接，只要将下面的代码片段添加到相应的 fragment 节点下即可：

```
<deepLink
    android:id="@+id/deepLink"
    app:uri="dlnd://www.deeplinknavigationdemo.com/gooddetail" />
```

之后，打开 AndroidManifest.xml，在使用这个导航图的 activity 节点下添加 nav-graph 节点。对于本例而言，由于我们使用的导航图名为 center_navigation.xml，因此 nav-graph 节点的代码如下：

```
<nav-graph android:value="@navigation/center_navigation" />
```

为了突出隐式深层链接的特性，我们创建一个新的项目，然后在 Activity 的 onCreate()方法中编写以下代码：

```
Intent intent = new Intent(Intent.ACTION_VIEW,
Uri.parse("dlnd://www.deeplinknavigationdemo.com/gooddetail"));
intent.addFlags(Intent.FLAG_ACTIVITY_NEW_TASK);
startActivity(intent);
```

完成编码后，先安装示例项目，再启动这个新创建的项目。一切顺利的话，页面已经显示为商品详情页了。

这里有一个灵活的小技巧，如以上代码所示，用于启动示例项目的 Intent 对象添加了 FLAG_ACTIVITY_NEW_TASK 标记，当该标记存在时，完成跳转后的页面堆栈与显式深层链接跳转相同。也就是说，按照以上代码运行 App，当 App 跳转到商品详情页后，点击返回键，页面将按照 good_navigation.xml 的配置先回到商品列表页，再回到新创建的项目。当不具有 FLAG_ACTIVITY_NEW_TASK 标记时，若在商品详情页点击返回键，将直接回到新创建的项目。

3. 在目的地之间传递数据

在大部分的实际开发过程中，伴随着页面跳转最常进行的操作就是传递数据。根据数据传递的方向不同可分为两类，一类是从起始目的地传值到终点目的地，另一类则是从终点目的地回传数据给起始目的地。现有一个示例项目，包含两个 Fragment，分别为 FragmentA 和 FragmentB，以及一个 Activity，即 MainActivity。我们将 FragmentA 看作起始目的地，FragmentB 看作终点目的地。接下来先来探讨如何从起始目的地传值到终点目的地。

从目的地传值可分为两个步骤，首要任务是预先定义终点目的地所能接受的参数属性。打开 Navigator Editor 视图，选中 FragmentB，然后在右侧的 Arguments（参数）一栏中点击加号，并在弹出的对话框中填写参数名、参数类型和默认值，如图 8.20 所示。

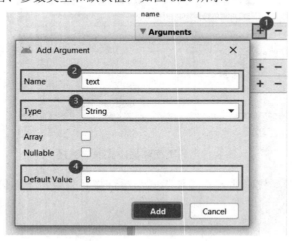

图 8.20　为页面定义可接受的参数

图 8.20 展示了定义参数属性的步骤。当然，如果我们需要传递的参数值是所选类型的数组，则需要选中 Array（数组）复选框；如果参数值允许为空值，则可选中 Nullable（可为空）复选框。最后，别忘了点击 Add 按钮将设置好的参数属性添加到 FragmentB 中，完成参数属性的添加步骤。一

个 Fragment 可以添加多个参数属性，因此我们可以重复上述操作，添加多个允许传递的参数。

当我们使用可视化的方式添加完参数属性后，会生成对应的代码片段。对于图 8.20 所示的参数属性，其代码为：

```
<argument
    android:name="text"
    android:defaultValue="B"
    app:argType="String" />
```

将上述代码与图 8.20 中的内容结合起来看，即可领会其中的对应关系。

除了 String 外，Navigation 组件还支持表 8.1 所示的参数类型的传递。

表8.1　Navigation组件支持传参的类型

类　型	是否支持默认值	是否支持空值	app:argType 属性值
Integer	是	否	integer
Float	是	否	float
Long	是	否	long
Boolean	仅为 true 或 false	否	boolean
String	是	是	string
资源引用	仅允许合法 ID 或 0	否	reference
自定义 Parcelable 类型	仅@null	是	实现 Parcelable 接口的类名称
自定义 Serializable 类型	仅@null	是	实现 Serializable 接口的类名称
自定义 Enum 类型	仅 Enum 中定义的值	否	Enum 对应类型名称

要特别说明的是，仅在参数类型为资源引用类型时，才允许使用资源 ID 作为参数值。较为常见的错误使用是为 String 类型设置默认值时使用了@String/Xxx 作为属性值，这将引发异常并导致程序崩溃。

完成参数定义后，接下来就可以分别在 FragmentA 页面传参，在 FragmentB 页面显示值了。传参的方式通过 Bundle 对象类实现，下面的代码是 FragmentA 页面传递参数的示例：

```
Bundle bundle = new Bundle();
bundle.putString("text", "这是来自 FragmentA 的文本");
view.findViewById(R.id.fragment_jump_to_next_btn).setOnClickListener(v ->
Navigation.findNavController(view).navigate(R.id.fragmentB, bundle));
```

和只跳转页面的代码差别是，在调用 NavController.navigate()方法时不仅传入了重点目的地 ID，还将 Bundle 对象传入其中。

接着，来到 FragmentB 页面，使用一个 TextView 显示传过来的数据：

```
TextView textTv = view.findViewById(R.id.fragment_b_text_tv);
textTv.setText(getArguments().getString("text"));
```

完成编码后运行 App，并触发页面跳转操作，FragmentB 页面成功地将传递过来的 String 值显示了出来，如图 8.21 所示。

图 8.21　在 FragmentB 中显示传参的值

此外，读者还可以尝试只跳转不传值的操作，然后观察 FragmentB 页面的显示内容。如无意外，它将显示默认值——"B"。

讲完了如何传值，接下来介绍如何返回值。返回值和传值的数据流向是相反的，在实际开发过程中并不少见。

返回值和传值的实现步骤很相似，首先要在导航配置文件中给 FragmentA（即起始目的地）添加参数属性定义，代码片段如下：

```
<argument
    android:name="text"
    android:defaultValue="A"
    app:argType="string" />
```

在没有接收到值时，默认值为"A"。来到 FragmentA 页面，同样通过 getArguments()方法将取到的值作为 TextView 的显示内容：

```
TextView textTv = view.findViewById(R.id.fragment_a_text_tv);
textTv.setText(getArguments().getString("text"));
```

最后，来到 FragmentB 页面。创建包含返回值的 Bundle 对象，调用 NavController 的 setGraph()方法将该对象当作参数传进去，然后返回 FragmentA 页面即可。具体代码如下：

```
view.findViewById(R.id.fragment_jump_to_prev_btn).setOnClickListener(v -> {
    Bundle bundle = new Bundle();
    bundle.putString("text", "这是来自 FragmentB 的文本");

Navigation.findNavController(view).setGraph(R.navigation.pass_data_through_fragment, bundle);
    Navigation.findNavController(view).popBackStack();
});
```

完成编码后运行程序。一开始，FragmentA 页面将显示默认的字符串内容——"A"，跳转到

FragmentB 后，点击 Button 触发返回动作，回到 FragmentA。此时，FragmentA 页面显示回传的 String 数据，如图 8.22 所示。

图 8.22 在 FragmentA 中显示回传的值

由于此时的 FragmentA 是页面导航堆栈中唯一的一个页面，因此再次按系统返回键后将退出 App。

4. 使用 Safe Args 插件确保类型安全

在页面跳转和数据传递过程中，我们时刻防备空指针异常的出现。在 8.2.4 节的第 3 点中，传递参数时通过 Bundle 对象，而 Bundle 对象中的 Key 值是在传出和接收处分别定义的。这意味着日后要同时维护两处代码，一旦它们的名称不一致，同时又没有做好空指针判定，则很有可能因此抛出异常，导致程序崩溃。

Navigation 组件提供了名为 Safe Args 的插件，它可以自动生成防止空指针异常的代码，帮助我们规避程序崩溃。

若要使用 Safe Args 插件，首先要集成相关的依赖。Safe Args 的最新、最稳定版本是 2.3.4。打开 Project 级别的 build.gradle，在 buildscript 节点下的 dependencies 节点中添加如下代码：

```
classpath "androidx.navigation:navigation-safe-args-gradle-plugin:2.3.4"
```

根据开发项目的实际情况，可选择在 Project 或单个 Module 中添加插件：

```
apply plugin: "androidx.navigation.safeargs"
```

如果读者采用 Kotlin 编程语言，则需要添加的插件为：

```
apply plugin: "androidx.navigation.safeargs.kotlin"
```

这里要注意，支持 Java 或 Kotlin 的插件只能添加一种，无法共存。

完成依赖配置后，运行 Gradle Sync 指令并重新创建项目，Safe Args 插件就可以自动生成相关的代码。

下面的代码片段是使用 Safe Args 进行页面跳转、传值和接收值与未使用 Safe Args 的对比。

```
// 未使用 Safe Args 进行跳转传值
Bundle bundle = new Bundle();
bundle.putString("text", "这是来自 FragmentA 的文本");
view.findViewById(R.id.fragment_jump_to_next_btn).setOnClickListener(v ->
Navigation.findNavController(view).navigate(R.id.fragmentB, bundle));
// 使用 Safe Args 进行跳转传值
FragmentADirections.ActionFragmentAToFragmentB actionFragmentAToFragmentB =
FragmentADirections.actionFragmentAToFragmentB();
actionFragmentAToFragmentB.setText("这是来自 FragmentA 的文本");
view.findViewById(R.id.fragment_jump_to_next_btn).setOnClickListener(v ->
Navigation.findNavController(view).navigate(actionFragmentAToFragmentB));
// 未使用 Safe Args 接收值
textTv.setText(getArguments().getString("text"));
// 使用 Safe Args 接收值
textTv.setText(FragmentAArgs.fromBundle(getArguments()).getText());
```

通过对比，可以很清楚地看到，无论是传值还是接收值，都不再写固定的 Key 值，而是用 getXxx() 的方式来代替，这样做十分易于维护，并且规避了编码错误的风险。

5. 页面返回堆栈

在实际的开发过程中，页面数量往往比本书中的示例项目多得多，也复杂得多。通过前面的学习，我们已经了解，使用了 Navigation 组件后，它会帮我们维护页面返回堆栈。这使得无论用户点击了导航栏的向上按钮还是系统栏的返回按钮，都能够自动返回前一个 Fragment，而非结束掉整个 Activity。类似地，我们也可以随时执行 NavController.navigateUp() 方法（相当于点击导航栏的向上按钮）或 NavController.popBackStack() 方法（相当于点击系统栏的返回按钮）返回前一个 Fragment。总体来说，使用起来非常方便。不过，仍有一些需要注意的细节。

NavController.popBackStack() 方法有一个 Boolean 的返回值，用来表示页面跳转是否成功完成。若为 true，则返回成功；反之，则需要我们手动处理。而且，当返回值为 false 时，若调用 NavController.getCurrentDestination() 方法会返回 null。此时应手动结束 Activity，即调用 Activity 的 finish() 方法。

此外，还有一些页面跳转逻辑是比较特殊的。比如当用户凭据过期后，如果再次发起网络访问，很有可能会要求用户再次登录，这将引导用户来到登录流程。然而，登录流程并非简单地由单个 Fragment 构成。当用户在登录流程内部多次进行页面跳转并完成登录后，App 应正常返回进入登录流程之前的页面。也就意味着一旦用户登录成功，页面堆栈将清除至少一个 Fragment，直到栈顶为登录前的页面为止。然而无论调用 NavController.navigateUp() 方法还是 NavController.popBackStack() 方法，均无法做到一次性从堆栈中移出多个页面。在这种情形下，就要在页面导航配置文件中为 action 节点设置 app:popUpTo 和 app:popUpToInclusive 的值了。

举个例子，现有 3 个 Fragment，分别为 FragmentA、FragmentB 和 FragmentC，它们的页面导航预览图如图 8.23 所示。

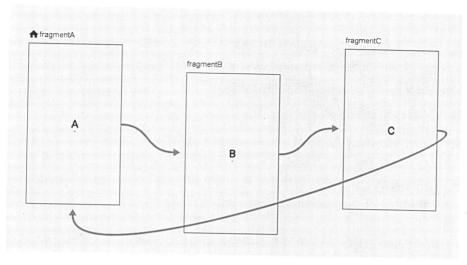

图 8.23　循环逻辑跳转的页面导航预览图

如图 8.23 所示，FragmentA 是起始目的地，按照操作连接线的指示，可以依次跳转到 FragmentB，并最终抵达 FragmentC 页面。另外，从 FragmentC 页面还可以跳转到 FragmentA 页面。显然，这是一个循环往复的跳转逻辑。

默认情况下，当我们按照如上所述进行完整的一次循环跳转后（即 FragmentA→FragmentB→FragmentC→FragmentA），页面堆栈情况如图 8.24 所示。

但大多数情况下，我们或许仅希望回到最早的 FragmentA，即如图 8.25 所示的返回堆栈。

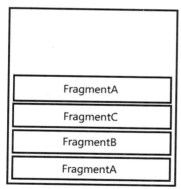

图 8.24　默认情形下的页面返回堆栈

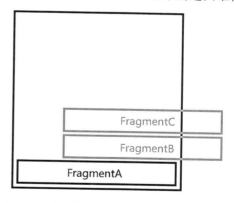

图 8.25　一步操作移除多个页面后的返回堆栈

如图 8.25 所示，灰色的 FragmentB 和 FragmentC 将在返回到 FragmentA 后全部移除，最终的返回堆栈仅保留 FragmentA。

要实现上述的移除效果，仅需修改页面导航配置文件中 FragmentC 对应的 fragment 节点中的 action 节点内容如下：

```
<action
    android:id="@+id/action_fragmentC_to_fragmentA"
    app:destination="@id/fragmentA"
    app:popUpTo="@id/fragmentA"
```

```
app:popUpToInclusive="true" />
```

上述代码中，app:popUpTo="@id/fragmentA"表示移除堆栈中从 FragmentA（不包含）到 FragmentC（包含）的所有页面。app:popUpToInclusive="true"则表示仅回到原来的 FragmentA，若该属性值为 false，则返回堆栈中会出现两个 FragmentA 页面。

6. 为跳转过程添加动画效果

默认情形下，在 Fragment 之间跳转时，Navigation 组件并没有为其添加过渡效果。由于动画的缺失，切换页面会显得生硬，因此实际的开发需求往往希望页面在跳转的时候具有某种效果。

Navigation 组件提供了添加跳转动画的配置，它支持一般的动画（包含属性动画和视图动画）以及使用共享元素过渡。在 Navigation 组件中预置了一些常见的动画效果，同时也允许我们编码进行自定义实现。

在 Navigation Editor 视图中，选中预览图的操作连接线，视图右侧就会出现 Animations 配置。它由 4 个属性构成，分别是 enterAnim、exitAnim、popEnterAnim 和 popExitAnim。它们的动画执行时机分别是进入目的地、退出目的地、发生 pop 操作使目的地重新可见以及目的地发生 pop 操作。当我们要为某个操作添加动画时，只需按照如图 8.26 所示的方法选择某种动画效果定义文件即可。

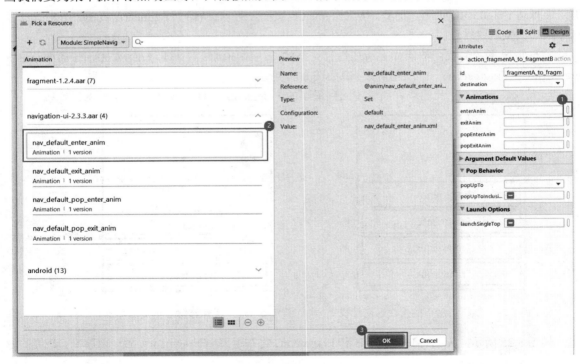

图 8.26　为跳转操作添加动画效果

如图 8.26 所示，为页面进入时使用了 navigation-ui 包中名为 nav_default_enter_anim 的动画配置文件。使用相同的方式继续为剩余 3 个动画执行时刻添加配置文件，完成后切换至代码视图，可以看到在对应的 action 节点下的动画定义：

```
<action
    android:id="@+id/action_fragmentA_to_fragmentB"
```

```
app:destination="@id/fragmentB"
app:enterAnim="@anim/nav_default_enter_anim"
app:exitAnim="@anim/nav_default_exit_anim"
app:popEnterAnim="@anim/nav_default_pop_enter_anim"
app:popExitAnim="@anim/nav_default_pop_exit_anim" />
```

7. Navigation 与 AppBar

在第 2 章的 2.3 节中，我们学习了 AppBar 的用法，本章也多次提及位于 AppBar 上的向上按钮。通常，当用户使用 App 在多个 Fragment 之间跳转后，会通过这个向上按钮进行返回。Navigation 组件提供了名为 NavigationUI 的依赖库，这个库可以帮助我们实现页面返回逻辑，为实现页面返回提供了极大的便利。

要使用 NavigationUI 的 API，需要先添加依赖。NavigationUI 随 Navigation 组件一起发布，目前最新、最稳定的版本同样是 2.3.4。打开 Module 级别的 build.gradle，在 dependencies 节点中添加如下代码：

```
implementation "androidx.navigation:navigation-ui:2.3.4"
```

完成后，执行 Gradle Sync 指令，稍等片刻，即可使用 Navigation UI 的 API。

NavigationUI 组件支持 3 种不同的 AppBar 类型，分别为 Toolbar、CollapsingToolbarLayout 和 ActionBar，并使用 AppBarConfiguration 对象与类型 AppBar "沟通"。NavigationUI 的互动机制很好理解，当页面是起始目的地时，如果目的地使用了抽屉式菜单，则会显示菜单按钮；否则，AppBar 的左上角不会显示按钮。此外，还有一些特殊的情况，比如通过底部 Tab 组织的页面，它们位于同一个 Activity，一个 Tab 对应一个起始目的地，因此同样由多个 Fragment 页面构成。但在这些 Fragment 之间切换时，AppBar 不应出现向上按钮。

接下来，我们分别阐述 NavigationUI 组件是如何与 Toolbar、CollapsingToolbarLayout 以及 ActionBar 结合使用的（有关 AppBar 的使用读者可参考 2.3 节的内容）。

首先来看与 Toolbar 的结合。现有 3 个 Fragment，分别为 FragmentA、FragmentB 和 FragmentC，假设它们都被一个名为 ToolbarActivity 的 Activity 管理。ToolbarActivity 的布局文件如下：

```xml
<?xml version="1.0" encoding="utf-8"?>
<LinearLayout xmlns:android="http://schemas.android.com/apk/res/android"
    xmlns:app="http://schemas.android.com/apk/res-auto"
    xmlns:tools="http://schemas.android.com/tools"
    android:layout_width="match_parent"
    android:layout_height="match_parent"
    android:orientation="vertical"
    tools:context=".ToolbarActivity">
    <androidx.appcompat.widget.Toolbar
        android:id="@+id/activity_toolbar_tb"
        android:layout_width="match_parent"
        android:layout_height="?attr/actionBarSize"
        android:background="?attr/colorPrimary"
        android:elevation="4dp"
        android:theme="@style/ThemeOverlay.AppCompat.ActionBar"
        app:layout_constraintLeft_toLeftOf="parent"
        app:layout_constraintRight_toRightOf="parent"
        app:layout_constraintTop_toTopOf="parent"
        app:popupTheme="@style/ThemeOverlay.AppCompat.Light" />
```

```xml
    <androidx.fragment.app.FragmentContainerView
        android:id="@+id/activity_toolbar_fcv"
        android:name="androidx.navigation.fragment.NavHostFragment"
        android:layout_width="match_parent"
        android:layout_height="match_parent"
        app:defaultNavHost="true"
        app:navGraph="@navigation/simple_navigation" />
</LinearLayout>
```

显然，这个界面由顶部的 Toolbar 和 Fragment 容器的线性布局构成。下面来看如何将 Toolbar 与 NavigationUI 组件关联到一起，请看 Java 代码部分：

```java
public class ToolbarActivity extends AppCompatActivity {
    @Override
    protected void onCreate(Bundle savedInstanceState) {
        super.onCreate(savedInstanceState);
        setContentView(R.layout.activity_toolbar);
        Toolbar toolbar = findViewById(R.id.activity_toolbar_tb);
        NavController navController = ((NavHostFragment) getSupportFragment
Manager().findFragmentById(R.id.activity_toolbar_fcv)).getNavController();
        AppBarConfiguration appBarConfiguration =
                new AppBarConfiguration.Builder(navController.getGraph()).b
uild();
        setSupportActionBar(toolbar);
        NavigationUI.setupWithNavController(toolbar, navController, appBarC
onfiguration);
    }
}
```

仔细阅读上述代码，NavigationUI 组件会根据导航图的起始目的地和页面跳转逻辑自动处理位于 Toolbar 左侧的向上按钮。在 8.1 节中曾介绍过 Toolbar 上的向上按钮和系统的返回按钮作用一致，因此当页面发生跳转后，点击 Toolbar 上的向上按钮，NavigationUI 组件会自动完成返回到跳转前页面的操作。

上面的示例是针对单个 Activity 中多个 Fragment 之间的跳转的情况。下面我们再来介绍发生在 Activity 之间的跳转。

假设现有两个 Activity，分别是 ActivityA 和 ActivityB，ActivityA 是起始目的地，ActivityB 是终点目的地。当跳转到 ActivityB 后，我们通常希望 ActivityB 的 Toolbar 显示向上按钮以便返回到 ActivityA，即使 ActivityB 中管理着多个 Fragment 页面，并已经针对这些页面关联 Toolbar。默认情形下，ActivityB 会像上例那样，在起始 Fragment 页面不显示向上按钮。若要为处于该条件下的 ActivityB 页面增加向上按钮并实现 Activity 栈回退，可按如下方式获取 AppBarConfiguration 对象：

```java
AppBarConfiguration appBarConfiguration =
        new AppBarConfiguration.Builder().setFallbackOnNavigateUpListener((
) -> {
            if (navController.navigateUp()) {
                return true;
            } else {
                finish();
                return false;
            }
        }).build();
```

这里有两点需要注意，第一是无须在创建 AppBarConfiguration.Builder 对象时传入任何参数，第二是增加了对 AppBarConfiguration.Builder.setFallbackOnNavigateUpListener()方法的调用。该方法在每一次点击 Toolbar 上的向上按钮后回调。示例中，当用户处于 ActivityB 的起始 Fragment 时，再次点击向上按钮，整个 ActivityB 会被关掉，即可完成返回 ActivityA 的操作。

以上便是 NavigationUI 组件与 Toolbar 的基本关联方式了，对于 ActionBar 和 CollapsingToolbarLayout（一种与 Toolbar 结合使用提供可伸缩的顶部布局），都可以与 NavigationUI 关联。这样做的好处是省去了很多原本需要自己实现的页面回退逻辑。对于 ActionBar 和 CollapsingToolbarLayout，其关联方法与 Toolbar 大同小异，这里就不再分别展开叙述了，读者可阅读源码中的 ActionBarActivity.java 和 CollapsingToolbarLayout.java 类以及相关的布局 XML 文件自行学习。

8. 为页面跳转添加监听器

前面介绍了向上按钮的监听器，那么有没有监听页面发生跳转的监听器呢？答案是肯定的。

我们可以轻松地通过调用 NavController 对象的 addOnDestinationChangedListener()方法实现对页面跳转的监听，参考下面的代码片段：

```
navController.addOnDestinationChangedListener((controller, destination, arg
uments) -> {
    if (destination.getId() == R.id.fragmentC) {
        Log.d(TAG, "跳转到 FragmentC 了");
        toolbar.setVisibility(View.INVISIBLE);
    } else {
        toolbar.setVisibility(View.VISIBLE);
    }
});
```

如以上代码所示，实现了当界面跳转到 FragmentC 时隐藏 Toolbar 的功能。当我们按照如上方式为页面跳转添加监听器时需要注意一点：当启动 App，首次来到起始目的地，未发生跳转时，该方法依然会回调。此时，调用 destination.getId()方法将返回起始目的地的 Fragment ID。

9. 为页面添加菜单

在实际开发中，AppBar 承载的功能并非只有显示标题文字和返回两个，通常还有菜单项。对于那些点击后发生页面跳转的菜单项，可以借助 NavigationUI 组件极其便捷地实现页面跳转和返回。

若要实现与 NavigationUI 组件配合，首要任务就是将单个菜单项的 android:id 属性值设置为要跳转目标目的地的 Fragment ID。比如在导航配置文件中定义了 FragmentB 的 ID 为 fragmentB，代码片段如下：

```
<fragment
    android:id="@+id/fragmentB"
    android:name="com.example.navigationuidemo.fragments.FragmentB"
    android:label="fragment_b"
    tools:layout="@layout/fragment_b">
</fragment>
```

则对应的菜单项应配置为：

```
<item
```

```
        android:id="@+id/fragmentB"
        android:title="@string/fragment_b" />
```

下面的代码是菜单项创建和点击响应的实现：

```
@Override
public boolean onCreateOptionsMenu(Menu menu) {
    getMenuInflater().inflate(R.menu.activity_common_menu, menu);
    return true;
}
@Override
public boolean onOptionsItemSelected(MenuItem item) {
    return super.onOptionsItemSelected(item);
}
```

上述代码中，onCreateOptionsMenu()用于创建菜单，onOptionsItemSelected()用于执行菜单项点击后的操作。

接下来，保持创建菜单的代码不变，将 onOptionsItemSelected()方法改为如下实现：

```
@Override
public boolean onOptionsItemSelected(MenuItem item) {
    return NavigationUI.onNavDestinationSelected(item, navController)
            || super.onOptionsItemSelected(item);
}
```

这样就完成了。

从原理上讲，在 NavigationUI.onNavDestinationSelected()方法内部，通过分析传入 MenuItem 对象的 ID，与导航图中的所有 Fragment 匹配。若存在对应 ID 的 Fragment，则进行跳转，并返回 true；反之，则不进行处理，并返回 false。作为开发者，在实际开发中，这些步骤均被 NavigationUI 组件封装，因此无须过多关心。我们要做的仅仅是根据该方法的返回值判断是否需要跳转，并实现无须跳转的菜单对应的业务逻辑。

10. 为页面添加抽屉导航菜单

NavigationUI 组件不仅可以和 Toolbar 以及 Toolbar 上的菜单发生关联，对于 DrawerLayout（抽屉布局）亦有效。

下面的代码是一个典型的使用抽屉布局的文件：

```
<androidx.drawerlayout.widget.DrawerLayout xmlns:android="http://schemas.android.com/apk/res/android"
    xmlns:app="http://schemas.android.com/apk/res-auto"
    xmlns:tools="http://schemas.android.com/tools"
    android:id="@+id/activity_toolbar_with_drawer_dl"
    android:layout_width="match_parent"
    android:layout_height="match_parent"
    android:fitsSystemWindows="true"
    tools:context=".ToolbarWithDrawerLayoutActivity">
    <RelativeLayout
        android:layout_width="match_parent"
        android:layout_height="match_parent">
        <androidx.appcompat.widget.Toolbar
            android:id="@+id/activity_toolbar_with_drawer_tb"
```

```
                android:layout_width="match_parent"
                android:layout_height="?attr/actionBarSize"
                android:background="?attr/colorPrimary"
                android:elevation="4dp"
                android:theme="@style/ThemeOverlay.AppCompat.ActionBar"
                app:layout_constraintLeft_toLeftOf="parent"
                app:layout_constraintRight_toRightOf="parent"
                app:layout_constraintTop_toTopOf="parent"
                app:popupTheme="@style/ThemeOverlay.AppCompat.Light" />
            <androidx.fragment.app.FragmentContainerView
                android:id="@+id/activity_toolbar_with_drawer_fcv"
                android:name="androidx.navigation.fragment.NavHostFragment"
                android:layout_width="match_parent"
                android:layout_height="match_parent"
                android:layout_above="@+id/activity_toolbar_with_drawer_bnv"
                android:layout_below="@+id/activity_toolbar_with_drawer_tb"
                app:defaultNavHost="true"
                app:navGraph="@navigation/simple_navigation" />
        </RelativeLayout>
        <com.google.android.material.navigation.NavigationView
            android:id="@+id/activity_toolbar_with_drawer_nv"
            android:layout_width="wrap_content"
            android:layout_height="match_parent"
            android:layout_gravity="start"
            android:fitsSystemWindows="true"
            app:menu="@menu/activity_common_menu" />
    </androidx.drawerlayout.widget.DrawerLayout>
```

这段代码描述了由一个相对布局和一个抽屉导航视图构成的抽屉布局，Toolbar 以及 Fragment 容器在相对布局中，抽屉导航视图中的菜单由 activity_common_menu.xml 定义。和 Toolbar 中的菜单项不同，存在于抽屉导航视图中的菜单通常都需要跳转页面。因此，上述布局文件所属的 Activity 代码如下：

```
public class ToolbarWithDrawerLayoutActivity extends AppCompatActivity {
    @Override
    protected void onCreate(Bundle savedInstanceState) {
        super.onCreate(savedInstanceState);
        setContentView(R.layout.activity_toolbar_with_drawer_layout);
        Toolbar toolbar = findViewById(R.id.activity_toolbar_with_drawer_tb);
        DrawerLayout drawerLayout = findViewById(R.id.activity_toolbar_with
_drawer_dl);
        NavigationView navigationView = findViewById(R.id.activity_toolbar_
with_drawer_nv);
        setSupportActionBar(toolbar);
        NavController navController = ((NavHostFragment) getSupportFragment
Manager().findFragmentById(R.id.activity_toolbar_with_drawer_fcv)).getNavContro
ller();
        AppBarConfiguration appBarConfiguration =
                new AppBarConfiguration.Builder(navController.getGraph()).s
etOpenableLayout(drawerLayout).build();
        NavigationUI.setupWithNavController(toolbar, navController, appBarC
onfiguration);
```

```
        NavigationUI.setupWithNavController(navigationView, navController);
    }
}
```

上述代码除了将 AppBar 与 NavigationUI 组件相关联外，还将抽屉布局和抽屉视图与 NavigationUI 组件关联到了一起。

显然，这个名为 ToolbarWithDrawerLayoutActivity 的页面也是通过 NavigationUI.setupWithNavController()方法将抽屉视图与 NavigationUI 组件关联的。此外，在创建 AppBarConfiguration.Builder 对象时调用了 setOpenableLayout()方法，并向该方法传入了 ID 为 activity_toolbar_with_drawer_dl 的 DrawerLayout 对象。

综上所述，若要将抽屉布局与 NavigationUI 组件配合使用，只需按照本例进行编码即可。

11. 为页面添加底部导航

在实际的产品需求中，很多 App 首页的结构都采用了底部 Tab 的形式。显然，对于这种结构而言，切换 Fragment 是不可避免的。接下来主要探讨如何借 NavigationUI 之力更轻松地实现编码。

我们先来看布局文件的代码片段：

```xml
<RelativeLayout
    android:layout_width="match_parent"
    android:layout_height="match_parent">
    <androidx.appcompat.widget.Toolbar
        android:id="@+id/activity_toolbar_with_drawer_tb"
        android:layout_width="match_parent"
        android:layout_height="?attr/actionBarSize"
        android:background="?attr/colorPrimary"
        android:elevation="4dp"
        android:theme="@style/ThemeOverlay.AppCompat.ActionBar"
        app:layout_constraintLeft_toLeftOf="parent"
        app:layout_constraintRight_toRightOf="parent"
        app:layout_constraintTop_toTopOf="parent"
        app:popupTheme="@style/ThemeOverlay.AppCompat.Light" />
    <com.google.android.material.bottomnavigation.BottomNavigationView
        android:id="@+id/activity_toolbar_with_drawer_bnv"
        android:layout_width="match_parent"
        android:layout_height="50dp"
        android:layout_alignParentBottom="true"
        app:itemBackground="@color/black"
        app:itemTextColor="@color/white"
        app:menu="@menu/activity_bottom_tab_menu" />
    <androidx.fragment.app.FragmentContainerView
        android:id="@+id/activity_toolbar_with_drawer_fcv"
        android:name="androidx.navigation.fragment.NavHostFragment"
        android:layout_width="match_parent"
        android:layout_height="match_parent"
        android:layout_above="@+id/activity_toolbar_with_drawer_bnv"
        android:layout_below="@+id/activity_toolbar_with_drawer_tb"
        app:defaultNavHost="true"
        app:navGraph="@navigation/simple_navigation" />
</RelativeLayout>
```

显而易见，这部分布局由 3 个视图组件构成，分别是顶栏 Toolbar、底部导航栏

BottomNavigationView 以及 Fragment 的容器 FragmentContainerView，其中的 BottomNavigationView 就是底部的 Tab 按钮。

实际上，将 BottomNavigationView 与 NavigationUI 组件关联的方法非常简单，和 8.2.4 节第 10 点中的示例非常类似，依然是通过 NavigationUI.setupWithNavController()方法实现的，具体参考如下代码片段：

```
BottomNavigationView bottomNavigationView =
findViewById(R.id.activity_toolbar_with_drawer_bnv);
    NavController navController = ((NavHostFragment)
getSupportFragmentManager().findFragmentById(R.id.activity_toolbar_with_drawer_
fcv)).getNavController();
    NavigationUI.setupWithNavController(bottomNavigationView, navController);
```

12. 动态创建 NavHostFragment

讲到 NavHostFragment，可谓是本章中最熟悉的面孔了，几乎每个示例项目的布局文件中均有用到。但是，正因为它一直存在于布局文件中，所以丧失了灵活性，较为固定。而和布局文件匹配的 Activity 是由 Java 代码编写的，这部分代码通常更易于和业务逻辑打交道，可以根据不同的条件做出相应的处理，因此，若想根据不同的条件创建不同的 NavHostFragment，则需要到 Java 代码中定义，而非简单地在布局文件中定义。

我们先来看之前的方法，即在布局文件中定义，其代码如下：

```
<androidx.fragment.app.FragmentContainerView
    android:id="@+id/activity_toolbar_fcv"
    android:name="androidx.navigation.fragment.NavHostFragment"
    android:layout_width="match_parent"
    android:layout_height="match_parent"
    app:defaultNavHost="true"
    app:navGraph="@navigation/simple_navigation" />
```

这就是我们一直使用的方法。现在，我们来到 Java 代码部分，通过动态编码的方式创建 NavHostFragment：

```
NavHostFragment finalHost =
NavHostFragment.create(R.navigation.simple_navigation);
    getSupportFragmentManager().beginTransaction()
        .replace(R.id.activity_toolbar_fcv, finalHost)
        .setPrimaryNavigationFragment(finalHost)
        .commit();
```

很明显，由于 NavHostFragment 是 Fragment 的子类，因此我们可以轻松地通过 FragmentManager 对象将 finalHost（NavHostFragment 型对象）放到 ID 为 activity_toolbar_fcv 的容器中。finalHost 对象通过 NavHostFragment.create() 方法创建，它相当于布局文件中的 app:navGraph 属性。FragmentTransaction.setPrimaryNavigationFragment()表示将某个 Fragment 对象设置为默认用来导航的 Fragment，相当于布局文件中的 app:defaultNavHost 属性值。如果不希望 finalHost 拦截系统返回键或 AppBar 的向上按钮，可以将 null 值传递给 FragmentTransaction.setPrimaryNavigationFragment() 方法。

这样一来，布局文件的代码就可以简化为：

```
<androidx.fragment.app.FragmentContainerView
    android:id="@+id/activity_toolbar_fcv"
    android:layout_width="match_parent"
    android:layout_height="match_parent" />
```

最后要说明的是，当布局文件和 Java 代码均有对某个属性的赋值时，Java 代码享有更高的优先级。这一点可以参考 TextView、ImageView 等视图，尽管在布局文件中存在赋值，但我们仍然可以随时通过 Java 代码改变它们的内容。

8.3　Navigation KTX API

对于 Navigation 组件，Navigation KTX 提供了针对 Kotlin 编程语言的很多使用捷径，它覆盖了 3 大方面，即基础的 Navigation KTX API、针对 Fragment 的 Navigation Fragment API 以及与 UI 组件互动的 Navigation UI API。下面我们逐一探讨它们的使用方法。

8.3.1　Navigation Runtime KTX

Navigation Runtime KTX 提供了通过 Kotlin 代码获取及修改导航图的快捷方法，通过这些方法可以实现页面导航更加灵活地动态变化。

若要使用 Navigation Runtime KTX API，最先要做的是集成相关的依赖，方法是在 Module 级别的 build.gradle 文件中添加如下声明：

```
implementation "androidx.navigation:navigation-runtime-ktx:2.3.4"
```

完成后，执行 Gradle 的 Sync 命令，成功后就可以使用 Navigation Runtime KTX API 了。

1. 通过视图组件创建 NavController 对象

一般情况下，可以通过 Navigation 类的静态方法创建 NavController 对象的方法，具体如下：

```
// 通过 Activity
Navigation.findNavController(Activity, viewId);
// 通过 View
Navigation.findNavController(View);
```

在 Navigation Runtime KTX 中，上述代码可简化为：

```
// 通过 Activity
findNavController(viewId)
// 通过 View
View.findNavController()
```

上述两段代码的执行结果是一样的。

2. 动态增删目的地

通常，若要在 Java 或 Kotlin 代码中动态修改导航图，则需要调用 NavGraph 对象的方法。下面的代码示例包含几种较为常见的修改导航图的操作：

```
// 添加导航图
```

```
NavGraph.addAll(navGraph);
// 添加目的地
NavGraph.addDestination(navDestination);
// 移除目的地
NavGraph.remove(navDestination);
// 查找目的地
NavGraph.findNode(resId);
```

Navigation Runtime KTX 改变了上述方法的名字，使其更加易记易懂，对应上面的代码，使用 Navigation Runtime KTX API 的实现如下：

```
// 添加导航图
NavGraph.plusAssign(navGraph)
// 添加目的地
NavGraph.plusAssign(navDestination)
// 移除目的地
NavGraph.minusAssign(navDestination)
// 查找目的地
NavGraph.get(resId)
```

此外，Navigation Runtime KTX 还提供了判断某个目的地是否存在于导航图中的 API，用法如下：

```
NavGraph.contains(resId)
```

该方法将返回 Boolean 值，若存在则为 true；反之，则为 false。

此前，若想进行这样的判断需要先调用 graph.findNode()方法，该方法将返回 NavDestination 对象。若不存在相应的目的地，则返回 null。因此，我们需要根据返回值得到最终想要的结果。而 graph.contains()方法直接返回布尔值，这样就会直观很多。

8.3.2　Navigation Fragment KTX

Navigation Fragment KTX 提供了通过 Kotlin 代码动态创建导航图的更快捷的方式。如此，我们便可以更加简单地创建动态导航图，而非依赖固定的页面导航配置文件。

接下来，我们一起尝试通过 Kotlin 代码实现导航图，其最终的跳转逻辑与图 8.27 一致。

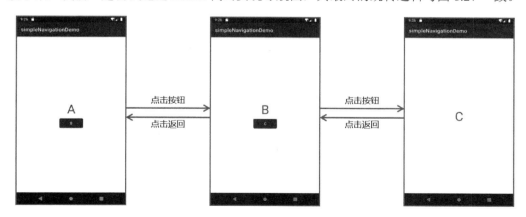

图 8.27　通过 Kotlin 代码动态生成导航图的跳转逻辑

当然，通过 Kotlin 代码生成的导航图除了支持如图 8.27 所示的 Fragment 外，还支持 DialogFragment，读者可在完成本节示例后自行尝试实现对话框的跳转逻辑。

1. 添加 Navigation Fragment KTX 依赖

若要使用 Navigation Fragment KTX API，则需要先添加依赖项，添加的方法是在 Module 级别的 build.gradle 文件的 dependencies 节点中添加：

```
implementation "androidx.navigation:navigation-fragment-ktx:2.3.4"
```

另外，对于本节中的示例而言，还用到了 Navigation Runtime KTX 的某些 API，因此还需要添加另一个依赖：

```
implementation "androidx.navigation:navigation-runtime-ktx:2.3.4"
```

如果读者无须调用这部分 API，则可忽略该依赖项的添加。

完成编码后，执行 Gradle 的 Sync 操作，等待其完成后，便可进行下一步工作了。

2. 准备 Fragment 页面及相关参数

这一步主要包含两个具体步骤，一是实现 Fragment ID 生成器，二是实现各 Fragment 页面。

为什么要使用 Fragment ID 生成器呢？这是因为本例要实现通过 Kotlin 代码动态生成导航图，这也就意味着不再使用固定的页面导航配置文件。我们都知道，无论是查找显示还是跳转切换页面，都需要通过页面 ID 和操作 ID 进行，而这些 ID 都位于页面导航配置文件中。既然不再使用这个文件，那么自然也就需要通过编码实现这些 ID 的定义。好消息是，定义这些 ID 的方法非常简单，仅需给定它们固定的 ID 值即可。下面是定义页面 ID 和操作 ID 的完整代码：

```
object NavGraph {
    object Dest {
        const val fragment_a = 0x01
        const val fragment_b = 0x02
        const val fragment_c = 0x03
    }
    object Action {
        const val to_fragment_b = 0x04
        const val to_fragment_c = 0x05
    }
}
```

上面的代码中，Dest 部分定义了页面 ID，Action 部分定义了操作 ID。此外，从常量的命名上可以轻松地意会其含义。

接下来，实现 Fragment。本例共包含 3 个 Fragment，对应的类名分别为 FragmentA、FragmentB 和 FragmentC。由于篇幅所限，这里仅列出 FragmentA 类的全部代码，其他类可参考实现：

```
class FragmentA : Fragment() {
    override fun onCreateView(
        inflater: LayoutInflater, container: ViewGroup?,
        savedInstanceState: Bundle?
```

```
        ): View? {
            val view = inflater.inflate(R.layout.fragment_a, container, false)
            view.findViewById<Button>(R.id.fragment_jump_to_next_btn)
                .setOnClickListener {

Navigation.findNavController(view).navigate(NavGraph.Dest.fragment_b)
            }
            return view;
        }
    }
```

从上面的代码可以看出，FragmentA 类完全由 Kotlin 编程语言实现，在回调的 onCreateView()
方法中关联了布局文件，并设置了按钮监听器，以实现页面跳转。这里要特别注意跳转目的地的 ID，
即上述代码中的 NavGraph.Dest.fragment_b，它使用了 ID 生成器类中定义的页面 ID。

最后，来到 Activity 的布局文件，添加 Fragment 容器视图。这一次，不再添加 app:navGraph 属
性，完整代码如下：

```
<androidx.constraintlayout.widget.ConstraintLayout
xmlns:android="http://schemas.android.com/apk/res/android"
    xmlns:app="http://schemas.android.com/apk/res-auto"
    xmlns:tools="http://schemas.android.com/tools"
    android:layout_width="match_parent"
    android:layout_height="match_parent"
    tools:context=".MainActivity">
    <androidx.fragment.app.FragmentContainerView
        android:id="@+id/activity_toolbar_fcv"
        android:name="androidx.navigation.fragment.NavHostFragment"
        android:layout_width="match_parent"
        android:layout_height="match_parent"
        app:defaultNavHost="true"
        app:layout_constraintBottom_toBottomOf="parent"
        app:layout_constraintLeft_toLeftOf="parent"
        app:layout_constraintRight_toRightOf="parent"
        app:layout_constraintTop_toTopOf="parent" />
</androidx.constraintlayout.widget.ConstraintLayout>
```

3. 创建 NavGraph 对象的便捷方法

在 Navigation Runtime KTX 中提供了创建 NavGraph 的 3 种简便方式，具体如下：

```
NavController.createGraph()
NavHost.createGraph()
NavigatorProvider.navigation()
```

显而易见，上述代码中的 3 个方法需要的参数完全一致，本例使用 NavController.createGraph()
方法。

回到 Activity，首先创建 NavController 对象：

```
    val navHostFragment =
supportFragmentManager.findFragmentById(R.id.activity_toolbar_fcv)
    val navController = (navHostFragment as NavHostFragment).navController
```

接着，调用 NavController.createGraph()方法构建导航图：

```
navController.graph = navController.createGraph(startDestination =
NavGraph.Dest.fragment_a) {
    fragment<FragmentA>(NavGraph.Dest.fragment_a) {
        label = getString(R.string.fragment_a)
        action(NavGraph.Action.to_fragment_b) {
            destinationId = NavGraph.Dest.fragment_b
        }
    }
    fragment<FragmentB>(NavGraph.Dest.fragment_b) {
        label = getString(R.string.fragment_b)
        action(NavGraph.Action.to_fragment_c) {
            destinationId = NavGraph.Dest.fragment_c
        }
    }
    fragment<FragmentC>(NavGraph.Dest.fragment_c) {
        label = getString(R.string.fragment_c)
    }
};
```

　　上面的代码片段看上去很好理解，它将原本定义在页面导航配置文件中的内容完整地通过 Kotlin 代码进行实现。这样做的好处是可以更加灵活地改变导航图，摆脱了对页面配置文件的固定依赖。但是，通过 Kotlin 实现导航图势必会增加 Kotlin 代码的体积。因此，建议读者如无必要，还是通过 XML 配置实现跳转更优。

8.3.3　Navigation UI KTX

　　与前两类 Navigation KTX API 相比，Navigation UI KTX 提供的扩展方法较为简单，但它提供的方法与传统写法相比并没有简单很多。

　　要使用 Navigation UI KTX API，需要在 Module 级别的 build.gradle 文件中的 dependencies 节点下添加依赖，具体代码如下：

```
implementation "androidx.navigation:navigation-ui-ktx:2.3.4"
```

　　完成后，执行 Gradle Sync 操作，稍等片刻即可使用 Navigation UI KTX 的 API。

　　Navigation UI KTX 提供的 API 易于理解且模式单一，我们直接看示例：

　　以响应菜单为例，传统的写法如下：

```
@Override
public boolean onOptionsItemSelected(MenuItem item) {
    return NavigationUI.onNavDestinationSelected(item, navController)
        || super.onOptionsItemSelected(item);
```

```
}
```

使用 Navigation UI KTX API，写法如下：

```
override fun onOptionsItemSelected(item: MenuItem): Boolean {
    return item.onNavDestinationSelected(navController)
            || super.onOptionsItemSelected(item)
}
```

通过对比可以发现，Navigation UI KTX 就是将原先通过 NavigationUI.xxx(Object)的写法转换为 Object.xxx()。这样一来，我们根本无须引入 Navigation UI 组件的依赖，只需引入 Navigation UI KTX 即可。如果使用 Kotlin 编程语言进行开发，那么直接引入 Navigation UI KTX 依赖是更优选择。

以上写法不仅在响应菜单项点击时可用，与 ActionBar、Toolbar、CollapsingToolbarLayout、BottomNavigationView、NavigationView 以及 DrawerLayout 等 UI 组件互动时都有效。读者可将本节与 8.2.4 节的第 7~11 点一起阅读，即可了解 Navigation UI KTX API 是如何与上述 UI 组件互动的。

第9章

ViewModel 视图数据模型

在 Android App 开发中有一个无法规避的问题，就是 App 内部数据的管理。本章将详细阐述 ViewModel 的使用技巧，以及与前面几个章节中提及的 Jetpack 组件搭配使用的方式。通过本章的学习，读者不但可以掌握 ViewModel 本身的使用方法，还会对 MVVM 架构有更深刻的体会。

9.1 概　述

发生屏幕旋转是很多 App 在开发时需要处理的情况。此时，Activity 会重新经历 onCreate()、onStart()等回调方法。正因如此，我们需要手动对 Activity 中的数据对象进行处理，以确保旋转后的屏幕显示正确的内容。这将引发两个问题：第一，由于界面数据的初始化操作往往会在这些生命周期方法中进行，因此可能会引发性能问题或数据错乱；第二，如果这些数据初始化操作是异步进行的，则意味着用户必须等待异步结束才能看到页面上的数据，这通常会造成不好的用户体验。

此外，对于 Fragment 之间如何共享数据同样是经常会面对的情况，如果处理不好就会引发内存泄漏，来来回回传值又很麻烦。

当然，规避上述问题，我们可以通过程序逻辑控制，比如添加 Boolean 值用作开关等。但是，过多的代码逻辑会使 Activity/Fragment 越来越臃肿，而且这种数据与界面强相关的编码方式并不符合良好的架构思想，从而会导致复杂的测试工作以及困难的后期维护。

Android Jetpack 中的 ViewModel 组件为我们提供了处理这些操作的方式，ViewModel 面向单个 Activity 或 Fragment。通过使用 ViewModel，不但能很方便地管理诸如发生屏幕旋转时的数据，还使得 Activity/Fragment 与数据处理逻辑分离，更符合 MVVM 架构思想。

9.2 实战 ViewModel

本节将使用两个示例阐述 ViewModel 的使用方法，分别是在 Activity 中处理屏幕旋转和在 Fragment 之间共享数据。此外，还将阐述 ViewModel 的生命周期以及原理。

ViewModel 类位于 androidx.lifecycle 包内，因此无须添加新的依赖项即可直接使用。

9.2.1　处理屏幕旋转

本节将实现显示程序启动时间的示例，如图 9.1 所示。

图 9.1　显示 App 启动时间的示例

正如示例的功能，图 9.1 中屏幕中央的文字无论何时都应显示为固定值，直到用户退出 App。较为传统的写法如下：

```java
public class MainActivity extends AppCompatActivity {
    private long currentTimeMillis;
    @Override
    protected void onCreate(Bundle savedInstanceState) {
        super.onCreate(savedInstanceState);
        setContentView(R.layout.activity_main);
        TextView centerTv = findViewById(R.id.activity_main_tv);
        initData();
        centerTv.setText(String.valueOf(currentTimeMillis));
    }
    private void initData() {
        currentTimeMillis = System.currentTimeMillis();
    }
}
```

这段代码的逻辑是在 onCreate()方法中初始化数据，然后将获取的时间戳毫秒值交给 TextView 显示。这样的逻辑实际上非常脆弱，当我们旋转屏幕时，会发现屏幕中央的毫秒值发生了变化，因为这一事件将使 onCreate()及后续的生命周期方法再次执行。

下面使用 ViewModel 改写它。

首先创建一个继承自 ViewModel 的类，负责数据的处理，我们将其命名为 StartTimeViewModel。该类的完整代码如下：

```java
public class StartTimeViewModel extends ViewModel {
    private long currentTimeMillis;
    public void fetchCurrentTimeInMillis(OnStartTimeFetchedListener
```

```
onStartTimeFetchedListener) {
        if (currentTimeMillis == 0) {
            currentTimeMillis = System.currentTimeMillis();
        }
        onStartTimeFetchedListener.onStartTimeFetched(currentTimeMillis);
    }
    interface OnStartTimeFetchedListener {
        void onStartTimeFetched(long currentTimeMillis);
    }
}
```

阅读上述代码，可以看到，该类有一个名为 currentTimeMillis 的成员变量。这个变量存储了首次调用 fetchCurrentTimeInMillis() 方法时的时间戳，并通过 OnStartTimeFetchedListener 接口方法 onStartTimeFetched() 回传给它的调用者。

然后，回到 Activity 代码，使用这个类：

```
public class MainActivity extends AppCompatActivity {
    @Override
    protected void onCreate(Bundle savedInstanceState) {
        super.onCreate(savedInstanceState);
        setContentView(R.layout.activity_main);
        TextView centerTv = findViewById(R.id.activity_main_tv);
        StartTimeViewModel startTimeViewModel = new ViewModelProvider(this, new
ViewModelProvider.NewInstanceFactory()).get(StartTimeViewModel.class);
        startTimeViewModel.fetchCurrentTimeInMillis(currentTimeMillis ->
centerTv.setText(String.valueOf(currentTimeMillis)));
    }
}
```

可以看到，此时的 Activity 代码与传统写法相比简单了很多。关键在于 StartTimeViewModel 对象的创建，它并没有通过 new StartTimeViewModel() 的方式创建，而是通过 ViewModelProvider().get();的方式。这是为什么呢？

事实上，如果通过 new StartTimeViewModel() 的方式创建 StartTimeViewModel 对象，就意味着每次都会创建一个新的 StartTimeViewModel 对象，当调用该对象的 fetchCurrentTimeInMillis() 方法时，也将返回当前新的时间戳。这显然不是我们想要的结果。通过 ViewModelProvider().get();的方式创建的对象可以保证它的唯一性。对于本例而言，首次执行 ViewModelProvider(this, new ViewModelProvider.NewInstanceFactory()).get(StartTimeViewModel.class);语句时，将创建新的 StartTimeViewModel 对象；之后再次执行这条语句时，将返回之前创建好的 StartTimeViewModel 对象。读者可自行获取 StartTimeViewModel 对象的 HashCode 进行验证。这样一来，无论屏幕发生怎样的旋转，屏幕中央将始终显示首次获取到的时间戳毫秒值。

有的读者可能会问：如果我想创建多个 StartTimeViewModel 对象，该怎么办呢？其实也很简单，只要通过多次执行 new ViewModelProvider().get();方法，除了传入类外，还需传入不同的 Key。在使用时，通过 Key 找到不同的对象。具体方法如下：

```
StartTimeViewModel startTimeViewModel_1 = new ViewModelProvider(this, new
ViewModelProvider.NewInstanceFactory()).get("key1", StartTimeViewModel.class);
    StartTimeViewModel startTimeViewModel_2 = new ViewModelProvider(this, new
ViewModelProvider.NewInstanceFactory()).get("key2"z, StartTimeViewModel.class);
    StartTimeViewModel startTimeViewModel_3 = new ViewModelProvider(this, new
ViewModelProvider.NewInstanceFactory()).get("key3", StartTimeViewModel.class);
```

至此，我们希望实现的功能就完成了。显而易见，通过使用 ViewModel 组件将原来在 Activity 中执行的数据获取逻辑统统转移到 ViewModel 类中。Activity 的代码更加简洁易读，并在一定程度上减轻了测试与后期维护的负担。

不过，有一定开发经验的朋友可能会有这样的疑问：onSaveInstanceState();方法也可以在界面销毁或重建时保存和恢复数据，为什么还要用 ViewModel 呢？

这是因为，除了 ViewModel 可以简化 Activity 代码外，还有另一个重要原因——使用 onSaveInstanceState()方法保存的数据规模很有限，且必须实现序列化才行。ViewModel 则无此限制。虽然 ViewModel 可以管理的数据规模更大，但不能将数据持久化保存。随着 Activity/Fragment 销毁，ViewModel 中保存的数据也会被销毁。因此，在哪种场景下使用哪种具体的方法，还需做到因地制宜。图 9.2 展示了 ViewModel 的生命周期随 Activity 生命周期变化的示例。

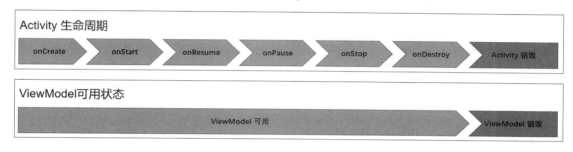

图 9.2　ViewModel 生命周期（以 Activity 为例）

注意，当 ViewModel 销毁时将回调 onCleared();方法。此外，对于屏幕旋转事件，Activity 回调了 onDestroy();但并未完全销毁的情况，ViewModel 始终可用。

9.2.2　在 Fragment 之间共享数据

在 Fragment 页面之间传递数据可以说是在实际开发中经常需要面对和处理的问题。我们先看这样一个页面，如图 9.3 所示。

图 9.3　在 Fragment 之间共享数据示例

整个 Activity 由上下两个 Fragment 构成。上面的 Fragment 中有一个 EditText，下面的 Fragment 则由 TextView 和 Button 构成。这个示例实现的效果是，当下方 Fragment 中的 Button 被点击时，TextView 将显示上方 Fragment 中 EditText 输入的内容（通过 LiveData 还可以实现实时回显输入文本的功能。有关 LiveData 的用法将在第 10 章讲解）。

要实现在 Fragment 之间共享数据并不难，使用 ViewModel 即可。首先，构造一个继承自 ViewModel 的类，用来保存要共享的数据。这个类和普通的实体类很像，只不过继承自 ViewModel，完整代码如下：

```java
public class TextViewModel extends ViewModel {
    private String textContent;
    public String getTextContent() {
        return textContent;
    }
    public void setTextContent(String textContent) {
        this.textContent = textContent;
    }
}
```

然后，分别到两个 Fragment 中使用它，先来看位于上方的 TopFragment 的代码：

```java
public class TopFragment extends Fragment {
    TextViewModel textViewModel;
    @Nullable
    @Override
    public View onCreateView(@NonNull LayoutInflater inflater, @Nullable
ViewGroup container, @Nullable Bundle savedInstanceState) {
        super.onCreateView(inflater, container, savedInstanceState);
        View view = inflater.inflate(R.layout.fragment_top, container);
        EditText inputEt = view.findViewById(R.id.fragment_top_et);
        textViewModel = new ViewModelProvider(requireActivity(), new
ViewModelProvider.NewInstanceFactory()).get(TextViewModel.class);
        inputEt.addTextChangedListener(new TextWatcher() {
            @Override
            public void beforeTextChanged(CharSequence s, int start, int count,
int after) {
            }
            @Override
            public void onTextChanged(CharSequence s, int start, int before, int
count) {
            }
            @Override
            public void afterTextChanged(Editable s) {
                textViewModel.setTextContent(s.toString());
            }
        });
        return view;
    }
}
```

仔细阅读上述代码，重点关注 textViewModel 对象，它通过 ViewModelProvider().get();方法创建。特别注意该方法的参数 requireActivity();方法，该方法是 Fragment 类的方法，将返回该 Fragment 所属的 Activity。看到这，相信读者就明白了。实际上，在 Fragment 之间共享数据是把 Activity 作为数据的"持有者"，并在多个 Fragment 之间使用。因此，位于界面下方的 BottomFragment 代码可以按照如下方式实现：

```
public class BottomFragment extends Fragment {
    private TextView textContentTv;
    private Button refreshUIBtn;
    private TextViewModel textViewModel;
    @Nullable
    @Override
    public View onCreateView(@NonNull LayoutInflater inflater, @Nullable
ViewGroup container, @Nullable Bundle savedInstanceState) {
        super.onCreateView(inflater, container, savedInstanceState);
        View view = inflater.inflate(R.layout.fragment_bottom, container);
        textContentTv = view.findViewById(R.id.fragment_bottom_tv);
        refreshUIBtn = view.findViewById(R.id.fragment_bottom_btn);
        textViewModel = new ViewModelProvider(requireActivity(), new
ViewModelProvider.NewInstanceFactory()).get(TextViewModel.class);
        refreshUIBtn.setOnClickListener(v -> {
            textContentTv.setText(textViewModel.getTextContent());
        });
        return view;
    }
}
```

上述代码中，通过与 TopFragment 相同的方式创建了 textViewModel 对象，然后在按钮监听器中调用了 textViewModel.getTextContent();方法获取保存的数据，最终显示在界面上。

有开发经验的朋友可能会有这样的疑问，像这样在 Fragment 之间共享数据，其实还可以直接在 Activity 中定义变量，并开放 getXxx()、setXxx()方法，最后在 Fragment 中调用这些方法，不是也一样能获取和修改数据吗？其实，这么做确实没什么错误，只是这样做并不符合 MVVM 的架构原则，将数据处理与 UI 逻辑混在了一起。此外，ViewModel 通常会与 LiveData 配合使用。对于本例而言，通过这样的搭配使用将能够实时回显用户输入的文本。这一点单靠在 Activity 中定义变量是远远不够的。

9.2.3　AndroidViewModel

在创建和使用 ViewModel 子类时，有一个很重要的原则，就是不允许将 Context 或包含 Context 引用的对象传入 ViewModel 类，否则将造成内存泄漏。读者可以回看 9.2.1 节和 9.2.2 节中的示例，在继承了 ViewModel 对象的类中并不存在 Context 引用。但在某些需求中，我们不得不使用 Context，此时该如何处理呢？

正确的处理方法是使用 AndroidViewModel 替代 ViewModel。当我们编写一个类，继承自 AndroidViewModel 时，将要求实现如下构造方法：

```
public TextViewModel(@NonNull Application application) {
    super(application);
}
```

可以看到，该方法要求在创建 AndroidViewModel 的子类时传入 Application 对象。如此，便可以将 Application 对象当作 Context 对象使用了。而且 Application 对象并不与某个具体的

Activity/Fragment 紧密相关，因此不会造成内存泄漏。

9.3　与 DataBinding 组件配合使用

至此，对 Android Jetpack 组件我们已经单独介绍了一些，但从未将它们结合起来用。实际上，当它们不再是独立运作的个体，而是相互配合运行的话，将会进一步简化开发过程。本节就来介绍如何将 ViewModel 组件与视图绑定组件结合使用。另外，随着 Android Jetpack 讲解的逐步深入，在后面的章节中会有更多关于搭配多个组件使用的技巧。

DataBinding 组件也就是视图绑定组件，利用它可以帮助我们简化数据与 UI 交互的过程，减少代码量。如果对 DataBinding 组件不太熟悉，可以回看本书第 6 章的内容。

现在，让我们尝试实现一个简单的输入回显功能，如图 9.4 所示。

图 9.4　ViewModel 与 Navigation 组件结合使用的示例

整个界面由两部分构成，分别是手机号输入区和输入内容的回显区。

我们先从用于存放数据的自定义 ViewModel 类谈起，为了实现本示例的功能，这个类不仅需要继承 ViewModel，还需手动实现 Observable 接口，只有这样才能让 UI 实时感知数据的变化。下面是该类完整的代码：

```
public class PhoneViewModel extends ViewModel implements Observable {
    private PropertyChangeRegistry callbacks = new PropertyChangeRegistry();
    private String phoneNum;
    @Bindable
    public String getPhoneNum() {
        return phoneNum;
    }
    public void setPhoneNum(String phoneNum) {
        this.phoneNum = phoneNum;
```

```
    }
    @Override
    public void addOnPropertyChangedCallback(OnPropertyChangedCallback
callback) {
        callbacks.add(callback);
    }
    @Override
    public void removeOnPropertyChangedCallback(OnPropertyChangedCallback
callback) {
        callbacks.remove(callback);
    }
    public void notifyChange() {
        callbacks.notifyCallbacks(this, 0, null);
    }
    public void notifyPropertyChanged(int fieldId) {
        callbacks.notifyCallbacks(this, fieldId, null);
    }
}
```

　　上述代码中，要注意的是 PropertyChangeRegistry 对象。从名称上看，它负责处理属性值改变。使用 PropertyChangeRegistry 对象是十分必要的，除了 getXxx() 和 setXxx() 外，剩下的几个方法均使用了 PropertyChangeRegistry 对象。最后的两个方法 notifyChange() 和 notifyPropertyChanged() 是通知数据发生变化的"触发器"，前者将通知所有数据值改变，后者将通知特定的数据值改变。当数据值发生改变时，调用这两个方法即可更新与其相关的 UI 视图组件。

　　准备完自定义的 ViewModel 子类后，来看布局文件，将 UI 组件与数据绑定，完整代码如下：

```xml
<layout xmlns:android="http://schemas.android.com/apk/res/android"
    xmlns:tools="http://schemas.android.com/tools"
    tools:context=".PhoneNumInputActivity">
    <data>
        <variable
            name="phoneViewModel"
            type="com.example.viewmodelwithnavigationdemo.PhoneViewModel" />
    </data>
    <LinearLayout
        android:layout_width="match_parent"
        android:layout_height="match_parent"
        android:gravity="center"
        android:orientation="vertical"
        android:padding="20dp">
        <LinearLayout
            android:layout_width="match_parent"
            android:layout_height="wrap_content"
            android:orientation="horizontal">
            <TextView
                android:layout_width="wrap_content"
                android:layout_height="wrap_content"
                android:text="@string/common_phone_number"
                android:textSize="24sp" />
            <EditText
                android:id="@+id/activity_phone_num_input_et"
                android:layout_width="match_parent"
                android:layout_height="wrap_content"
```

```
            android:inputType="phone"
            android:text="@={phoneViewModel.phoneNum}"
            android:textSize="24sp" />
    </LinearLayout>
    <LinearLayout
        android:layout_width="match_parent"
        android:layout_height="wrap_content"
        android:orientation="horizontal">
        <TextView
            android:layout_width="wrap_content"
            android:layout_height="wrap_content"
            android:text="@string/common_phone_number_already_input"
            android:textSize="24sp" />
        <TextView
            android:id="@+id/activity_login_pwd_input_tv"
            android:layout_width="match_parent"
            android:layout_height="wrap_content"
            android:text="@{phoneViewModel.phoneNum}"
            android:textSize="24sp" />
    </LinearLayout>
    </LinearLayout>
</layout>
```

这里，我们重点关注 ID 为 activity_phone_num_input_et 的 EditText 和 ID 为 activity_login_pwd_input_tv 的 TextView。前者通过双向数据绑定实现对 phoneNum 值的获取和修改，后者实现了对 phoneNum 值的获取。

最后来看 Activity，通过监听 EditText 中文本改变的方式通知数据更新，实现输入内容的实时回显。

```
public class PhoneNumInputActivity extends AppCompatActivity {
    @Override
    protected void onCreate(Bundle savedInstanceState) {
        super.onCreate(savedInstanceState);
        ActivityPhoneNumInputBinding binding =
DataBindingUtil.setContentView(this, R.layout.activity_phone_num_input);
        PhoneViewModel phoneViewModel = new ViewModelProvider(this, new
ViewModelProvider.NewInstanceFactory()).get(PhoneViewModel.class);
        binding.setPhoneViewModel(phoneViewModel);
        EditText phoneInputEt =
findViewById(R.id.activity_phone_num_input_et);
        phoneInputEt.addTextChangedListener(new TextWatcher() {
            @Override
            public void beforeTextChanged(CharSequence s, int start, int count,
int after) {
            }
            @Override
            public void onTextChanged(CharSequence s, int start, int before, int
count) {
            }
            @Override
            public void afterTextChanged(Editable s) {
    //          phoneViewModel.notifyChange();
                phoneViewModel.notifyPropertyChanged(BR.phoneNum);
            }
```

```
        });
    }
}
```

完成编码后，重新运行 App，并在 EditText 中输入一些内容。顺利的话，将会在下方的 TextView 中回显已经输入的文本。

总的来说，DataBinding 可以帮助我们更好地实现 UI 与数据的绑定，但无法为数据的管理提供帮助。得益于 ViewModel 在数据管理上的特长，将二者结合将减少开发过程中的时间成本并在一定程度上规避产品缺陷。

当然，上述功能我们还可以直接使用 LiveData 与 DataBinding 结合的方式实现，且更加容易，具体方法读者可阅读第 10 章的内容。

第 10 章

LiveData 实时数据

讲到 LiveData，不得不提观察者模式。观察者模式是设计模式的一种，简单地说，就是当某个对象的值发生变化时，依赖它的对象都能收到通知。比如页面 A（观察者）和页面 B（观察者）都需要显示某个对象（被观察者）的值，当这个对象（被观察者）的值发生变化时，页面 A（观察者）和页面 B（观察者）都会被动地收到通知，然后主动获取新的数据。LiveData 与观察者模式很类似，但它更适用于开发 Android App。

为什么这么说呢？使用 LiveData 能获得哪些好处呢？如何使用 LiveData 呢？完成本章的学习，你将得到满意的答案。

10.1　概　述

相较于传统的观察者模式，LiveData 增加了对 Activity、Fragment 以及 Service 生命周期的支持。具体来说，就是 LiveData 组件会智能地判断观察者是否处于活动状态。一个较为典型的例子是 Activity 为观察者时是否处于 Start 或 Resumed 状态，仅当 Activity 处于这两个状态时，LiveData 组件才会认为其处于活动状态，与之相关的被观察者的改变才会通知到这个 Activity，否则将不会通知。当 Activity 或其他具有生命周期的组件被销毁时，LiveData 组件将自动取消其对被观察者的监听。这不仅简化了开发过程，还规避了内存泄漏及某些空指针异常的风险。

LiveData 与 ViewModel 结合使用是较为常见的编码方式，虽然它们都与生命周期相关，但要特别注意 LiveData 与 ViewModel 的区别。ViewModel 实现了 UI 与数据处理逻辑的分离，能很好地管理数据；LiveData 则指导 UI 何时使用这些数据。此外，LiveData 还能实现跨组件的数据共享；ViewModel 则是针对单个 UI 组件而言的。

10.2　LiveData 组件的简单使用

接下来，我们用一个简单的示例来学习如何使用 LiveData 组件以及观察其运行机制，使用 LiveData 无须添加任何依赖项即可调用其 API。

如图 10.1 所示，页面始终显示当前时间，精确到秒，即每隔 1 秒文字将变化一次。使用 LiveData 实现上述功能并不难，仅需 3 个步骤：创建 ViewModel 子类、实现数据监听逻辑以及实现数据更新逻辑。

图 10.1　显示当前时间的示例

我们先来创建 ViewModel 子类，这个类负责管理数据。通过该类的对象，我们可以随时获取到最新的数据以及为数据赋值（有关 ViewModel 的使用方法，读者可参考本书第 9 章的内容）。该类完整代码如下：

```java
public class CurrentTimeViewModel extends ViewModel {
    private MutableLiveData<String> currentTime;
    public MutableLiveData<String> getCurrentTime() {
        if (currentTime == null) {
            currentTime = new MutableLiveData<>();
        }
        return currentTime;
    }
    public void setCurrentTime(String currentTime) {
        if (currentTime == null) {
            this.currentTime = new MutableLiveData<>();
        }
        this.currentTime.postValue(currentTime);
    }
}
```

仔细阅读上述代码，特别留意这里的 currentTime 变量，它是 MutableLiveData 类型的，该类型是使用 LiveData 的必须要求。MutableLiveData 类是 LiveData 的子类，它可以封装几乎各种类型的数据，覆盖了日常开发的需求。对于本例而言，它封装的类型是 String。在赋值时不要忘了非空判断，否则将引发空指针异常。

还需要注意的是，MutableLiveData 提供了两种赋值方法，分别为 postValue();和 setValue();。前者用于在非 UI 线程中赋值，后者则是在 UI 线程中赋值。对于本例，我们将启动 Timer 计时器周期性地获取当前时间，属于在非线程中赋值，因此使用 postValue();方法。

接着，回到 Activity 中，实现对象的监听逻辑，具体代码片段如下：

```
CurrentTimeViewModel currentTimeViewModel = new ViewModelProvider(this, new
ViewModelProvider.NewInstanceFactory()).get(CurrentTimeViewModel.class);
Observer<String> currentTime = new Observer<String>() {
    @Override
    public void onChanged(String str) {
        Log.d(TAG, "UI 更新");
        if (str != null) {
            contentTv.setText(str);
        } else {
            contentTv.setText(R.string.app_name);
        }
    }
};
currentTimeViewModel.getCurrentTime().observe(this, currentTime);
```

上述代码中，currentTime 对象的类型是 Observer，其中的 onChanged();方法是接收到数据改变后的回调方法，我们通常在该方法中实现对 UI 界面的刷新工作。需要特别注意的是，由于 LiveData 组件在 Activity 处于 Start 状态时认定其处于活动状态，因此在 Resumed 之前，onChanged();方法就有可能会被调用。上面代码最后一句的作用是与当前组件的生命周期相关联，对于本例而言，this 意为 Activity。需要注意的是，Activity 或 Fragment 的 onResume();回调方法可能会执行多次，因此建议读者将监听逻辑写在 onCreate();方法中。

最后，实现 Timer 定时器：

```
timer = new Timer();
timerTask = new TimerTask() {
    @Override
    public void run() {
        currentTimeViewModel.setCurrentTime(new Date().toString());
        Log.d(TAG, "currentTimeViewModel 值改变");
    }
};
timer.schedule(timerTask, 0, 1000);
```

此外，为了更直观地观察 LiveData 的工作状态，笔者分别在 Activity 中的 onStart();、onDestroy();以及 onPause();方法中输出了 Log。

现在运行 App，观察页面变化和 Logcat 中的日志输出。尝试回到手机的 Launcher，随后再回到 App，或退出程序等，可以发现，一旦 Activity 进入 Pause 状态，即使计时器仍然在改变 currentTimeViewModel 对象的值，UI 界面也不再能接收到值改变的通知；一旦 Activity 进入 Start 状态，便能立即收到通知。也就是说，触发 onChanged();回调方法有两个途径：一是数据发生变化，二是关联的组件由非活动状态转为活动状态。

　　从 Logcat 的输出上看，将观察到类似如图 10.2 所示的结果。

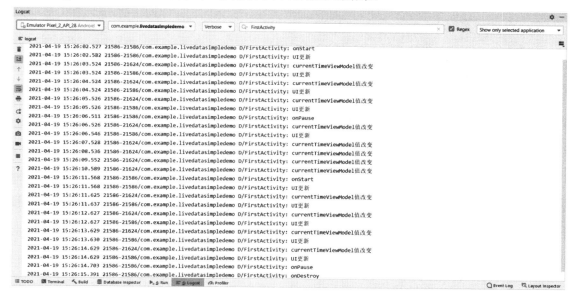

图 10.2　示例运行时 Logcat 输出

　　图 10.2 中的日志记录了 App 启动后，回到 Launcher，然后再次回到 App，最后退出 App 的运行情况。

10.3　跨组件数据共享

　　通过上一节内容的学习，相信读者已经对 LiveData 的基本使用和相关回调的触发时机有所了解，本节将进一步深入介绍 LiveData，实现组件间的数据共享。本节使用的示例依旧如图 10.1 所示，只不过这一次的数据更新由 Service 组件完成，并在 Activity 上面显示，用于保存时间值的变量将在 Service 和 Activity 之间共享。

　　这样的场景通常应用在共享用于全局访问的数据上，比如多个 Activity 需要同时访问同一数据源，或当常驻后台的线程改变数据源时刷新多个 UI 组件，或在不同 UI 组件中对某个数据源显示为不同的内容，等等。

　　若要实现本节的示例，依旧分为 3 步进行：创建 LiveData 子类，在 Service 中实现数据的更新以及在 Activity 中实现数据的实时显示。我们先来看第一步——创建 LiveData 子类。

　　对于本例而言，LiveData 子类可以如下实现：

```java
public class ShareExampleLiveData extends LiveData<Long> {
    private long currentTimeMillis;
    private static ShareExampleLiveData instance;
    @MainThread
    public static ShareExampleLiveData getInstance() {
        if (instance == null) {
            instance = new ShareExampleLiveData();
```

```
        }
        return instance;
    }
    @Override
    protected void postValue(Long value) {
        super.postValue(value);
        currentTimeMillis = value;
    }
    @Override
    protected void setValue(Long value) {
        super.setValue(value);
        currentTimeMillis = value;
    }
    @Nullable
    @Override
    public Long getValue() {
        super.getValue();
        return currentTimeMillis;
    }
    @Override
    protected void onActive() {
        super.onActive();
    }
    @Override
    protected void onInactive() {
        super.onInactive();
    }
}
```

可以看到，为了实现跨组件的数据共享，用于管理数据的 ShareExampleLiveData 类继承了 LiveData，并且实现了单例。这样做确保了在所有组件间使用的 LiveData 子类类型对象都是同一个实例，也就保证了 LiveData 类中的成员变量的唯一性。对于本例而言，ShareExampleLiveData 类便是 LiveData 的子类，其中的成员变量 currentTimeMillis 是 Long 类型的，存储了用于显示时间的毫秒值数据。重写的 postValue();、setValue();以及 getValue();方法中，实现了对 currentTimeMillis 的赋值和取值。onActive();和 onInactive();方法在使用 ShareExampleLiveData 对象的组件发生状态改变时触发调用，从名称上看不难理解，前者在组件切换至活动状态时调用，后者则在组件切换至非活动状态时调用。对于本例而言，以上两个方法无须做额外处理，因此仅做了 Log 输出一件事。

接着，继续实现后台 Service。本例中，Service 的作用是更新当前的毫秒值。这一步非常简单，仅需使用 Java 中的 Timer 和 TimerTask 类创建间隔 1 秒的定时任务即可，关键代码如下：

```
timer = new Timer();
timerTask = new TimerTask() {
    @Override
    public void run() {

ShareExampleLiveData.getInstance().postValue(System.currentTimeMillis());
    }
};
timer.schedule(timerTask, 0, 1000);
```

建议读者将上述代码放在 onCreate();方法中，因为在多次执行 startService();方法时，onCreate();

方法不会发生重复调用的情况，从而可以避免创建冗余的定时任务。另外，由于更新数据发生在非 UI 线程中，因此需要调用 postValue();方法更新数据。对于在 UI 线程中的操作，请使用 setValue(); 方法。

　　需要特别注意的是，由于 Service 没有实现 LifecycleOwner 接口，因此默认情况下，Service 并不会与 LifeCycle 组件联动。而若要在 Service 中实时取得 LiveData 中的数据，则 LifecycleOwner 对象又是不可或缺的参数。综上，在实际开发过程中，如果需要在 Service 中观察数据的动态变化情况，就需要手动实现 LifecycleOwner 接口，并与 LiveData 结合使用。有关这部分内容，读者可参考 10.5.1 节。

　　至此，还差最后一步，即在 Activity 中观察数据的变化并显示在界面上。这一步操作非常简单，仅需一行代码即可实现：

```
ShareExampleLiveData.getInstance().observe(this, timeMillis -> ((TextView)
findViewById(R.id.activity_main_time_tv)).setText(new
Date(timeMillis).toString()));
```

　　这一步无须做过多解释，与上一节中观察数据的方法基本一致，唯一的区别就是使用了 ShareExampleLiveData 的单例模式。

　　完成编码后，运行 App，顺利的话可以看到图 10.1 所示的界面。同时，界面上的时间将每隔 1 秒更新一次，始终显示的是最新的时间。

　　接下来，读者可自行尝试修改 Activity，将其改为由两个 Fragment 构成，其中一个 Fragment 显示日期，另一个显示时间，数据源依旧与 Service 共享。通过这样的练习，将会对跨组件共享数据有更全面的认识。

10.4　转换、获取、合并 LiveData 对象

　　我们知道，作为可以实现跨组件共享数据的 LiveData 对象，当然会在多个组件之间使用，这些组件可能是多个 Activity，或发生在 Activity 与 Service 组件之间。通过前 3 节的学习，相信读者在实现上述需求的时候并不会感到棘手。但如果能有更便捷、安全且对性能更加友好的使用方式，岂不是更好？

　　本节将讲述如何对 LiveData 对象的类型转换、获取某个 LiveData 对象以及合并多个 LiveData 对象 3 个方面以更佳的方式使用 LiveData。

10.4.1　转换 LiveData 对象类型

　　转换 LiveData 在何时使用呢？想象这样一个场景，还是在不同的界面显示时间，但时间的内容和格式互不相同，有的地方显示为日期的年月日，有的地方显示为年月，有的地方显示为 24 小时格式的时分，有的地方显示为 12 小时格式的时分秒，有的地方则需要日期时间全部展示……并且允许用户通过设置改变这些格式。

　　为了让这些界面都能使用同一数据源，最直接的方法便是使用 LiveData 保存时间戳毫秒值，就像之前 10.2 节和 10.3 节中的示例那样。但不可避免的是要在显示时间的 UI 层面做时间戳到最终显

示文本的转换。

　　LiveData 组件为简化 UI 层面的数据工作，支持 LiveData 对象的类型转换。举例来说，对于前文描述的情形，我们可以将持有 Long 型数据源的 LiveData 对象转换为多个持有 String 类型数据源的 LiveData 对象，每个这样的对象对应一种显示格式。这样一来，在 UI 层面仍然只需对 LiveData 进行监听并直接使用其中持有的数据即可。如此，便可简化掉 UI 层面的数据转换逻辑。

　　接下来，我们一起来看具体的代码片段：

```
LiveData<String> fullDateTimeLiveData =
Transformations.map(ShareExampleLiveData.getInstance(), dateTimeLong -> new
Date(dateTimeLong).toString());
```

　　可以看到，fullDateTimeLiveData 对象便是经过转换后的 LiveData 对象。最初的数据源仍然是来自 ShareExampleLiveData.getInstance()管理的 Long 型值（ShareExampleLiveData.getInstance()以单例模式返回 LiveData 对象，ShareExampleLiveData 类的具体实现可参考 10.3 节中的示例）。具体的类型转换由 Transformations.map()方法完成，它需要两个参数，第一个是数据源，通常是 LiveData 对象；第二个则是类型转换的具体逻辑方法。

　　回到 UI 层，我们可以通过监听 fullDateTimeLiveData 对象中数据的变化更新界面内容。方法如下：

```
fullDateTimeLiveData.observe(this,dateTimeString->((TextView)
findViewById(R.id.activity_main_time_tv)).setText(fullDateTimeLiveData.getValue
()));
```

　　如此一来，数据转换逻辑与 UI 便可分开实现，更加符合 MVVM 的架构思想。

10.4.2　获取 LiveData 对象

　　看到本节的标题，有的朋友可能会问：我们不是一直都在使用 LiveData 对象吗，为什么还要获取呢？其实，这里"获取"的含义并不是直接使用这么简单。想象一下这样的场景：一个存放商品的库房，为多个便利店供应商品，需要实时观察库房的存货总量。这时，我们便不再关心某个便利店的情况，而是直接观察库房的存货总量。

　　为了突出重点，我们将上述情况进行适度简化。假设某库房现有商品 1000 件，由 Alpha 和 Beta 两个商店同时进行销售，Alpha 的卖货速度是每 2 秒售出 1 件，Beta 则是每 1 秒售出 2 件。当任何一个商店销售出商品后，触发界面数据的更新逻辑，显示内容即为库房存货数量。

　　下面逐步实现上述要求。首先实现的便是两个商店的 LiveData 类，以 Alpha 店为例，该类完整的代码如下：

```
public class StoreAlphaLiveData extends LiveData<Long> {
    private long currentTimeMillis;
    private static StoreAlphaLiveData instance;
    @MainThread
    public static StoreAlphaLiveData getInstance() {
        if (instance == null) {
            instance = new StoreAlphaLiveData();
        }
        return instance;
    }
```

```java
        @Override
        protected void postValue(Long value) {
            super.postValue(value);
            currentTimeMillis = value;
        }
        @Override
        protected void setValue(Long value) {
            super.setValue(value);
            currentTimeMillis = value;
        }
        public int getSellingSpeed() {
            return 1;
        }
        @Nullable
        @Override
        public Long getValue() {
            super.getValue();
            return currentTimeMillis;
        }
        @Override
        protected void onActive() {
            super.onActive();
        }
        @Override
        protected void onInactive() {
            super.onInactive();
        }
    }
}
```

通过阅读上面的代码可以发现，该类保存了时间戳数据。我们还会注意到该类有一个名为 getSellingSpeed();的方法，该方法永远返回 1，它表示 Alpha 店在一次销售中卖出的产品数量。在真实的开发中，根据具体的功能需求，会包含更多数据，且通常每次售出的产品数量并不会永远为 1。为了突出重点，这里的示例简化了具体的业务逻辑。

如法炮制，编写 StoreBetaLiveData 类，用来代表 Beta 店，其中的单次销售数量返回 2。具体代码就不再列出了，读者可参考上面 StoreAlphaLiveData 类的代码。

下面继续实现代表库房商品的 LiveData 类，我们将其命名为 WarehouseLiveData，其完整代码如下：

```java
public class WarehouseLiveData extends LiveData<Integer> {
    private int amount;
    private static WarehouseLiveData instance;
    @MainThread
    public static WarehouseLiveData getInstance(int initialAmount) {
        if (instance == null) {
            instance = new WarehouseLiveData(initialAmount);
        }
        return instance;
    }
    public WarehouseLiveData(int initialAmount) {
        this.amount = initialAmount;
    }
    @Override
```

```
    protected void postValue(Integer value) {
        super.postValue(value);
        amount = value;
    }
    @Override
    protected void setValue(Integer value) {
        super.setValue(value);
        amount = value;
    }
    @Nullable
    @Override
    public Integer getValue() {
        super.getValue();
        return amount;
    }
    public void sell(int goodCount) {
        amount -= goodCount;
        if (amount < 0) {
            amount = 0;
        }
        postValue(amount);
    }
    @Override
    protected void onActive() {
        super.onActive();
    }
    @Override
    protected void onInactive() {
        super.onInactive();
    }
}
```

显而易见，该类使用了名为 amount 的 int 类型值保存存货数量，并开放了 sell();方法。该方法将改变 amount 的值并发出通知，以便观察者可以及时地感知数据变化。

至此，所有的 LiveData 类已经编码完成。下面轮到将它们"组装"到一起了。

正如前文所述，Alpha 店的销售速度是每 2 秒卖出 1 件，Beta 店的销售速度是每 1 秒卖出 2 件，因此我们需要在代码中实现 2 个定时任务，用于触发 Alpha 和 Beta 店的销售动作，具体代码片段如下：

```
Timer storeAlphaTimer = new Timer();
TimerTask storeAlphaTimerTask = new TimerTask() {
    @Override
    public void run() {

StoreAlphaLiveData.getInstance().postValue(System.currentTimeMillis());
    }
};
storeAlphaTimer.schedule(storeAlphaTimerTask, 0, 2000);
Timer storeBetaTimer = new Timer();
TimerTask storeBetaTimerTask = new TimerTask() {
    @Override
    public void run() {
```

```
StoreBetaLiveData.getInstance().postValue(System.currentTimeMillis());
        }
    };
    storeBetaTimer.schedule(storeBetaTimerTask, 0, 1000);
```

最后，我们通过 Transformations.switchMap();方法直接观察 WarehouseLiveData（即库房存货 LiveData 类）的数据：

```
LiveData<Integer> currentAlphaAmount =
        Transformations.switchMap(StoreAlphaLiveData.getInstance(),
                timeMillis -> {

WarehouseLiveData.getInstance(1000).sell(StoreAlphaLiveData.getInstance().getSe
llingSpeed());

                    return WarehouseLiveData.getInstance(1000);
                });
    currentAlphaAmount.observe(this, amount ->
amountTv.setText(String.valueOf(amount)));
    LiveData<Integer> currentBetaAmount =
        Transformations.switchMap(StoreBetaLiveData.getInstance(),
                timeMillis -> {

WarehouseLiveData.getInstance(1000).sell(StoreBetaLiveData.getInstance().getSel
lingSpeed());

                    return WarehouseLiveData.getInstance(1000);
                });
    currentBetaAmount.observe(this, amount ->
amountTv.setText(String.valueOf(amount)));
```

仔细阅读上面的代码，可以发现 Transformations.switchMap();方法需要两个参数：第一个参数可以看作触发后续操作的最初动作，即便利店卖出了货；第二个参数则是后续操作的具体实现，即库存减少。因为我们关心的是每次卖出货后的库存总量，因此最终返回保存库存数量的 LiveData 类。最后，观察这个类，当存量发生变化时，及时地将数据设置到 UI 控件上。至此，整个过程便完成了。

10.4.3 合并多个 LiveData 对象

我们继续优化上一节的示例代码。在 10.4.2 节的最后介绍了 Transformations.switchMap();方法，并使用了 currentAlphaAmount 和 currentBetaAmount 对应 Alpha 店和 Beta 店在卖出货后的库房总库存情况。很明显，它们的逻辑很像，都是将 amount 变量值设置到同一个 TextView 上。有没有办法合并它们呢？答案是当然有。

合并多个 LiveData 对象使用 MediatorLiveData 类即可，该类是 LiveData 的子类。我们可以通过调用 addSource();和 observe();方法实现多个 LiveData 对象的合并，并将统一处理变化后的结果值。对于 10.4.3 节的示例，我们可以将 currentAlphaAmount 和 currentBetaAmount 两个 LiveData 对象结合，具体代码如下：

```
MediatorLiveData<Integer> storeLiveData = new MediatorLiveData<>();
storeLiveData.addSource(currentAlphaAmount, storeLiveData::setValue);
storeLiveData.addSource(currentBetaAmount, storeLiveData::setValue);
storeLiveData.observe(this, amount ->
amountTv.setText(String.valueOf(amount)));
```

当然，对于只合并两个 LiveData 对象而言，似乎这种方式并没有简化很多代码。但对于单个 UI 控件而言，一旦发生改变的地方较多且零散，后期维护的成本就会很高。此时，使用 MediatorLiveData 对象进行合并观察便是上上之选了。

需要特别注意的是，addSource();方法允许传入两个参数，第一个参数是要被合并观察的 LiveData 对象；第二个参数则是 Observer 类型的匿名内部类，我们可以在其回调的 onChanged();方法中对数据进行处理，以便统一数据值类型，确保在合并这些值时不会出错。对于本例而言，以 Alpha 店为例，若不使用 Lambda 表达式，其代码为：

```
storeLiveData.addSource(currentAlphaAmount, new Observer<Integer>() {
    @Override
    public void onChanged(Integer integer) {
        storeLiveData.setValue(integer);
    }
});
```

对应使用 Lambda 表达式后的写法：

```
storeLiveData.addSource(currentAlphaAmount, storeLiveData::setValue);
```

10.5　与其他架构组件配合使用

随着讲解的逐渐深入，到本章为止，我们已经阐述了 5 个 Android Jetpack 架构组件。可喜的是，LiveData 可以和其中 3 个组件配合使用，从而简化编码过程，这 3 个组件分别是 Lifecycle、DataBinding 以及 ViewModel。此外，LiveData 还能与 Room 配合使用，这部分内容将在第 12 章详述。本章将针对 LiveData 如何与 Lifecycle、DataBinding 以及 ViewModel 组件配合使用进行详细阐述。

10.5.1　LiveData 与 LifeCycle

我们已经知道，LiveData 是对生命周期敏感的组件。在本章前面的内容中大多数示例都是在 Activity 中使用 LiveData 的，但如果在 Service 中使用 LiveData，就需要我们做些额外工作了，因为 Service 在默认情况下没有实现 LifecycleOwner 接口，因此 LiveData 无法与其联动。

既然我们已经了解到这一点，那么解决这个问题的思路就很清晰了——让 Service 实现 LifecycleOwner 接口即可。

在 10.3 节的示例中使用了 Service，我们以此为例，该 Service 的完整代码如下：

```
public class TimeUpdateService extends Service implements LifecycleOwner {
    private Timer timer;
    private TimerTask timerTask;
    private LifecycleRegistry mLifecycleRegistry = new LifecycleRegistry(this);
    @Nullable
    @Override
    public IBinder onBind(Intent intent) {
        mLifecycleRegistry.handleLifecycleEvent(Lifecycle.Event.ON_RESUME);
        return null;
    }
    @Override
```

```java
public boolean onUnbind(Intent intent) {
    mLifecycleRegistry.handleLifecycleEvent(Lifecycle.Event.ON_STOP);
    return super.onUnbind(intent);
}
@Override
public int onStartCommand(Intent intent, int flags, int startId) {
    mLifecycleRegistry.handleLifecycleEvent(Lifecycle.Event.ON_START);
    return super.onStartCommand(intent, flags, startId);
}
@Override
public void onCreate() {
    super.onCreate();
    mLifecycleRegistry.handleLifecycleEvent(Lifecycle.Event.ON_CREATE);
    ShareExampleLiveData.getInstance().observe(this, timeMillis ->
Log.d(TAG, timeMillis + ""));
    timer = new Timer();
    timerTask = new TimerTask() {
        @Override
        public void run() {
ShareExampleLiveData.getInstance().postValue(System.currentTimeMillis());
        }
    };
    timer.schedule(timerTask, 0, 1000);
}
@Override
public void onDestroy() {
    super.onDestroy();
    mLifecycleRegistry.handleLifecycleEvent(Lifecycle.Event.ON_DESTROY);
    timer.cancel();
}
@NonNull
@Override
public Lifecycle getLifecycle() {
    return mLifecycleRegistry;
}
}
```

上述代码中实现了 LifecycleOwner 的接口方法，如此，便可在调用
ShareExampleLiveData.observe();方法时将 this 当作参数传入，实现对 ShareExampleLiveData 的数据
监听。

有关 LifecycleOwner 接口的详细说明读者可参考本书第 7 章的内容。

10.5.2　ViewModel、LiveData 与 DataBinding

DataBinding 是数据绑定组件，简化了从数据到 UI 的双向通信。在第 9 章中，我们曾经介绍过
同时使用 ViewModel 与 DataBinding，那是一种更加符合 MVVM 架构思想的编程方式，即将数据操
作与 UI 层面彻底分开，LiveData 同样也可以做到这一点，能够将数据的变化及时通知给 UI 层面，
且编码更加简易。

本节的示例如图 10.3 所示。

图 10.3　显示当前时间的示例

相信读者已经很熟悉这个界面了。这个界面用于显示当前时间，且每隔 1 秒更新。这次我们用 ViewModel、LiveData 和 DataBinding 实现。

首先来看 TimeViewModel 类，这个类存储了 LiveData 类型的数据源和数据操作逻辑，完整代码如下：

```java
public class TimeViewModel extends ViewModel {
    private final MediatorLiveData<Long> currentDateTimeRaw;
    private final LiveData<String> currentDateTime;
    private Timer timer;
    public TimeViewModel() {
        this.currentDateTimeRaw = new MediatorLiveData<>();
        this.currentDateTime = Transformations.map(currentDateTimeRaw,
timeMillis -> new Date(timeMillis).toString());
    }
    public LiveData<String> getCurrentDateTime() {
        return currentDateTime;
    }
    public void startRefresh() {
        timer = new Timer();
        timer.schedule(new TimerTask() {
            @Override
            public void run() {
                currentDateTimeRaw.postValue(System.currentTimeMillis());
            }
        }, 0, 1000);
    }
    public void stopRefresh() {
        if (timer != null) {
            timer.cancel();
        }
    }
}
```

通过阅读上述代码可以发现，该类中包含一个构造方法以及三个公开方法。

在构造方法中，currentDateTimeRaw 是 MediatorLiveData 类型的，它保存着原始的 Long 型时间戳毫秒值。currentDateTime 是 LiveData 类型的，它通过 Transformations.map();方法构建，保存着当前时间的字符串型供用户查看的数据。当 currentDateTimeRaw 中的值改变时，将触发 currentDateTime 值发生变化。getCurrentDateTime();方法给 XML 布局文件提供数据值，它将返回字符串型供用户查看的时间值。后面的 startRefresh();和 stopRefresh();分别表示定时任务的开启与结束。定时任务的作用是更新 Long 型原始时间戳，只有当定时任务开启时，界面上的时间才会每隔 1 秒更新一次。

完成了 ViewModel 类的编码后，再来看布局文件：

```
<layout xmlns:android="http://schemas.android.com/apk/res/android"
    xmlns:tools="http://schemas.android.com/tools"
    tools:context=".MainActivity">
    <data>
        <variable
            name="timeViewModel"
            type="com.example.livedatawithdatabindingdemo.TimeViewModel" />
    </data>
    <androidx.constraintlayout.widget.ConstraintLayout
xmlns:app="http://schemas.android.com/apk/res-auto"
        android:layout_width="match_parent"
        android:layout_height="match_parent">
        <TextView
            android:layout_width="wrap_content"
            android:layout_height="wrap_content"
            android:text="@{timeViewModel.currentDateTime}"
            android:textSize="36sp"
            app:layout_constraintBottom_toBottomOf="parent"
            app:layout_constraintLeft_toLeftOf="parent"
            app:layout_constraintRight_toRightOf="parent"
            app:layout_constraintTop_toTopOf="parent" />
    </androidx.constraintlayout.widget.ConstraintLayout>
</layout>
```

上面的代码是完整的 Activity 布局，如果对 DataBinding 组件了如指掌，那么会很容易理解这段代码；如果感觉理解这段代码有一定难度，请阅读本书第 6 章的内容。

最后回到 Activity 类，将包含 LiveData 数据的 ViewModel 类与布局文件关联到一起：

```
public class MainActivity extends AppCompatActivity {
    private TimeViewModel timeViewModel;
    @Override
    protected void onCreate(Bundle savedInstanceState) {
        super.onCreate(savedInstanceState);
        ActivityMainBinding binding = DataBindingUtil.setContentView(this,
R.layout.activity_main);
        binding.setLifecycleOwner(this);
        timeViewModel = new TimeViewModel();
        timeViewModel.startRefresh();
        binding.setTimeViewModel(timeViewModel);
    }
    @Override
    protected void onDestroy() {
        super.onDestroy();
```

```
            timeViewModel.stopRefresh();
    }
}
```

　　由于 LiveData 是生命周期敏感的组件，因此要特别注意不要忘了手动调用 ActivityMainBinding.setLifecycleOwner();方法，这一点在只使用 ViewModel 的时候是不需要的。

　　完成编码后，运行 App，可以得到图 10.3 所示的效果，且时间会每隔 1 秒发生变化。

　　好了，ViewModel、LiveData 与 DataBinding 三个组件的配合使用就讲解到这里。对于刚刚上手使用它们的朋友而言，可能会觉得略显烦琐，但只要运用熟练和恰当，将大幅简化编码工作，提升开发效率，写出易于理解、便于维护的代码。

第11章

WorkManager 任务管理器

本章探讨的内容是 WorkManager 组件，直接翻译过来就是任务管理器。在真实的软件需求中，有一些功能需要在退出软件（不是强行停止）后继续保持运行。对于这样的功能，使用 WorkManager 再合适不过了。

11.1 概　述

WorkManager 支持单次和固定时间间隔的多次任务，且可通过参数的配置实现预约执行、条件执行等多种要求。

举个例子，某个软件中的日志上传功能的上传机制是每隔 2 个小时上传一次。显然，它是一个定时且周期执行的任务。对于 WorkManager 组件而言，实现这样的功能简直是小菜一碟。

再比如，用户希望缓存一段时间较长的视频，由于视频文件较大，用户预约了仅在有 WiFi 连接的时候进行下载，然后便退出了 App。实际上，在用户完成预约下载的一瞬间，一个 Work 便生成了，并交付给 WorkManager。显然，它是一次性任务，且必须满足有 WiFi 连接时才进行。如果当前处于 WiFi 环境下，任务会立即被执行；反之，当设备连接到 WiFi 后，任务才会被执行。

此外，考虑一个真实的工作场景：你希望通过番茄工作法提高工作效率和休息效率。这时，你需要一个定时器（番茄钟），每工作 25 分钟就提示休息 5 分钟，休息时间到后，要提示你该回去工作了。诸如此类需要进行预约的任务，WorkManager 也能轻松完成。

从原理上看，WorkManager 支持 API Level 14（即 Android 4.0）及以上版本的 Android 操作系统，它取代了之前的 JobScheduler 等任务调度 API，并整合了它们。对于开发者而言，无须再记忆和检索那些旧的 API，只要掌握 WorkManager API 的使用就可以了。

除了上面举的几个例子之外，WorkManager 还开放了在任务失败时的重试逻辑，开发者可以定义重试任务的时间间隔。此外，WorkManager 还支持多任务的串联执行，这些实现方式都会在本章中详细介绍。

　　提到任务调度，除了 JobScheduler 外，相信不少人还会联想到 AlarmManager。熟悉它们的朋友都知道，JobScheduler 随 Android 5.0 的发布而诞生，AlarmManager 则很早就出现了。由于 WorkManager 对它们做了整合，因此在 WorkManager 组件内部会根据当前的设备做出判断，自动调用最适合的 API。

　　不过，需要特别注意的是，由 WorkManager 调度的任务将随着 App 的销毁而停止工作。所谓"销毁"，并不是用户通过返回键回到 Launcher，而是被强行停止了。遗憾的是，对于大部分厂商而言，在最近任务视图中移除 App 同样意味着强行停止，因此其相关的 WorkManager 任务同样不会执行。

　　对于原生 Android 操作系统而言，如果 App 或设备状态发生变化，WorkManager 将在尊重用户习惯的前提下尽量保持可靠运转。表 11.1 表述了一些日常操作对 WorkManager 运作的影响。

表 11.1　WorkManager 受 App 或设备状态的影响

App 或设备状态改变	WorkManager 运作状态
由 App 返回到 Launcher	任务延迟执行
设备重启	设备完成重启后，任务继续执行
App 被强行停止	任务不再执行，直到 App 被启动
App 被强行停止后，设备重启	任务不再执行，直到 App 被启动

　　对于大部分第三方厂商而言，当对某个 App 关闭省电优化、启动限制等操作后，表 11.1 就适用。

　　综上，在 App 未被强行停止时，WorkManager 将始终提供高可靠、可定时执行的任务。

11.2　添加 WorkManager 依赖

　　要使用 WorkManager 组件的 API，需要先添加相关的依赖。截至作者创作本书时，WorkManager 组件的最新、最稳定版本是 2.5.0，发布于 2021 年 4 月 21 日。

　　我们可以在项目 Module 级的 bulid.gradle 文件中按照如下方式添加依赖项：

```
implementation "androidx.work:work-runtime:2.5.0"
```

　　完成编码后，执行 Gradle Sync 操作，稍等片刻，便可使用 WorkManager API 了。

　　按此方法添加的依赖项仅提供 Java 代码实现，如果读者考虑使用 Kotlin 编程语言，则需要添加以下依赖：

```
implementation "androidx.work:work-runtime-ktx:2.5.0"
```

11.3　实战 WorkManager

　　为了更好地阐述 WorkManager 的使用方法和技巧，本节以写文本文件的操作作为示例，分别演示单次写入任务和周期性多次写入任务。在本节的最后还将阐述对于一些耗时的操作（比如下载或上传大文件）该如何处理。

下面让我们从定义一个任务开始享受 WorkManager 之旅吧。

11.3.1　定义任务

所谓定义任务，实际上就是实现某个任务的具体操作。WorkManager 组件需要 Work 类的子类，用来描述具体任务。对于本例而言，我们希望实现的功能是向特定的文件中写入一些文本，因此可按如下代码实现：

```
public class FileTimeWorker extends Worker {
    public FileTimeWorker(@NonNull Context context, @NonNull WorkerParameters
workerParams) {
        super(context, workerParams);
    }
    @NonNull
    @Override
    public Result doWork() {

FileUtil.writeStrToFile(getApplicationContext().getFilesDir().getAbsolutePath()
+ File.separator + "work.txt", new Date().toString());
        return Result.success();
    }
}
```

仔细阅读上面的代码，这个名为 FileTimeWorker 的类继承了 Worker 类。所有 Worker 子类均要求实现构造方法和 doWork();方法，我们在 doWork();方法中添加具体的任务内容，并最终返回任务执行的结果。如以上代码所示，doWork();方法中调用 FileUtil 类的静态方法 writeStrToFile();并传入两个参数，分别表示目标文件路径和追加写入的文字内容，最终返回任务操作成功。

当然，任务执行的结果除了成功（success）外，还有失败（failure）和重试（retry）。对于一个任务而言，最终的执行结果往往会影响 WorkManager 组件对其的处理。一般来说，成功或者失败表示一个任务走向了尽头，宣告结束。而重试往往会自动再次触发 doWork();方法，直到返回成功或失败的结果。需要特别注意的是，只有状态为重试的任务才会触发 WorkManager 组件的重试策略。有关如何定义重试的策略，读者可阅读 11.3.6 节的相关内容。

需要特别注意的是，当我们定义任务时，其执行时间不应超过 10 分钟，否则可能会在执行途中被取消。因为这种原因被取消的任务，其状态为重试。如果确实需要安排超过 10 分钟才能完成的任务，可参考 11.3.11 节，通过将任务置为前台以延长其执行时间。

此外，对于返回结果是成功或失败的情况，WorkManager 组件还允许我们在结果上附带一些数据。这些数据通过 androidx.work.Data 类型进行传递，该类型的使用类似 Bundle，数据的保存都是键值对形式。感兴趣的读者可以跳转至 11.3.9 节查看示例以及更多有关传递数据的方法。

除了实现 doWork();方法外，onStopped();方法也很常用。例如，在某个任务被取消时，该方法就会被回调。如有必要，我们可以在该方法中对资源进行回收，避免内存泄漏或资源的过度使用。

定义好了任务的具体内容，下一步便是将该任务交给系统执行了。具体的执行方式大概分为两类，一类是单次执行，另一类是周期性执行。从名称上便可以看出，单次执行就是执行一次就不再执行；周期性执行就是由开发者定义时间间隔，系统会每隔定义的时间执行一次任务。

接下来，我们先来看单次任务的调度方法。

11.3.2　单次任务的调度

无论执行单次还是周期性任务，有两样东西是必不可少的：其一是上一节实现的具体任务操作，通过 Work 子类实现；其二是合理地安排任务的执行方式。关于后者，最为简单的执行方式如下：

```
WorkRequest workRequest = new
OneTimeWorkRequest.Builder(FileTimeWorker.class).build();
    WorkManager.getInstance(this).enqueue(workRequest);
```

这段代码展示了如何将一个任务交给系统处理，处理的方式是单次执行。它需要两个步骤，首先构建 WorkRequest 对象。本例中，该对象通过 OneTimeWorkRequest 类相关方法进行构建，OneTimeWorkRequest 则是 WorkRequest 子类。然后获取 WorkManager 对象，通过 enqueue();方法传入 WorkRequest 对象。如此，便完成了最简易的单次任务调度。

需要特别说明的是，WorkManager 组件并非针对立即执行的任务而生，也就是说，任务的执行通常会延迟一段时间才会被执行。对于上面的代码，由于我们没有给定预约时长，因此任务将会立即被执行。有关预约执行任务的方法，读者可参考 11.3.4 节中的内容。

此外，对于某些任务，很可能还会有执行的限制条件，比如仅当有 WiFi 连接时，仅当充电时，等等。有关为任务添加执行策略的内容读者可参考 11.3.5 节。

最后要注意的是，在实际开发中，我们很可能会根据任务的执行结果进行相应的操作。对于需要重试的任务，WorkManager 组件提供了重试等待时间的设置，有关这部分内容读者可参考 11.3.6 节。

11.3.3　周期性任务的调度

执行周期性任务和执行单次任务的方法几乎一模一样，唯一不同的便是 WorkRequest 对象的构建方法。执行单次任务通过 OneTimeWorkRequest 类构建，执行周期性任务则通过 PeriodicWorkRequest 类构建。PeriodicWorkRequest 类同样是 WorkRequest 子类，在使用时除了需要 Work 子类作为参数外，还需要指定任务执行的时间间隔。关键代码如下：

```
WorkRequest workRequest = new PeriodicWorkRequest.Builder(FileTimeWorker.class,
20, TimeUnit.MINUTES).build();
```

如以上代码所示，定义了时间间隔为 20 分钟的周期性任务。

对 JobScheduler 熟悉的朋友可能会问：对于时间间隔，有没有最短时长限制呢？答案是肯定的。这是因为 WorkManager 内部仍然有使用 JobScheduler 的成分，而 JobScheduler 对周期性任务的时间间隔最短限制为 15 分钟。因此，在 WorkManager 中，该限制依然存在。这意味着如果我们在代码中尝试设置低于 15 分钟的时间间隔，任务依旧会每隔 15 分钟执行一次。

此外，对于时间敏感类任务，我们还可以进一步设置灵活时间。举个例子，如果任务 A 通过上述示例方法设置了每隔 1 小时执行一次，该任务执行一次的时间大概需要 1 分钟。若从 00:00 开始计时，则任务 A 的开始执行时间点将会是 00:00、01:01、02:02、……。通过设置灵活执行时间，可以把任务执行的耗时限定在时间间隔内。我们依然用任务 A 来举例，并通过下面的代码调度该任务：

```
WorkRequest workRequest = new PeriodicWorkRequest.Builder(FileTimeWorker.class,
1, TimeUnit.HOURS, 5, TimeUnit.MINUTES).build();
```

上面的代码中除了时间间隔（1 个小时）外，还有一个时间值（5 分钟），后者（5 分钟）便是灵活执行时间。以上代码调度任务 A，若从 00:00 开始计时，则任务 A 的执行时间将会是 00:55、01:55、02:55、……。如果读者希望任务在整点执行，那么只需将间隔时间设为 65 分钟，将灵活执行时间设为 5 分钟即可。

好了，关于如何调度周期性任务就讲到这里。对于如何设置首次执行任务的延迟时间、如何设置执行条件、如何定义重试策略，从下一节开始将依次解答这 3 个问题。

11.3.4　预约执行的任务

预约执行某个任务意味着该任务会被延迟执行。无论是单次任务还是周期性任务，方法是相同的，都是在构建 WorkRequest 对象时设置。这里以单次任务为例，关键部分代码如下：

```
WorkRequest workRequest = new
OneTimeWorkRequest.Builder(FileTimeWorker.class).
        setInitialDelay(30, TimeUnit.MINUTES).
        build();
```

和 11.3.2 节的示例代码相比，上面的代码中增加了对 setInitialDelay();方法的调用。该方法需要两个参数，分别代表数值和时间单位，这两个参数经过组合便可以精准地表示延迟时间了。

如果你的 App 设置的最低兼容 API Level 不小于 26，还可使用如下方式预约任务执行的时间：

```
WorkRequest workRequest = new
OneTimeWorkRequest.Builder(FileTimeWorker.class).
        setInitialDelay(Duration.ofMinutes(30)).
        build();
```

11.3.5　为任务添加执行策略

官方称执行策略为约束（Constraints）。它为任务的执行添加了限定条件，换言之，如果当前设备不符合这些条件，任务将会被延期执行，直到条件满足为止。对于周期性的任务而言，一样会被延期。当延期时间大于间隔时间时，任务的执行会被跳过。

目前，我们可以为任务执行添加的限定条件如表 11.2 所示。

表11.2　WorkManager受App或设备状态的影响

限定条件名	常用条件值的含义
NetworkType	NetworkType.CONNECTED：网络处于连接状态
	NetworkType.UNMETERED：网络连接为 WiFi
	NetworkType.METERED：网络连接为移动数据
	NetworkType.NOT_ROAMING：网络未处于漫游状态
BatteryNotLow	true：表示设备未处于低电量模式
	false：表示设备处于低电量模式

（续表）

限定条件名	常用条件值的含义
RequiresCharging	true：表示设备处于充电状态
	false：表示设备未处于充电状态
DeviceIdle	true：表示设备处于闲置状态
	false：表示设备未处于闲置状态
	注意：该条件仅在 API Level 23 及以上版本受支持
StorageNotLow	true：表示设备存储空间充足的状态
	false：表示设备存储空间不足的状态

以未处于低电量模式且存储空间充足两个条件为例，创建任务执行策略：

```
Constraints constraints = new Constraints.Builder().
        setRequiresBatteryNotLow(true).
        setRequiresStorageNotLow(true).
        build();
```

如以上代码所示，创建任务执行策略由 Constraints 对象持有。创建好 Constraints 对象后，便可在构建 WorkRequest 的时候将其关联在一起，代码如下：

```
WorkRequest workRequest = new
OneTimeWorkRequest.Builder(FileTimeWorker.class).
        setConstraints(constraints).
        build();
```

综上，为任务添加执行策略分为两个步骤，第一是构建包含策略具体内容的 Constraints 对象，第二是在构建 WorkRequest 对象时使用 Constraints 对象。

11.3.6　为失败的任务设置重试策略

在 11.3.1 节中，我们阐述了如何定义一个任务。根据任务执行的结果，通常会返回成功、失败或者重试。当结果为重试时，WorkManager 组件会自动应用重试策略，并在预定的时间再次尝试执行任务。

重试策略由两部分构成，分别是等待时间和重试策略。

等待时间指的是隔多长时间进行重试，最短允许的时间是 10 秒钟，最长允许的时间是 5 分钟（重试时长的限制均定义在 WorkRequest 类中，以 MIN_BACKOFF_MILLIS 和 MAX_BACKOFF_MILLIS 常量值表示）。即使我们指定了低于 10 秒钟的重试等待时间，WorkManager 依然会按照 10 秒钟的间隔执行。

在 WorkManager 组件中，允许采用两种重试策略，分别是线性增长和指数增长，它们都是针对重试时间的。

举个例子，如果把重试时间定义为 30 秒，重试策略为线性增长，假设任务结果持续返回重试，那么重试时长依次为 30 秒、60 秒、90 秒……。保持其他条件不变，将重试策略改为指数增长，则重试时长依次为 30 秒、60 秒、120 秒、240 秒……。下面的代码实现了线性增长的重试策略：

```
WorkRequest workRequest = new
OneTimeWorkRequest.Builder(FileTimeWorker.class).
        setBackoffCriteria(BackoffPolicy.LINEAR, 30, TimeUnit.SECONDS).
```

```
build();
```

　　值得注意的一点是，某些开发者在实现周期性任务的时候，"巧妙"地使用了单次任务加重试策略来实现，这其实是不可取的。因为这样做之后，我们便无法通过 WorkManager 组件来获取准确的执行结果。周期性任务的某些优势也就无法发挥了，况且调度周期性任务并不复杂，因此不建议读者如此实现。

11.3.7　任务的管理

　　在大多数情况下，一个任务交付给 WorkManager 并不能满足实际的开发需求。实际上，一旦某个任务交付给 WorkManager 执行，它便拥有了自己的状态，我们可以通过监视其状态的变化实行对其的控制。此外，还可以在调度任务时为任务添加标签，以便在任何时刻找到它们。为了避免某个任务重复调度，还可以通过创建唯一任务保证某个任务的唯一性。

　　本节将阐述这些关于任务的管理技巧，通过本节的学习，读者便可以轻松地对执行中的任务加以控制。

1. 任务状态详解

　　讲到任务的状态，在描述任务详细操作一步的 doWork();方法末尾手动返回了执行成功、失败或重试的结果，这些结果即表示任务的状态（详见 11.3.1 节）。实际上，WorkManager 组件定义了任务的多个状态，除了包含表示执行结果的几种状态外，还有排队、执行中、取消和阻塞状态。这些状态常量均定义在 WorkInfo.State 中。

　　以单次任务为例，其执行流程图如图 11.1 所示。

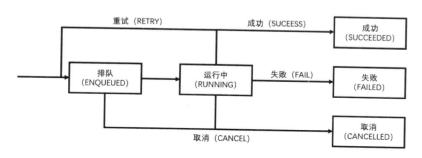

图 11.1　单次任务的执行流程图

　　当我们将一个单次执行的任务交给 WorkManager 后，该任务会进入排队状态，即 ENQUEUED，该状态通常在有预约时间设置时或等待执行策略符合条件时才会持续一段时间。当预约时刻到来时，该任务会立即转为运行中状态，即 RUNNING。此时，在 Work 子类中 doWork();方法体的代码逻辑将被执行。依代码逻辑的复杂度而定，这一步通常也会持续一段时间。随着最终返回值的不同，当返回 Result.success 时，任务将进入成功状态，即 SUCCEEDED；当返回 Result.failure 时，任务将进入失败状态，即 FAILED；当返回 Result.retry 时，任务将重新回到排队状态，等待下一次执行。除此之外，在任务排队和运行期间，我们都有机会将其取消（有关任务的取消操作读者可参考 11.3.7 节的有关内容），被取消的任务将进入取消状态，即 CANCELLED。

　　综上，对于单次执行的任务而言，有 5 种常见的状态，分别是排队中（ENQUEUED）、运行中

（RUNNING）、成功（SUCCEEDED）、失败（FAILED）和取消（CANCELLED）。其中，成功、失败和取消意味着任务的终点。

介绍完了单次执行的任务，接下来我们再来介绍周期性任务。如图 11.2 所示是周期性任务的执行流程图。

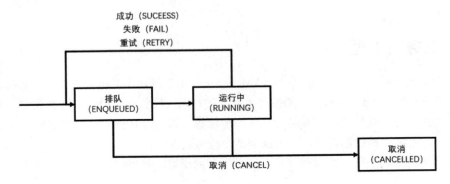

图 11.2　周期性任务的执行流程图

和单次任务类似，周期性任务的执行首先会进入排队状态，等待预约时间且符合执行策略后进入运行中状态。不同的是，除了任务被取消外，其他的执行结果都将让任务重新回到排队状态，等待下一个执行周期的到来。因此，对于周期性任务来说，只有取消才标识着该任务的结束。

除了上述几种状态外，还有一种阻塞（BLOCKED）状态，该状态通常出现在链式执行的任务中，当前一个任务未完成时，后一个任务会处于阻塞状态。有关这部分的详细内容读者可阅读 11.3.8 节。

2. 为任务添加标签

为了更好地组织多个任务，我们可以为任务添加标签。一个任务可以被添加多个标签，相同的标签也可以添加给多个任务。当我们通过标签查找任务时，WorkManager 会返回所有包含该标签的任务。

要为某个任务添加标签，需要在构建 WorkRequest 对象时进行，具体代码如下：

```
WorkRequest workRequest = new
OneTimeWorkRequest.Builder(FileTimeWorker.class).
        addTag("fileOperation").
        build();
```

上面的代码中，addTag();方法即可为任务添加标签，参数为标签的字符串内容。

当我们想获取包含该标签的所有任务时，可以通过如下方式实现：

```
WorkManager.getInstance(this).getWorkInfosByTag("fileOperation");
```

如果忘记了具体的标签值，还可以通过：

```
workRequest.getTags();
```

方法获取该任务所有的标签。有关如何获取任务列表的详细内容读者可参考 11.3.7 节的有关内容。

3. 确保任务的唯一性

在实际开发中，一个普遍遇到的问题是：如何确保任务的唯一性。比如，当我们把任务的调度放在了 onCreate();或 onResume();方法中，一旦发生屏幕旋转，同样的任务便会被重复调度，这显然不是我们想要的结果。因此，我们需要确保任务的唯一性。

WorkManager 组件提供了相应的方法自动帮我们规避了重复调度相同任务的问题。在构建好 WorkRequest 对象后，我们可以调用：WorkManager.getInstance(this).enqueueUniqueWork();方法和 WorkManager.getInstance(this).enqueueUniquePeriodicWork();

方法分别调度单次任务和周期性任务。上述两个方法均需要 3 个参数，分别是唯一任务名、冲突解决策略和 WorkRequest 对象（对于单次任务是 OneTimeWorkRequest，对于周期性任务是 PeriodicWorkRequest，它们都是 WorkRequest 的子类。还接受 List<OneTimeWorkRequest>对象，从而同时调度多个单次任务）。

唯一任务名是字符串型的值，它对应着一个 WorkRequest 或多个单次任务的 WorkRequest 集合。这里要特别注意与任务标签的区别，任务标签可以对应多个任务，一个任务也可以拥有多个任务标签，但唯一任务名并非如此。

冲突解决策略在 WorkManager 组件检测到有重复任务时执行。

当唯一任务是单次任务时，可以使用 ExistingWorkPolicy 类中的常量值定义冲突解决策略，可选值有 REPLACE、KEEP、APPEND 和 APPEND_OR_REPLACE。REPLACE 表示用新任务取代旧任务，同时旧任务会被取消；KEEP 表示新任务被忽略，旧任务仍然执行；APPEND 表示将新任务添加到旧任务的后面，当旧任务完成时新任务被执行，它们将组成链式任务流。当旧任务被取消或执行失败时，由于新任务依赖旧任务（更多链式任务的内容，请读者阅读 11.3.8 小节），因此新任务同样会被取消或转为失败状态。APPEND_OR_REPLACE 同样表示将新任务添加到旧任务的后面，当旧任务完成时，新任务被执行，它们同样将组成链式任务流。与 APPEND 不同的是，新任务不再依赖旧任务，无论旧任务以何种结果结束，新任务都会照常执行。

当唯一任务为多次任务时，可使用 ExistingPeriodicWorkPolicy 类中定义的常量值表示冲突的解决策略，可选值有 REPLACE 和 KEEP。其含义与 ExistingWorkPolicy 类中相应的常量值相同，读者可参考上一段描述。

4. 监视任务的执行

一个任务在执行过程中会在各种状态之间反复切换，直至结束。WorkManager 组件包含当任务状态发生改变时的回调方法，我们可以简单地通过查找特定条件的任务，然后注册针对该任务的监听器，在相应的回调方法中观察状态的变化。

常见的查找任务的方法有 3 种，分别是 ID、唯一任务名和任务标签，其中只有 ID 将返回单个任务对象，其他两种均返回任务对象的集合。在 WorkManager 组件中，任务由 WorkInfo 对象来描述。WorkInfo 对象包含任务 ID、当前状态、尝试运行次数、标签等内容。

在 11.3.7 节中，我们尝试了为任务添加标签，标签内容为 fileOperation。现在，我们尝试通过标签查找这个任务，并实现对其状态的监听，关键代码如下：

```
WorkRequest workRequest = new
OneTimeWorkRequest.Builder(FileTimeWorker.class).
        addTag("fileOperation").
```

```
        build();
    LiveData<List<WorkInfo>> workRequests =
WorkManager.getInstance(this).getWorkInfosByTagLiveData("fileOperation");
    workRequests.observe(this, workInfos -> {
        if (workInfos != null && workInfos.size() > 0) {
        Log.d(getClass().getSimpleName(),
workInfos.get(0).getState().toString());
        }
    });
    WorkManager.getInstance(this).enqueue(workRequest);
```

上述代码中，首先构建了 WorkRequest 对象，它是单次执行的任务，标签为 fileOperation。为了确保该任务所有的状态都被捕捉到，通常会先实现监听任务状态的部分，再将该任务交给 WorkManager 执行。因此，本例通过标签查找的方式精准地找到了刚刚创建的任务，并在之后将该任务交给 WorkManager 执行。值得一提的是，添加监听的过程还使用了 LiveData 组件，核心是对 List<WorkInfo>的变化进行监听。由于 LiveData 组件无须添加任何依赖便可以使用，因此无须再次进行项目配置（有关 LiveData 的更多内容读者可参考本书第 10 章的内容）。

完成编码后运行 App，同时观察 Logcat 输出，若运行正常，则将看到如图 11.3 所示的输出结果。

图 11.3　观察任务的执行过程

类似地，除了通过标签外，还可以通过 ID 和唯一任务名找到某个任务，其方法如下：

```
// 通过 ID 找到任务
WorkManager.getInstance(this).getWorkInfoByIdLiveData();
// 通过唯一任务名找到任务
WorkManager.getInstance(this).getWorkInfosForUniqueWorkLiveData();
```

5. 任务的取消

在某些特定的情况下，我们需要对正在排队或正在执行状态的任务进行取消操作，从而取消或打断其运行。

取消任务可通过任务 ID、唯一任务名和任务标签进行。以 11.3.7 节第 4 点中的 WorkRequest 对象为例，其标签为 fileOperation。若要取消该任务的执行，则仅需按照如下方式编码即可：

```
WorkManager.getInstance(this).cancelAllWorkByTag("fileOperation");
```

以上代码可将所有标签为 fileOperation 的任务一并取消。

若要以 ID 或唯一任务名来取消某个或某几个任务，则可按照如下方式进行：

```
// 通过 ID 取消任务
WorkManager.getInstance(this).cancelWorkById();
// 通过唯一任务名取消任务
```

```
WorkManager.getInstance(this).cancelUniqueWork();
```

如果之前实现了对被取消的任务进行状态监听，当该任务被取消时，可观察到其状态将转为 CANCELLED。所有依赖于此工作的 WorkRequest 任务状态也会转为 CANCELLED（有关链式任务流的内容读者可参考下一节）。此外，对于被取消的任务，其 Worker 子类中的 onStopped();方法会被回调（读者可参考 11.3.1 节）。

11.3.8　链式任务流

在实际项目需求中，我们很可能会面对多个任务按顺序执行的情况，此时需要使用链式任务流实现。需要注意的是，链式任务流只支持单次执行的任务。下面以安排顺序执行 4 个任务为例探讨如何创建并执行链式任务流。

首先，构建 4 个 OneTimeWorkRequest，具体代码如下：

```
OneTimeWorkRequest workRequest_1 = new
OneTimeWorkRequest.Builder(FileTimeWorker.class).setInitialDelay(5,
TimeUnit.SECONDS).build();
    OneTimeWorkRequest workRequest_2 = new
OneTimeWorkRequest.Builder(FileTimeWorker.class).setInitialDelay(10,
TimeUnit.SECONDS).build();
    OneTimeWorkRequest workRequest_3 = new
OneTimeWorkRequest.Builder(FileTimeWorker.class).setInitialDelay(15,
TimeUnit.SECONDS).build();
    OneTimeWorkRequest workRequest_4 = new
OneTimeWorkRequest.Builder(FileTimeWorker.class).setInitialDelay(20,
TimeUnit.SECONDS).build();
```

如以上代码所示，4 个任务的具体内容均由 FileTimeWorker 类定义，并分别延迟 5、10、15、20 秒后执行。

WorkManager 的链式任务流会首先将第 1 个任务排队（ENQUEUED），然后等待其执行完成。若第 1 个任务执行成功（SUCCESSED），再将第 2 个任务排队（ENQUEUED），并等待其执行完成，以此类推。尚未处于排队状态的任务为阻塞状态（BLOCKED），任何一个任务执行失败（FAILED）或被取消（CANCELLED）将会导致其本身及后续的任务转为失败（FAILED）或被取消（CANCELLED）状态。

接着，将上面 4 个任务创建为链式任务流，并交付给 WorkManager 组件，具体代码如下：

```
WorkManager.getInstance(this).beginWith(workRequest_1).
        then(workRequest_2).
        then(workRequest_3).
        then(workRequest_4).
        enqueue();
```

这段代码是实现链式任务流中最为关键的部分，其中，WorkManager.beginWith();方法会返回 WorkContinuation 对象，表示第 1 个或第 1 组执行的任务，因此方法参数可以是单个 OneTimeWorkRequest 对象，也可以是 OneTimeWorkRequest 集合（对于集合而言，其中所有的任务将并行执行）。接着，WorkContinuation.then();方法将后续的任务按顺序依次安排妥当，且该方法同样允许传入单个 OneTimeWorkRequest 对象，也允许传入该对象的集合形式，每次调用该方法均会返回一个新的 WorkContinuation 对象。最后，调用 WorkContinuation.enqueue();方法将任务流交付给 WorkManager。

为了更直观地观察每个任务的执行情况，我们利用 11.3.7 节中的技巧对上述 4 个任务进行监控，具体代码如下：

```
LiveData<WorkInfo> workInfo_1 =
WorkManager.getInstance(this).getWorkInfoByIdLiveData(workRequest_1.getId());
    workInfo_1.observe(this, workInfo -> Log.d(TAG, "任务1: " +
workInfo.getState().toString()));
    LiveData<WorkInfo> workInfo_2 =
WorkManager.getInstance(this).getWorkInfoByIdLiveData(workRequest_2.getId());
    workInfo_2.observe(this, workInfo -> Log.d(TAG, "任务2: " +
workInfo.getState().toString()));
    LiveData<WorkInfo> workInfo_3 =
WorkManager.getInstance(this).getWorkInfoByIdLiveData(workRequest_3.getId());
    workInfo_3.observe(this, workInfo -> Log.d(TAG, "任务3: " +
workInfo.getState().toString()));
    LiveData<WorkInfo> workInfo_4 =
WorkManager.getInstance(this).getWorkInfoByIdLiveData(workRequest_4.getId());
    workInfo_4.observe(this, workInfo -> Log.d(TAG, "任务4: " +
workInfo.getState().toString()));
```

完成编码后，运行 App，可以得到类似如图 11.4 所示的 Log 输出。

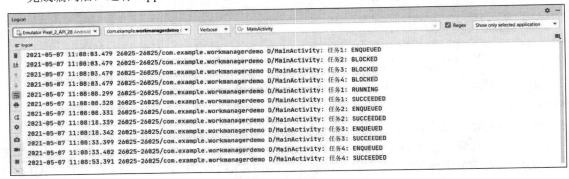

图 11.4　链式任务流的执行过程

仔细观察图 11.4 中每一条日志的输出时间和任务状态，在一开始，除了任务 1 处于排队状态外，其他所有任务都处于阻塞状态。经过任务 1 延迟 5 秒执行成功后，任务 1 转为成功状态，紧接着任务 2 便处于排队状态。由于任务 3 和任务 4 此时仍处于阻塞状态，未发生改变，因此没有任何日志输出。经过任务 2 延迟 10 秒执行成功后，任务 2 转为成功状态，紧接着任务 3 便处于排队状态。最后，经过任务 3 延迟 15 秒执行成功后，任务 4 进入排队状态，并在延迟了 20 秒后执行成功。随着最后一个任务的结束，整个链式任务流便宣告执行结束。

11.3.9　向任务传递数据

在实际开发中，我们很可能需要向任务传递一些数据，并在执行任务时使用它们。WorkManager 组件支持并使传递数据的过程变得极为简便，它不仅支持向单次或周期性任务传递数据，还针对链式任务流自动实现了执行结果的向后传递功能。

1. 在 WorkRequest 中接收数据

对于单次任务或周期性任务而言，通常在构建 WorkRequest 时传递数据。以构建单次任务为例，传递数据的方式如下：

```
OneTimeWorkRequest workRequest = new
OneTimeWorkRequest.Builder(FileTimeWorker.class).setInputData(new
Data.Builder().putString("text", "来自传入的数据").build()).build();
    WorkManager.getInstance(this).enqueue(workRequest);
```

上述代码中，通过 setInputData();方法将包含键值对数据的 Data 类型传入其中，如此便完成了数据的传递。

接着，来到 Work 的子类，通过 getInputData();方法将数据取出来，代码如下：

```
@NonNull
@Override
public Result doWork() {
    String text = getInputData().getString("text");
    if (text == null) {

FileUtil.writeStrToFile(getApplicationContext().getFilesDir().getAbsolutePath()
+ File.separator + "work.txt", new Date().toString());
    } else {

FileUtil.writeStrToFile(getApplicationContext().getFilesDir().getAbsolutePath()
+ File.separator + "work.txt", text);
    }
    return Result.success();
}
```

通过阅读上面的代码可知，Data 和常用的 Bundle 很像，实际上也确实如此。Data 除了允许我们传递示例中的 String 类型值外，还允许传递 Int、Float、Double、Byte、Long、Boolean 以及上述类型的集合。如果读者亲身实践，则会发现其实 Data.Builder 类还允许传入 Object。但实际上这个 Object 的范围依然在上述 14 种类型之间，强行传入其他类型对象将引发 IllegalArgumentException 异常，内容为 Key xxx has invalid type xxx，这一点需要格外注意。同时，为了避免 Key 值在多处定义，笔者建议将 Key 值声明在 Work 子类中，类型修饰为 public static final，从而可以在任何位置访问到它们。

2. 针对链式任务流的数据传递

对于链式任务流，WorkManager 组件会自动将父级任务的结果数据作为子级任务的传入数据。当然，一个前提是父级任务的执行结果为成功。但是，这里会有一个隐患，即 Key 冲突。

如何理解 Key 冲突呢？加入现有的 3 个任务，分别是任务 A、任务 B 和任务 C，这 3 个任务是并行执行的，且后续还有任务 D、任务 E 等。假如这 3 个任务在成功执行后都会返回包含 Key 值为 result 的数据，当任务 A、任务 B 和任务 C 都成功执行后，相当于同时给后续任务 3 个 Key 为 result 的数据，此时出现 Key 冲突。

为了解决 Key 冲突，WorkManager 组件提供了两个解决办法，一个被称为 OverwritingInputMerger，即后来的值总会取代之前的值，这也是 WorkManager 默认的解决策略；另一个被称为

ArrayCreatingInputMerger，该办法会将结果重新组织成数组的形式，这样一来，单个 Key 就可以保存多个数据。

若要改用 ArrayCreatingInputMerger 作为冲突解决策略，可在构建 WorkRequest 的时候进行指定，具体代码如下：

```
OneTimeWorkRequest workRequest = new
OneTimeWorkRequest.Builder(FileTimeWorker.class).setInputMerger(ArrayCreatingIn
putMerger.class).build();
```

阅读上述代码片段，通过其中的 setInputMerger();方法即可指定要使用的冲突解决策略。

此外，如果默认提供的两种冲突解决策略均无法满足功能需求，我们还可以创建 InputMerger 的子类，复写 merge();方法，从而实现属于我们自己的冲突解决方案。具体方式读者可参考 ArrayCreatingInputMerger 或 OverwritingInputMerger 的源码，然后依葫芦画瓢即可（OverwritingInputMerger 的源码较为简单）。

11.3.10　在任务中执行异步操作

在 11.3.1 节中，我们讲解了如何定义一个任务，其核心在于继承 Work 类并重写其中的 doWork();方法。实际上，虽然 doWork();方法体中的代码逻辑安静地异步运行，并最终通过返回值传出执行结果。但如果在其中创建另一个或多个线程，且执行结果需要根据这些子线程的执行结果而定，那么之前定义任务的方法就不合适了。

从 WorkManager 源码的角度来看，Work 类是 ListenableWorker 的子类。类似地，CoroutineWorker（针对使用 Kotlin 开发者执行异步任务的实现）、RxWorker（针对使用 RxJava 开发者执行异步任务的实现）同样是 Work 类的子类。我们可以通过继承 ListenableWorker 类的方式定义任务，自定义线程处理策略。

若要在任务中启动异步线程，则需要添加一个特殊的依赖，该依赖包含 Futures 相关类，我们将在后文的代码示例中看到这些类的用法。目前，这个依赖最新、最稳定的版本是发布于 2020 年 8 月 19 日的 1.1.0 版。添加依赖的方式依然可以在 Module 级别的 build.gradle 文件中添加如下配置：

```
implementation "androidx.concurrent:concurrent-futures:1.1.0"
```

对于使用 Kotlin 的读者，应改为：

```
implementation "androidx.concurrent:concurrent-futures-ktx:1.1.0"
```

完成编码后，执行 Gradle Sync 指令，稍等片刻，便可使用相关类的 API 了。需要特别说明的是，本书中的实现方式对于使用 Java 或 Kotlin 开发语言均适用。

下面的示例代码演示了具体的实现方式：

```
public class FileTimeWorker extends ListenableWorker {
    public FileTimeWorker(@NonNull Context context, @NonNull WorkerParameters
workerParams) {
        super(context, workerParams);
    }
    @NonNull
    @Override
    public ListenableFuture<Result> startWork() {
```

```
        return CallbackToFutureAdapter.getFuture(completer -> {
            new Thread(() -> {
                try {
                    String text = getInputData().getString("text");
                    if (text == null) {
FileUtil.writeStrToFile(getApplicationContext().getFilesDir().getAbsolutePath()
+ File.separator + "work.txt", new Date().toString());
                    } else {
FileUtil.writeStrToFile(getApplicationContext().getFilesDir().getAbsolutePath()
+ File.separator + "work.txt", text);
                    }
                    completer.set(Result.success());
                } catch (IOException e) {
                    e.printStackTrace();
                    completer.set(Result.failure());
                }
            }).start();
            return "File operation";
        });
    }
}
```

上述代码是 FileTimeWorker 类，即 ListenableWorker 子类的完整实现。startWork();方法体中定义了具体的任务内容以及任务成功与失败的返回，该方法需要返回 ListenableFuture<Result>类型对象，CallbackToFutureAdapter 类来自 Concurrent 依赖库。我们可以通过调用 CallbackToFutureAdapter.getFuture();方法构建 ListenableFuture 对象，并将其作为 startWork();方法的最终返回值。

CallbackToFutureAdapter.getFuture();方法则需要 CallbackToFutureAdapter.Resolver 对象作为参数，上面的示例代码中以匿名内部类的方式传入了 CallbackToFutureAdapter.Resolver 对象，并实现了 attachCompleter();方法（由于示例代码使用了 Lambda 表达式，因此并没有 attachCompleter 字样的方法。实际上，completer 对象就来自 attachCompleter();方法中的参数）。attachCompleter();方法中提供了一个名为 completer 的 CallbackToFutureAdapter.Completer 对象，我们可以通过调用该对象的 set();方法在异步线程中的任意时刻返回执行结果。

对于本例而言，使用了异步线程向文件系统写入文本，当写入完成后，通过 completer.set(Result.success());语句将执行结果置为成功状态，表示任务成功完成；若在写入文件的过程中出现了异常，则通过 completer.set(Result.failure());语句将执行结果置为失败状态，表示任务执行出错。

完成任务的定义后，将该任务交给 WorkManager 组件，系统将首先以异步方式执行 startWork();方法，然后等待其中的异步线程返回执行结果。需要特别注意的是，读者务必要在任务执行结束时调用 completer.set();方法，并传入执行结果，否则任务状态会一直处于 RUNNING 状态，永远不会结束。

11.3.11　针对需要长时间执行的任务的处理

在 11.3.1 节中，我们掌握了如何定义一个任务，但是一个任务的最长执行时间仅为 10 分钟，当超过这个限制时，任务的执行会变得不再正常。实际上，WorkManager 组件提供了一种绕过该限制的方法，即将任务置于前台运行，与之伴随的是一直显示在通知栏处的通知。

请读者阅读下面这段代码：

```java
public class LongTimeWorker extends Worker {
    private int currentProgress = 0;
    public LongTimeWorker(@NonNull Context context, @NonNull WorkerParameters
workerParams) {
        super(context, workerParams);
    }
    @NonNull
    @Override
    public Result doWork() {
        try {
            while (currentProgress < 15 * 60 * 1000) {
                setForegroundAsync(createForegroundInfo());
                Thread.sleep(1000);
                currentProgress += 1000;
            }
            return Result.success();
        } catch (InterruptedException e) {
            e.printStackTrace();
            return Result.failure();
        }
    }
    private ForegroundInfo createForegroundInfo() {
        Context context = getApplicationContext();
        String id = "demoNotification";
        String title = "后台任务进行中";
        if (android.os.Build.VERSION.SDK_INT >=
android.os.Build.VERSION_CODES.O) {
            NotificationChannel notificationChannel = new NotificationChannel(id,
"demoNotify", NotificationManager. IMPORTANCE_DEFAULT);
            NotificationManager manager = (NotificationManager)
context.getSystemService(NOTIFICATION_SERVICE);
            manager.createNotificationChannel(notificationChannel);
        }
        Notification notification = new NotificationCompat.Builder(context, id)
                .setContentTitle(title)
                .setTicker(title)
                .setSmallIcon(R.drawable.ic_launcher_background)
                .setOngoing(true)
                .setContentText(String.valueOf(currentProgress / 1000))
                .build();
        return new ForegroundInfo(1, notification);
    }
}
```

这段代码是 Worker 的子类，即 LongTimeWorker 类的完整代码，除了构造方法外，该类还包含两个方法，分别是定义任务内容的 doWork(); 以及用于构建 ForegroundInfo 对象的 createForegroundInfo();方法。首先聚焦 doWork();方法，在该方法中使用了 while 循环，循环条件是时间计数器（currentProgress 变量），当任务开启 15 分钟后循环退出。在循环体内，间隔 1000 毫秒将 currentProgress 变量增加 1000，意为 1 秒。在此操作前，还调用了名为 setForegroundAsync();的方法，该方法的目的就是将任务置为前台，从而表明该任务需要长时间运行。

特别注意，将某个任务置为前台并非意味着该任务一定需要长时间运行。当某个任务在运行过程中需要弹出通知，以便引起用户注意时，也可以将其置为前台任务。

setForegroundAsync();方法需要 ForegroundInfo 对象，上述代码中的 createForegroundInfo();方法最终返回了 ForegroundInfo 对象。

为了确保通知栏处能及时地更新文本内容，在 doWork();方法体的每一次循环中都要调用 setForegroundAsync();方法。

createForegroundInfo();方法体的实现非常简单，本质上就是 Notification 的运用。有关 Notification 的详细用法，将在本书后面的章节中阐述。这里只要掌握：对于构建 ForegroundInfo 对象而言，共需要两个参数，一个是 Notification 的 ID，另一个是 Notification 对象本身。前者的作用是确保对于通知更新内容的对象精准匹配无误，后者的作用则是对通知内容按需正确展示。在更新通知时，只要确保 ID 相同，便会更新同一条通知的内容。

至此，有关 WorkManager 组件的使用就介绍到这里，希望本章的内容能够对读者有所帮助。

第12章

Room 数据库组件

在 Android App 开发中，数据库作为本地数据存储的方式在大部分 App 中扮演重要角色。在早期的 Android API 中提供了 SQLite API，后来又有很多厂商推出了可用于 Android App 的 ORM 数据库框架，比如 GreenDao、OrmLite 等。本章介绍的 Room 则是 Google 官方推出的数据库存储解决方案。和 GreenDao、OrmLite 相比，Room 对于数据的插入、检索、更新性能实现了全方位的超越。Room 基于 SQLite API，在 App 编译时自动生成操作数据库的 SQL 语句，在传统的 SQLite 基础上提供了抽象层，大幅简化了开发者的编码成本，降低了编码出错概率，有助于保护代码安全。

如今，Room 已经成为 Android Jetpack 中的重要架构组件，Google 官方建议开发者使用 Room 而非直接使用传统的 SQLite API。本章将阐述 Room 组件的使用技巧与注意事项，通过本章的学习，读者将掌握构建高效、稳定、安全的数据库 IO 的方法。

12.1　概　述

使用 Room 构建数据库 IO 操作灵活简单，自由度高，足以应对几乎所有常规的数据库操作。Room 包含 3 个关键组件，分别是 Room 数据库（Room Database）、实体类（Entity）和数据访问对象（DAO），其关系如图 12.1 所示。

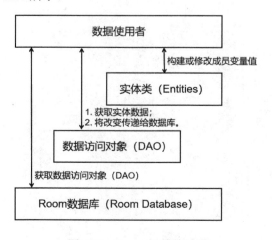

图 12.1　Room 组件关系图

　　由图 12.1 可以看出整个 Room 中的组件关系，同时，也可以初步领会 Room 的使用过程。数据使用者通常指的是界面或后台任务代码，它们是数据检索或改变的触发者，当然并不属于 Room 的任一组件。以检索某条数据为例，该操作由数据使用者触发，首先会通过 Room 数据库类获取数据访问对象。Room 数据库类包含数据库的持有者，是 RoomDatabase 的子类。然后，通过数据访问对象中定义的检索方法获取实体类对象或实体类对象的集合。通常一个实体类对应数据库中的一张表，实体类中的成员变量对应数据表中的字段。最终数据使用者将获取到这些数据，并根据实际业务需求进行后续处理。

　　接下来，我们将以一个简单的示例来初尝 Room 的使用技巧。该示例包含数据库的增、删、改、查操作，相信通过该示例，读者将快速上手 Room。

12.2　Room 的简单使用

　　本节将逐步实现如图 12.2 所示的示例。

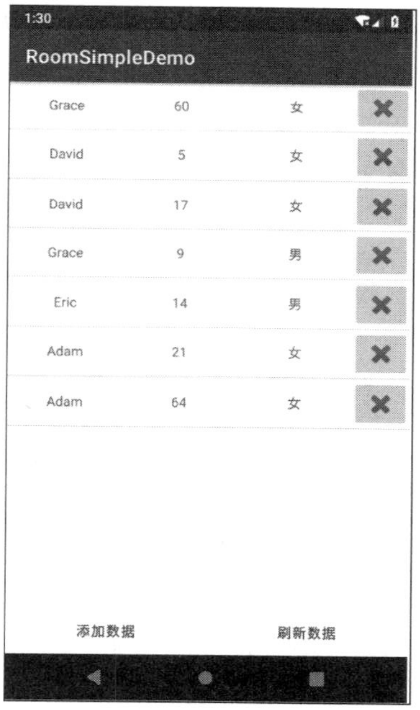

图 12.2　简单的 Room 示例

　　整个界面由两部分构成。其中大部分用来显示数据库中某个数据表的全部数据，每条数据右侧提供删除本条数据的红叉按钮。列表下方有两个按钮，分别是添加一条随机数据按钮以及刷新数据按钮，其作用是向数据库插入一条数据以及重新载入界面上的列表。

12.2.1　添加 Room 依赖

　　若要使用 Room，首要任务就是添加相关的依赖库。截至作者编写本书时，最新、最稳定的 Room

版本发布于 2021 年 5 月 5 日，版本号是 2.3.0。

添加 Room 依赖的方法很简单，只要在 Module 级别的 build.gradle 配置文件中的 dependencies 节点下添加如下内容即可：

```
implementation "androidx.room:room-runtime:2.3.0"
annotationProcessor "androidx.room:room-compiler:2.3.0"
```

完成编码后，执行 Gradle Sync 指令，等待其执行成功后，继续下面的操作。

12.2.2 设计数据表并实现实体类

如图 12.2 所示，列表中的单个条目包含姓名、年龄和性别信息，再加上 id 主键。因此，数据表的字段可由 id、name、age、gender 构成，实体类内的成员变量也应按此定义。我们将本例的实体类命名为 PersonEntity，该类完整的代码如下：

```
@Entity(tableName = "person_info")
public class PersonEntity
    @PrimaryKey(autoGenerate = true)
    public int id;
    public String name;
    public int age;
    public int gender;
    public static final int GENDER_MALE = 0;
    public static final int GENDER_FEMALE = 1;
    public PersonEntity(String name, int age, int gender) {
        this.name = name;
        this.age = age;
        this.gender = gender;
    }
}
```

请读者仔细阅读上述代码，为了让该实体类顺利地与 Room 框架配合使用，我们需要在类的开始加上@Entity 注释，这是非常必要的。通常，一个实体类描述了一个数据表的结构，因此在该注释内需要给定数据表名。本例的数据表名为 person_info（SQLite 中数据表名不区分大小写）。另外，id 列是整个数据表的主键，因此需要在名为 id 的成员变量上添加@PrimaryKey 注释，该注释中的 autoGenerate = true 表示字段值从 0 开始自增。这里还有一个需要注意的地方，为了确保实体类中的成员变量能够从外部成功访问，它的修饰符应为 public。如果是 private，需要提供相应的 get();和 set(); 方法。

至此，实体类就实现完成了。是不是很简单呢？

当然，对于实体类的编码，还有一些其他的注释，多用于忽略某个字段、自定义字段名等。有关实体类的详细阐述读者可阅读 12.3 节。

12.2.3 实现数据库操作

接下来，我们分别实现数据访问对象类和 RoomDatabase 子类。

对于本例而言，主要有 3 个十分简单的功能，分别是获取数据表的全部数据、插入单条数据以及删除单条数据。因此，我们可以在数据访问对象类中完成这 3 个功能的实现。该类完整的代码如下：

```
@Dao
public interface PersonDao {
    @Query("SELECT * FROM person_info")
    List<PersonEntity> getAll();
    @Insert
    void insertAll(PersonEntity... personEntities);
    @Delete
    void delete(PersonEntity personEntities);
}
```

如以上代码所示，这个名为 PersonDao 的类即为本例所使用的数据访问对象类。它是一个接口，并非完整的方法实现。在实现数据访问对象类时，为了使其与 Room 框架配合使用，需要在类的开头加上@Dao 注释。此外，对于每一种方法，都需要表明具体的操作类型。具体来说，可分为查询（Query）、插入（Insert）、修改（Update）和删除（Delete）。本例中没有修改功能，因此上述代码包含除了 Update 操作以外的其他 3 种方法。

有关数据访问对象类的详细阐述读者可参考本书 12.4 节，这里只要明白上述代码的大概含义即可。

接下来，编写 RoomDatabase 的子类。该类对应整个数据库，完整代码如下：

```
@Database(entities = {PersonEntity.class}, version = 1)
public abstract class PersonDatabase extends RoomDatabase {
    public abstract PersonDao personDao();
}
```

显而易见，这个名为 PersonDatabase 的类是 RoomDatabase 的子类。Room 框架要求在该类的开头添加@Database 注释，并在该注释中定义要使用的实体类以及数据库版本等信息。由于该类对应的操作对象是整个数据库，因此该类中包含一个或多个返回数据访问对象（数据访问对象的操作对象是数据表）的方法。对于本类而言，整个数据库仅包含一个数据表（person_info）。因此，该类只有一个返回 PersonDao 的方法。

最后，我们回到 Activity，在界面中访问数据库并完成各种操作。以查询数据表中所有的数据为例，关键代码如下：

```
public class MainActivity extends AppCompatActivity {
    private List<PersonEntity> personEntityList;
    private PersonDatabase personDatabase;
    ...
    private void initData() {
        ...
        personDatabase = Room.databaseBuilder(getApplicationContext(),
PersonDatabase.class, "room_simple_demo").build();
        new Thread(this::refreshData).start();
    }
    ...
    private void refreshData() {
        if (personEntityList == null) {
            personEntityList = new ArrayList<>();
        } else {
            personEntityList.clear();
```

```
        }
        personEntityList.addAll(personDatabase.personDao().getAll());
        runOnUiThread(() -> personListAdapter.notifyDataSetChanged());
    }
    ...
}
```

在 UI 层面执行数据库操作时需要注意,当执行具体的增删改查操作时,要使用异步线程,否则将会抛出异常导致 App 崩溃。另外,如果整个 App 只有一个进程,务必使用单例模式构建 RoomDatabase 子类对象,每个 RoomDatabase 实例的资源开销非常高。对于多进程的 App 而言,可在构建 RoomDatabase 子类时调用 enableMultiInstanceInvalidation();方法,Room 框架将自动协调处理多进程环境下的数据库操作,关键代码如下:

```
personDatabase = Room.databaseBuilder(getApplicationContext(),
PersonDatabase.class,
"room_simple_demo").enableMultiInstanceInvalidation().build();
```

至此,我们已经使用 Room 实现了简单的数据库操作。虽然整个过程看似简单,但相信读者还是会有各种疑问。比如,对于数据访问对象类,只有接口,却没有实现,具体的数据库操作在哪里呢?对于实体类,若不希望某个成员变量作为数据表字段,又该如何处理呢?别急,随着对 Room 框架的逐步深入,相信读者将很快得到答案。

12.3 实 体 类

通过 12.2 节中的示例,我们已经了解到实体类的一般实现方法了,本节就来介绍对于一些额外的需求的处理方法。

12.3.1 构建复合主键

对于复合式主键而言,通常会使用多于一个数据库字段共同作为主键使用。此时,应在实体类开头的@Entity 注解中添加符合主键的声明,具体如下:

```
@Entity(tableName = "person_info", primaryKeys = {"uid", "name"})
public class PersonEntity {
    ...
}
```

上述代码中,复合主键由 uid 和 name 两个字段共同构成。

12.3.2 自定义字段/数据表名

在默认情形下,Room 框架会使用实体类中定义的成员变量名称来定义数据表的字段名。比如下面这段代码:

```
@PrimaryKey(autoGenerate = true)
public int id;
```

在 Room 框架创建数据表时，将以 id 作为字段名。如果想要使用不同于成员变量名的值作为数据表字段名，可以使用@ColumnInfo 注解进行声明，代码如下：

```
@PrimaryKey(autoGenerate = true)
@ColumnInfo(name = "uid")
public int id;
```

当使用上述代码运行时，Room 框架创建的数据表字段名将为 uid，而非 id。

同理，对于整个数据表而言，Room 框架默认会以实体类的类名作为表名创建数据表。若想自定义数据表名，则可在实体类开头的@Entity 注解中声明，代码如下：

```
@Entity(tableName = "person_info")
public class PersonEntity {
    ...
}
```

当未做声明时，数据表名为 PersonEntity；当加上如上声明后，数据表名为 person_info。

12.3.3　忽略特定的成员变量

在实际开发中，实体类中可能会存在一些无须持久化的成员变量数据。比如，一个存储个人信息的数据表，既有表示头像 URL 的字符串型变量 avatarUrl，又有用于显示的 Bitmap 对象 avatar。其中，后者无须持久化存储到数据库中。

对于这种情况，Room 框架为我们提供了@Ignore 注解。在特定的变量前添加该注解可在创建和修改数据表数据时忽略该变量。具体参考代码如下：

```
@Ignore
public Bitmap avatar;
```

如以上代码所示，我们可以轻松地在代码逻辑中访问和修改该变量值，Room 框架在操作数据表时则会自动忽略该对象。

12.3.4　定义实体之间的关系

在数据结构较为复杂的 App 中，数据库中的每张数据表并非单独存在，而是会与其他数据表发生联系。通常，这种联系可分为一对一关系、一对多关系、多对多关系以及多表嵌套关系，复杂度逐渐增加。

如果这些关系让读者听上去感到困惑，没关系，本节不仅会阐述如何实现这些关系，还会用具体的电子阅读器示例解释这些关系。下面从最简单的一对一关系谈起。

1. 定义一对一关系

在实际开发中，一对一关系的应用十分广泛。对于电子阅读器 App，往往一个用户对应一个电子书库；反过来，一个电子书库也对应一个用户。像这种两个实体类正反方向均为唯一对应关系的，我们称之为一对一关系。现在，让我们实现这样的关系。

用于持久化保存用户数据的实体类名称为 AccountEntity，其完整代码如下：

```
@Entity(tableName = "account_info")
```

```
public class AccountEntity {
    @PrimaryKey(autoGenerate = true)
    public int accountId;
    public String name;
    public int age;
    public int gender;
    public AccountEntity(String name, int age, int gender) {
        this.name = name;
        this.age = age;
        this.gender = gender;
    }
}
```

显然，该类对应的数据表名为 account_info。其中，accountId 字段将作为自增长的主键存在。

接着，实现用于持久化保存电子书库的实体类，其类名为 BookLibraryEntity，这个类的完整代码如下：

```
@Entity(tableName = "book_library")
public class BookLibraryEntity {
    @PrimaryKey(autoGenerate = true)
    public int libraryId;
    public String name;
    public BookLibraryEntity(String name) {
        this.name = name;
    }
}
```

该类的内容很简单，其对应的数据表名为 book_library。其中，libraryId 字段也是自增长的主键。

接下来，再定义一个实体类，将上述两个实体类关联在一起，定义为一对一的关系。该类的名称为 AccountAndBookLibraryEntity，其完整代码如下：

```
public class AccountAndBookLibraryEntity {
    @Embedded
    public AccountEntity accountEntity;
    @Relation(parentColumn = "accountId", entityColumn = "libraryId")
    public BookLibraryEntity bookLibraryEntity;
}
```

如以上代码所示，该类不会创建任何数据表，因此无须在类开头添加 @Entity 注解。重点关注 @Relation 注解中的内容。为了实现两个实体的对应关系，parentColumn 和 entityColumn 的值应使用两个实体类中主键的字段名。至此，这两个实体类的关系就算定义完成了。

现在，当我们想要检索所有的用户及其拥有的电子书库时，DAO 类中应定义如下方法（有关数据访问对象类的详细内容，读者可阅读 12.4 节）：

```
@Transaction
@Query("SELECT * FROM account_info")
public List<AccountAndBookLibraryEntity> getAccountAndBookLibrary();
```

@Transaction 注解表示数据库操作将以事务方式（即原子方式）进行。这是因为在 Room 框架内部，整个操作需要执行两次查询。查询成功后，该方法将返回 AccountAndBookLibraryEntity 类型的集合，每个 AccountAndBookLibraryEntity 对象包含一个 AccountEntity 对象以及相关的

BookLibraryEntity 对象，分别表示用户及该用户的电子图书库。

2. 定义一对多关系

对于一个电子书库而言，用户可以创建多个书单。换言之，一个电子书库对应多个书单；反过来，一个电子书单归属于一个电子书库。像这种某个实体 A 可以包含多个实体 B，而实体 B 只属于某个实体 A 的情况，我们称其为一对多关系。

下面实现用于表示书单的实体类，其类名为 BookListEntity。完整代码如下：

```
@Entity(tableName = "book_list")
public class BookListEntity {
    @PrimaryKey(autoGenerate = true)
    public int bookListId;
    public long bookLibraryId;
    public String name;
    public BookListEntity(String name, long bookLibraryId, int bookListId) {
        this.name = name;
        this.bookLibraryId = bookLibraryId;
        this.bookListId = bookListId;
    }
}
```

显然，该实体类对应的数据表名为 book_list。其中 bookListId 字段将作为自增长的主键，bookLibraryId 字段表示该书单所属电子书库的 Id（对应 12.3.4 节第 1 点中 BookLibraryEntity 实体类中的 libraryId 字段）。

最后，创建实体类，将 BookListEntity 与 BookLibraryEntity 两个实体类关联在一起。该类名称为 BookLibraryWithBookListsEntity，完整代码如下：

```
public class BookLibraryWithBookListsEntity {
    @Embedded
    public BookLibraryEntity bookLibraryEntity;
    @Relation(parentColumn = "libraryId", entityColumn = "bookLibraryId")
    public List<BookListEntity> bookListEntities;
}
```

显然，这个实体类不会创建任何数据表，因此无须添加@Entity 注解。这里需要特别关注@Relation 注解中的内容，entityColumn 的值为 bookLibraryId，意为该书单所属的电子书库，该字段并非主键。由于单个电子书库可能包含多个书单，因此 BookLibraryEntity 对象将会对应 BookListEntity 对象的集合，它们的关系纽带就是 bookLibraryId 字段值。

当我们需要检索全部电子书库及对应的书单集合时，DAO 类方法如下（有关数据访问对象类的详细内容，读者可阅读 12.4 节的内容）：

```
@Transaction
@Query("SELECT * FROM book_library")
public List<BookLibraryWithBookListsEntity>
getBookLibraryWithBookListsEntity();
```

在 Room 组件内部，执行这样的操作需要执行两次查询，因此应添加@Transaction 注解，以启用事务方式进行。

3. 定义多对多关系

现在，让我们一起考虑书单与图书的关系。一个书单有包含多本图书的可能；反过来，一本图书也可能属于多个书单。像这样某个实体 A 对应多个实体 B，多个实体 B 同样对应多个实体 A 的情况，我们称其为多对多关系。

在电子书库示例中，我们已经在 12.3.4 节的第 2 点中实现了书单实体，接下来将实现图书实体以及该实体与书单实体的关系。首先来看图书实体，该实体名为 BookEntity，其完整代码如下：

```
@Entity(tableName = "book")
public class BookEntity {
    @PrimaryKey(autoGenerate = true)
    public int bookId;
    public String name;
    public String author;
    public BookEntity(String name, String author) {
        this.name = name;
        this.author = author;
    }
}
```

显然，该实体类对应的数据表名为 book，字段 bookId 将作为自增长的主键存在，name 和 author 分别表示图书的名称和作者名。特别注意，该类并没有表示所属书单的字段，因为一本图书有可能被多个书单包含。恰恰由于 book 数据表中不包含这样的字段，我们需要创建另一个实体类，用来表示书单与图书的关系，我们称这样的类为关联实体类。关联实体类将创建相应的数据表，我们称这样的数据表为交叉引用表。接下来，我们将创建这个关联实体类，该类名称为 BookListBookCrossRefEntity，完整代码如下：

```
@Entity(primaryKeys = {"bookListId", "bookId"})
public class BookListBookCrossRefEntity {
    public int bookListId;
    public int bookId;
}
```

需要特别注意的是，关联实体类要求所有成员变量一起作为主键。

接下来，我们可以进行两个方向的查询：一是查询某个书单中包含哪些图书，即从书单到图书的查询；另一种则是查询某本图书属于哪些书单，即从图书到书单的查询。

我们先来实现从书单到图书的对应关系实体类，该类名为 BookListWithBooksEntity，完整代码如下：

```
public class BookListWithBooksEntity {
    @Embedded
    public BookListEntity bookListEntity;
    @Relation(parentColumn = "bookListId", entityColumn = "bookId", associateBy
= @Junction(BookListBookCrossRefEntity.class))
    public List<BookEntity> bookEntities;
}
```

和前面几种对应关系类似，该实体无须创建对应的数据表，因此无须添加@Entity 注解。同时，由于书单和图书是多对多关系，需要在@Relation 注解中添加 associateBy 属性，并将交叉引用类用作属性值。

当需要通过书单检索图书时，DAO 类中的方法可如下定义（有关数据访问对象类的详细内容，读者可阅读 12.4 节的内容）：

```
@Transaction
@Query("SELECT * FROM book_list")
public List<BookListWithBooksEntity> getBookListWithBooksEntity();
```

接下来，我们再来实现通过某本图书到书单的对应关系实体类，其类名为 BookWithBookListsEntity，完整代码如下：

```
public class BookWithBookListsEntity {
    @Embedded
    public BookEntity bookEntity;
    @Relation(parentColumn = "bookId", entityColumn = "bookListId", associateBy
= @Junction(BookListBookCrossRefEntity.class))
    public List<BookListEntity> bookListEntities;
}
```

同样，该实体无须创建对应的数据表，因此无须添加@Entity 注解。同时，由于图书和书单同样是多对多关系，需要在@Relation 注解中添加 associateBy 属性，并将交叉引用类用作属性值。

当需要通过图书检索书单时，DAO 类中的方法可如下定义（有关数据访问对象类的详细内容，读者可阅读 12.4 节）：

```
@Transaction
@Query("SELECT * FROM book")
public List<BookWithBookListsEntity> getBookWithBookListsEntity();
```

4. 定义多表嵌套关系

在实际开发中，我们可能更希望执行一次查询得到全部结果。比如，查询某个电子书库中所有的书单以及每个书单对应的图书。此时，就要用到多表嵌套查询，而执行多表嵌套查询就必须要先定义多表嵌套关系图。

我们将多表嵌套关系实体类命名为 BookLibraryWithBookListsAndBooksEntity，该类完整代码如下：

```
public class BookLibraryWithBookListsAndBooksEntity {
    @Embedded
    public BookLibraryEntity bookLibraryEntity;
    @Relation(entity = BookListEntity.class, parentColumn = "libraryId",
entityColumn = "bookLibraryId")
    public List<BookListWithBooksEntity> bookListWithBooksEntities;
}
```

这里需要特别注意的是，在 @Relation 注解中添加了 entity 属性，它的属性值是 BookListEntity.class。这是因为 BookLibraryEntity 对象应该对应 BookListEntity 对象的集合，而该类中 bookListWithBooksEntities 变量的类型为 BookListWithBooksEntity 集合。只有这样才能正常地找到 bookLibraryId，并与 libraryId 对应。因此需要声明该属性，否则将引发数据检索错误。

最后，我们回到 DAO 类，实现查询方法（有关数据访问对象类的详细内容，读者可阅读 12.4

节）：

```
@Transaction
@Query("SELECT * FROM book_library")
public List<BookLibraryWithBookListsAndBooksEntity>
getBookLibraryWithBookListsAndBooksEntity();
```

执行嵌套查询时，Room 框架内部会执行多次查询，因此需要添加@Transaction 注解。此外，在实际开发中，我们应尽量避免使用嵌套查询，这将有助于提升程序的运行效率，特别是面对海量的数据查询时。

5. 实体类的嵌套

通过前面的学习，我们已经对实体类的实现有了充分的了解。细心的读者可能会发现，前面还有一个使用很频繁的注解@Embedded，它就是接下来的主角。

@Embedded 在实体类中的含义是嵌套，非常好理解，就是多个类组合在一起，共同构成一张数据表。比如下面的 AccountEntity 类：

```
@Entity(tableName = "account_info")
public class AccountEntity {
    @PrimaryKey(autoGenerate = true)
    public int accountId;
    public String name;
    public int age;
    public int gender;
    @Embedded
    public MobileEntity mobileEntity;
    public AccountEntity(String name, int age, int gender, MobileEntity
mobileEntity) {
        this.name = name;
        this.age = age;
        this.gender = gender;
        this.mobileEntity = mobileEntity;
    }
}
```

特别关注一下 mobileEntity 对象，它是 MobileEntity 类型的，且有@Embedded 注解。我们继续看 MobileEntity 类的源码：

```
public class MobileEntity {
    public String work;
    public String home;
    public MobileEntity(String work, String home) {
        this.work = work;
        this.home = home;
    }
}
```

因为 MobileEntity 嵌套在 AccountEntity 中，它们共同构成一张数据表，因此无须重复添加@Entity 注解（否则，Room 框架将会创建 MobileEntity 数据表）。最终 account_info 数据表的字段为 accountId、name、age、gender、work 和 home。

12.4　数据访问对象类

本章前面已经或多或少地使用过数据访问对象（DAO）类，从图 12.1 中可以看出，DAO 类主要有两个作用，一个是从数据库中获取实体对象，另一个是将改变反馈给数据库。从某种意义上讲，DAO 类就是实体数据与数据库的"沟通桥梁"。

本节将全方位地阐述 DAO 类的实现，对应数据库的增、删、改、查 4 种操作。如果在阅读前面的内容时对 DAO 类有疑问，相信学习完本节的内容后都将得到答案。

12.5　DAO 类的实现规范

在正式介绍数据库的增、删、改、查操作之前，我们先要明确 DAO 类的编写规范。

一般来说，我们将 DAO 类声明为接口即可，并在执行数据库操作的方法前添加注解，这个注解用来表示具体执行的是哪种操作。比如，@Query 表示查询操作，@Insert 表示插入操作，@Update 表示更新操作，@Delete 表示删除操作。同时，这些方法会根据执行的具体操作返回实体对象、实体对象的集合、数据库中操作的行数以及数据库中操作的行数的集合等。读者可回看 12.2.3 节中的 PersonDao 类代码，即可对 DAO 类的编写方法有所领会。

需要注意所有的数据库操作都应避免在 UI 主线程中执行，对于使用 LiveData 观察数据库变化的情况除外。在实现 DAO 类时，若在编码时不小心写错了数据库字段名，则 Room 框架会非常聪明地检测到这些错误，这将帮助我们在编码时就规避运行时异常。

12.6　数据的查询操作

和数据的增、删、改相比，数据的查询操作的实现最为复杂，但也最为自由。本节将阐述如何使用 Room 框架执行数据查询操作，不仅包含最基本的查询，还包含多种条件、范围查询以及过滤。

总体来说，Room 框架在执行查询操作时会对相应的查询方法的注解部分进行编译时验证。这一步确保了编码的正确性，当我们尝试检索不存在的数据表或查询不存在的字段时，将引发编译错误而非运行时异常。此外，对于查询结果，若只有部分字段匹配，则会触发警告；若完全不匹配，则会触发错误。

12.6.1　基本数据查询操作

回到 12.2.3 节中的示例代码，对于 PersonDao 类，有这样一个方法：

```
@Query("SELECT * FROM person_info")
List<PersonEntity> getAll();
```

这个方法可以实现将 person_info 数据表中所有的内容查询出来，并以 PersonEntity 对象集合的方式返回，这是一个极其简单的数据库查询操作。

对于基本查询操作而言，没有多余的解释。读者可尝试修改注解中的查询语句，比如将数据表名改成不存在的值，然后观察 IDE 的编译报错信息，这将有助于理解 Room 框架对于编译时的代码验证。

12.6.2　多条件查询

除了基本的数据查询外，Room 框架还支持按条件进行查询。查询的条件可以是按照特定的范围进行（较为固定），也可以对某个字段的值进行条件匹配查询（较为灵活）。接下来，我们分别阐述如何实现这两种方式的查询。

1. 针对特定范围的条件查询

我们还是回到 12.2.3 节的示例中，该示例的数据表有一个名为 age 的字段，用来表示年龄，类型为整型。若我们希望查询出年龄范围在 minAge~maxAge 的数据（minAge 和 maxAge 是 Int 类型值，分别表示查询范围的最小值和最大值），可按如下方式实现：

```
@Query("SELECT * FROM person_info WHERE age BETWEEN :minAge AND :maxAge")
List<PersonEntity> findByAge(int minAge, int maxAge);
```

可以看到，@Query 注解中的语句中也有 minAge 和 maxAge 字样。Room 框架会将这两个绑定参数与方法参数进行匹配，匹配的规则就是名称。此外，注解中的语句可以多次引用方法参数。

若我们希望查询出年龄范围大于 minAge 的数据，对上面的代码稍加修改即可实现：

```
@Query("SELECT * FROM person_info WHERE age > :minAge")
List<PersonEntity> findByAge(int minAge, int maxAge);
```

对于字符串型的字段值而言，比如示例工程数据表中的 name 字段，若我们想要查找所有符合条件的数据，则需要用到 LIKE 操作符，举例如下：

```
@Query("SELECT * FROM person_info WHERE name LIKE :name")
List<PersonEntity> findByName(String name);
```

当然，对于字符串类型值的匹配，很有可能出现匹配到多条数据的情况（如同时存在 a、ab、abc 三条数据，查询条件为 a，则会同时匹配全部 3 条数据）。因此，上述示例中查询方法的返回值应为 PersonEntity 的集合。

当然，除了上述列举出的 3 种查询条件外，Room 框架也支持其他 SQL 操作符。这里就不具体展开了，感兴趣的读者可自行搜索相关知识。

2. 针对特定字段值的条件查询

打个比方，如果说通过给定范围查找数据是一条线段，线段的起点和终点表示范围的最小值和最大值，那么通过特定字段值查找数据就是线段上的点，每个点对应一个特定的值。

接下来还是用 12.2.3 节的示例来举例。在名为 person_info 的数据表中，有名为 id 的 Int 型主键列。假设我们想要检索其中某几个 id 的数据，可如下实现：

```
@Query("SELECT * FROM person_info WHERE id IN (:userIds)")
List<PersonEntity> loadAllByIds(List<Integer> userIds);
```

和 12.5.2 节第 1 点中的几种示例不同，本例的方法中直接传入 Int 型数值集合，其返回值也将返回相应的 PersonEntity 集合。

12.6.3　过滤查询结果

　　前面介绍数据库查询时，我们一直使用的 SQL 语句都是以 "SELECT *" 开头的，这意味着每次查询都会将单条数据的全部字段查询出来，但实际需求有时仅仅需要某个或某几个字段值而非全部。对于这种情况而言，仅检索需要的字段值更有助于提高 App 的性能。

　　对于 Room 框架而言，要实现这样的查询非常简单，只需要两步操作，即构建对象和在 DAO 类中添加相应的查询方法。先来讲第一步，这里所要构建的对象其实就是包含要查询的字段的实体类。在 12.2.3 节中，person_info 数据表总共有 4 个字段。假设其中的 id 字段是无须查询的，那么这个实体类可如下实现：

```
public class SinglePerson {
    public String name;
    public int age;
    public int gender;
}
```

　　可以看到，上面这段代码实际上就是实体类 PersonEntity 的简化版，它去掉了名为 id 的整型变量。注意，由于 SinglePerson 类仅在执行查询时用到，并不会创建相关的数据表，因此无须添加@Entity 注解。同时，如果某个变量名与字段名不匹配，应在该变量名的声明前添加@ColumnInfo 注解，并添加 name 属性，将字段名作为属性值。此外，对于 SinglePerson 这样的类而言，同样支持@Embedded 注释。

　　至此，实体类的实现就完成了。下面来介绍 DAO 类的查询方法。由于我们的检索并非所有字段，因此需要修改查询的 SQL 语句与返回的对象类型。具体来说，对应到本例，相关的查询方法如下：

```
@Query("SELECT name,age,gender FROM person_info")
List<SinglePerson> loadAllPerson();
```

　　在 Room 框架执行查询时，若数据库中的字段与返回对象中的成员变量无法完全对应，则会产生警告。

12.6.4　数据的插入操作

　　执行数据插入的方法注解名为@Insert，在 12.2.3 节的 PersonDao 类源码中是如下实现的：

```
@Insert
void insertAll(PersonEntity... personEntities);
```

　　这是一种最为简单且具备一定通用性的方法，该方法接收不定数量的 PersonEntity 类型对象。因此，对于该方法的使用者而言，可以根据实际需要传入一个或多个对象。

　　在@Insert 注解中，我们还可以添加 onConflict 属性，并为其指定值。从名称上看，该属性表示数据库中存在已有数据时的处理方式。可选值为 OnConflictStrategy.REPLACE、OnConflictStrategy.ABORT 和 OnConflictStrategy.IGNORE，分别表示使用新数据替换旧数据并继续执行后面的事务操作、取消插入操作并回滚已完成的事务操作以及忽略插入操作。比如，当我们希望使用新数据丢弃旧数据时，可将上面的示例代码改为：

```
@Insert(onConflict = OnConflictStrategy.REPLACE)
void insertAll(PersonEntity... personEntities);
```

当传入的参数是单个实体对象时，@Insert 方法将返回对应的行数，类型是 Long。若传入多个实体对象，则@Insert 方法将返回对应行数的集合，类型可以是 Long 型数组，也可以是 List<Long>。

对于实体间存在特定对应关系的情况，如 12.3.4 节第 2 点中的一对多情况，插入方法可如下实现：

```
@Insert
public void insertBookLibraryAndBookList(BookLibraryEntity bookLibraryEntity,
List<BookListEntity> bookListEntities);
```

12.6.5 数据的更新操作

对于数据的更新操作而言，其写法与数据的插入操作大同小异，读者可参考 12.6 节中的内容实现即可。需要注意两点：一是方法注解应改为@Update，二是对于数据的更新方法，返回值是数据库中更新的行数。

12.6.6 数据的删除操作

对于数据的删除操作而言，其写法与数据的插入、更新操作大同小异，读者可参考 12.6 节或 12.7 节中的内容实现。需要注意两点：一是方法注解应改为@Delete；二是对于数据的更新方法，返回值是数据库中删除的行数。

12.7 数据库的升级

在 App 不断升级迭代的同时，其内部数据库的结构也有可能会发生变化，比如新增了某个字段、删除了某个字段以及修改了某个字段等。为了确保用户数据的完整性，数据库的升级迁移便非常重要。

Room 框架通过 Migration 类实现迁移，并通过在构建 RoomDatabase 子类时运用该类的对象实现自动迁移过程。举例来说，某个设备上已安装 App 中数据库的版本为 1，新版本 App 中数据库的版本为 2，Migration 对象的创建方法如下：

```
Migration migrationFrom1To2 = new Migration(1, 2) {
    @Override
    public void migrate(SupportSQLiteDatabase database) {
        database.execSQL("...");
    }
};
```

在创建 Migration 对象时，传入了两个整型值 1 和 2，这两个值分别表示旧版本和新版本。通常，我们会在数据表结构发生变化的每个版本之间构建 Migration 对象。比如从版本号 1 到版本号 2 以及从版本号 2 到版本号 3 的数据表结构均有变化，则可对其分别构建 Migration 对象，Room 框架会按实际情况执行相应的迁移逻辑。若当前为版本 1，则会先升级到版本 2，再升级到版本 3；若当前为版本 2，则会直接升级至版本 3。

　　要特别注意的是，在 Room 框架执行数据库迁移时，若缺少某个版本到下个版本的 Migration 对象，数据将会被丢弃。因此，即使两个版本的数据表结构没有变化，也应提供相对应的 Migration 对象。

　　此外，若版本 1 至版本 2 以及版本 2 至版本 3 的数据表结构均有变化，我们还可提供从版本 1 至版本 3 的迁移方案。Room 框架会根据当前的数据库版本和最新的数据库版本"智能"地执行步骤尽可能少的迁移方案。

　　在完成 Migration 对象的构建后，回到构建 RoomDatabase 子类的代码处，通过 addMigrations(); 方法传入所有的 Migration 对象，示例如下：

```
PersonDatabase personDatabase = Room.databaseBuilder(getApplicationContext(),
PersonDatabase.class,
"room_simple_demo").addMigrations(migrationFrom1To2 ).build();
```

　　addMigrations();方法接收不定长度的 Migration 对象数组。当 Room 框架无法找到某个版本之间的迁移方案对应的 Migration 对象时，将会抛出异常。此时，应该检查是否遗漏了某个迁移过程的实现。若允许丢弃数据，则可以在构建 RoomDatabase 子类时调用 fallbackToDestructiveMigration();方法。一旦该方法被调用且 Room 框架发现某个迁移过程缺失，将会永久丢弃已有的数据，并按照新版本的表结构重新创建数据表(也有可能使用预置的数据库填充数据,有关预置数据库的详细阐述,读者可阅读 12.8 节的内容）。

　　对于上述"破坏性"数据库迁移的执行而言，还可以为其添加例外。比如，数据表的某个或某几个旧版本发生迁移时才允许丢弃数据，则可改为调用 fallbackToDestructiveMigrationFrom();方法，并向该方法中传入不定长度的 Int 型值，表示旧数据表的版本号。再比如，只允许数据库降级时才可丢掉数据，则可改为调用 fallbackToDestructiveMigrationOnDowngrade();方法。

　　最终在执行迁移结束后，Room 框架还将验证迁移的正确性。若发现错误，则会抛出异常。完成验证后，整个迁移就宣告结束了。

12.8　设置预置数据

　　在一些 App 产品中，有时需要预置一些数据。比如某些便签或待办事项 App，首次运行就会发现一些已有的条目，这些条目随 App 预置用来进行功能演示。诸如此类的情况，可以使用 Room 框架中预置数据的能力来实现。

　　一般情况下，预置数据通常位于 APK 文件中的 assets 目录下或设备磁盘中的某个位置。根据数据来源的不同，设置预置数据的方法略有差异。举例来说，如果预置数据库文件存放于 assets 目录中，在构建 RoomDatabase 子类时方法如下：

```
PersonDatabase personDatabase = Room.databaseBuilder(getApplicationContext(),
PersonDatabase.class,
"room_simple_demo").createFromAsset("pre/demo.db").build();
```

如此，便可将 assets/pre/demo.db 文件作为预置数据库。

若预置数据库源自文件系统的某个位置，则可调用 createFromFile();方法，只不过该方法需要 File 型对象。需要注意的是，从文件系统加载预置数据时需要 App 具备相关的权限。Room 框架加载来自文件系统的预置数据时会创建相应文件的副本，因此要求 App 具备读文件的权限。

无论预置数据源是 assets 还是文件系统，Room 框架都会验证其与最新版本的数据表结构是否一致。因此，在创建预置数据文件时，需要特别注意数据表结构的一致性。

在数据库版本迁移的过程中，预置数据在某些特定的条件下同样会起到非常重要的作用。根据实际情况的不同，与之数据在迁移过程中的使用方式也有所不同。下面列举的几种情况涵盖了大部分情况，读者可根据自己的实际开发需求对应参考。

- 旧数据库版本号为 1，新数据库版本号为 2，存在版本号 2 对应结构的预置数据，未实现版本号 1 至版本号 2 的迁移方案，已启用"破坏性"迁移：Room 框架会丢弃所有的旧数据，并使用预置数据填充，最终生成新数据表。
- 旧数据库版本号为 1，新数据库版本号为 2，存在版本号 1 对应结构的预置数据，未实现版本号 1 至版本号 2 的迁移方案，已启用"破坏性"迁移：Room 框架会丢弃所有的旧数据，最终生成新的空数据表。
- 旧数据库版本号为 1，新数据库版本号为 2，存在版本号 1 或 2 对应结构的预置数据，已实现版本号 1 至版本号 2 的迁移方案，已启用或未启用"破坏性"迁移：Room 框架会按照迁移方案将旧数据表中的数据妥善迁移至新数据表中，不理会预置数据。
- 旧数据库版本号为 1，新数据库版本号为 3，存在版本号 2 对应结构的预置数据，未实现版本号 1 至版本号 2 的迁移方案，已实现版本号 2 至版本号 3 的迁移方案，已启用或未启用"破坏性"迁移：Room 框架会丢弃所有旧数据，然后创建并使用预置数据填充到版本号 2 对应的数据表中。接着，将迁移后的数据表使用定义好的迁移方案迁移已有数据到版本号 3 对应的数据表中。最终，数据表为版本号 3 对应的结构，内容为预置的数据。

12.9 类型转换器

在一个实体类中，其成员变量并非只有 Int、Long、String 等数据库支持的类型，也会有像 Date 或其他无法直接保存到数据库中的类型。此时，就需要借助类型转换器将这些类型转换成能直接在数据库中存取的类型。

举例来说，如果某个实体类中存在 Date 类型的成员变量，名为 birthday，用来保存用户出生日期。很显然，Date 类型无法直接保存到数据库中，需要转换为 Long 型的时间戳。反过来，使用时再从数据库中读取 Long 型时间戳，并转换为 Date 类型值以便于使用。下面我们逐步阐述如何实现这样的自动转换。

首先创建一个类型转换类，用于 Room 框架调用，其完整代码如下：

```
public class Converters {
    @TypeConverter
    public static Date timestampToDate(Long value) {
```

```
        return value == null ? null : new Date(value);
    }
    @TypeConverter
    public static Long dateToTimestamp(Date date) {
        return date == null ? null : date.getTime();
    }
}
```

如以上代码所示，这个名为 Converters 的类型转换器提供了两个静态方法。它们成对出现，分别完成了从 Long 型时间戳到 Date 型对象以及从 Date 型对象到 Long 型时间戳的转换。特别留意这两个方法开头的注解，只有添加了@TypeConverter 注解后，Room 框架才会"知道"并根据数据类型进行匹配，从而合理地使用转换器类中的方法。

接着，回到继承 RoomDatabase 的类，在类的开头添加@TypeConverters 注解，并指定要使用的类型转换器类，具体代码如下：

```
@Database(entities = {PersonEntity.class}, version = 1)
@TypeConverters({Converters.class})
public abstract class PersonDatabase extends RoomDatabase {
    public abstract PersonDao personDao();
}
```

最后，回到实体类中，便可轻松地创建和使用 Date 类型的成员变量。感兴趣的读者可自行尝试添加一些数据，并通过 Android Studio 中的 Database Inspector 视图查看数据表中的内容，以便观察经过类型转换后的字段的值。

12.10　与 LiveData 组件配合使用

在第 10 章中，我们已经了解到 LiveData 的作用就是一个"数据源"。其方便之处在于当数据发生变化时能够得到"响应"，从而及时地反馈给 UI 界面。同时，我们也很清楚，可以将内存中的对象、数据库或网络等作为数据源。本节将介绍如何搭配使用 Room 组件与 LiveData 组件。

还是回到 12.2.3 节示例代码中的 PersonDao 类，为了方便读者理解，这里再次列出该类中的查询方法：

```
@Query("SELECT * FROM person_info")
List<PersonEntity> getAll();
```

通过前面的学习，相信读者对这段代码的作用一目了然。没错，该方法可以将 person_info 表中的数据全部查询出来，并汇总为 PersonEntity 的集合作为返回值。

在 UI 层面，当首次数据加载以及增加、删除一条记录时，都不可避免地需要手动且在非 UI 线程中调用该方法，然后使用该方法的返回值刷新页面。具体方法如下：

```
private void refreshData() {
    if (personEntityList == null) {
        personEntityList = new ArrayList<>();
    } else {
        personEntityList.clear();
    }
```

```
personEntityList.addAll(personDatabase.personDao().getAll());
runOnUiThread(() -> personListAdapter.notifyDataSetChanged());
}
```

如以上代码所示，当首次加载数据以及数据发生变化时，这个名为 refreshData();的方法必须被调用。

现在，让我们使用 LiveData 组件重新实现上述功能。回到 PersonDao 类，将返回值从 List<PersonEntity>改为 LiveData<List<PersonEntity>>，具体如下：

```
@Query("SELECT * FROM person_info")
LiveData<List<PersonEntity>> getAll();
```

由于该方法的返回值发生了变化，因此必须在 UI 层面进行对应的处理，方法如下：

```
personDatabase.personDao().getAll().observe(MainActivity.this,
personEntities -> {
    if (personEntityList == null) {
        personEntityList = new ArrayList<>();
    } else {
        personEntityList.clear();
    }
    personEntityList.addAll(personEntities);
    personListAdapter.notifyDataSetChanged();
});
```

这段代码完美地替代了原先的 refreshData();方法，并且无须关心线程问题。这样一来，我们可以在 onCreate();方法中添加以上代码片段，然后就再也无须关注刷新数据的问题了。当 List<PersonEntity>的值发生变化时（这意味着已经覆盖了首次加载数据以及添加、删除、修改数据的情况），会自动完成页面刷新的工作。

有关 Room 组件的使用技巧就介绍到这里。希望读者能够熟练、灵活地运用本章的知识，最终在实际开发中受益。

第13章

Paging 分页加载组件

从本书第 6 章开始到此，都在讲述 Android Jetpack 中的架构组件，到这里已经介绍过 7 个了。本章我们将探讨最后一个架构组件，即 Paging 分页加载组件。

13.1　概　述

在笔者构思本书时，Paging 组件的版本号还停留在 2.x，虽然官方已经推出了 Paging 3，但一直处于测试中。如今，Paging 3 已经发布了正式版。版本号是 3.0.0，发布于 2021 年 5 月 5 日。

与 Paging 2 相比，Paging 3 在核心能力方面并未发生变化，同样是为 RecyclerView 提供分页加载的功能。只是 Paging 3 的 API 更加简化，使用起来更加自由，更利于扩展。在最新版本的 Android 开发者网站上，Paging 3 已经成为 Paging 组件的"C 位"。因此，本章不再赘述 Paging 2，直接阐述 Paging 3 的使用方法。通过引入 Paging 组件将更加节省网络带宽和系统资源，优化 App 的用户体验。

13.2　实战 Paging 组件

和以往不同，本章的示例代码将采用官方建议的 Kotlin 编程语言实现。如果对 Kotlin 语言不是很熟悉也无须担忧，只要有一定的编程基础，便能阅读和理解 Kotlin 语言。得益于 Paging 组件的优秀设计和 Kotlin 与 Java 语言可以相互调用的特性，我们在一次实现后，仅需修改布局、数据类型等部分代码，便可做到代码的重复利用。

接下来，我们将实现一个示例，这个示例的功能是通过 API 接口分页获取数据。

13.2.1 添加依赖项

若要使用 Paging 组件，添加相关的依赖项是必要的。添加的位置在 Module 层级 build.gradle 文件中的 dependecies 节点下，具体代码片段如下：

```
implementation "androidx.paging:paging-runtime:3.0.0"
```

由于本例是通过网络获取数据的，笔者使用了 retrofit 网络框架实现，因此还需添加 retrofit 相关依赖，具体如下：

```
implementation 'com.squareup.retrofit2:retrofit:2.9.0'
implementation 'com.squareup.retrofit2:converter-gson:2.6.1'
```

完成后，别忘了执行 Gradle Sync 获取这些依赖。稍等片刻，我们便可使用这些 API 了。

13.2.2 Paging 组件的结构

我们先来了解一下 Paging 组件的结构。

作为 Android Jetpack 架构组件中的一员，Paging 组件能够很好地与 MVVM 架构思想相结合。图 13.1 展示了 Paging 组件是如何"嵌入"MVVM 架构中的。

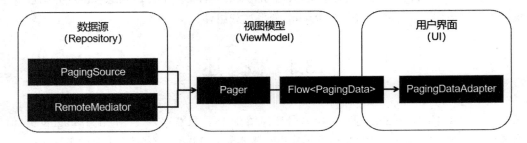

图 13.1 Paging 组件结构图

整个 Paging 组件由 3 部分组成，分别是数据源、视图模型和用户界面，图中箭头所指的方向指代数据的流向。

先来看数据源，其中主要用到两个类，即 PagingSource 和 RemoteMediator。前者多用于单一数据源的加载场景（适用于本节的示例，即从网络获取数据，然后直接显示在界面上），后者多用于多个数据源的加载场景（比如从网络缓存数据到本地数据库，然后显示到界面上，该类目前处于测试阶段，有一定的使用风险，笔者目前不建议读者使用）。当数据源的供应充足后，该轮到视图模型上场了，这里主要用到两个类，一个是 Pager，它将分页配置对象（PagingConfig 对象）和数据源对象（PagingSource）相结合，构建出 Flow<PagingData>对象。Flow<PagingData>则是与用户界面关系最为密切的对象，在最终的用户界面中，我们通常构建 PagingDataAdapter 的子类，并将这个子类设定为界面上某个 RecyclerView 的适配器。同时，PagingDataAdapter 类开放了接收 PagingData 的方法，每当数据发生变化时，该方法会被调用，从而将最新的数据更新到界面上。

了解完 Paging 组件的结构后，我们便有了接下来的行动方案，即从数据源开始逐个实现，最终完成整个编码过程。

13.2.3　构建数据源

为了便于理解，按照 Paging 组件的结构创建若干目录，具体如图 13.2 所示。

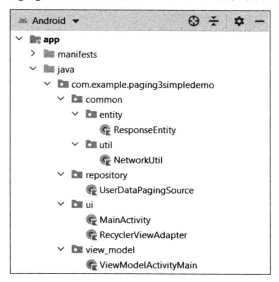

图 13.2　示例工程的目录结构

除了数据源（repository）、视图模型（view_model）和用户界面（ui）目录外，还有一个名为 common 的目录，该目录的作用是存放一些公共使用的类，比如网络 IO 工具类以及数据实体类。需要说明的是，在实际开发中，这样设计目录结构很可能是不恰当的，读者应根据实际的项目需求确定这些类存放到哪个目录中。

对于 Retrofit 框架的使用不是本书的重点，为了便于理解后面的代码，将 NetworkUtil 类的内容完整地列出如下：

```kotlin
class NetworkUtil {
    private val BASE_URL = "https://reqres.in/api/"
    private val retrofit: Retrofit =

Retrofit.Builder().baseUrl(BASE_URL).addConverterFactory(GsonConverterFactory.create())
        .build()
    private val retrofitService: HttpApi
    suspend fun getUserData(pageNum: Int, pageSize: Int): ResponseEntity {
        return retrofitService.getUserData(pageNum, pageSize)
    }
    internal interface HttpApi {
        @GET("users")
        suspend fun getUserData(
            @Query("page") pageNum: Int,
            @Query("per_page") pageSize: Int
        ): ResponseEntity
    }
    companion object {
        var instance: NetworkUtil? = null
```

```
            get() {
                if (field == null) {
                    field = NetworkUtil()
                }
                return field
            }
            private set
        }
        init {
            retrofitService = retrofit.create(HttpApi::class.java)
        }
    }
```

简要说明一下，这个名为 NetworkUtil 的工具类采用了单例模式实现。该类对外暴露了 getUserData();方法，其他类可通过调用该方法并传入页码（pageNum）和每页加载数据的数量（pageSize）发起网络请求。请求的地址是 https://reqres.in/api/users，页码和每页的数据数量参数为 page 和 per_page，页码从 1 开始，本例稍后将设定每页加载的数据量为 3 个。假如请求页码为 1、数据量为 3 的数据，则对应的请求地址为 https://reqres.in/api/users?page=1&per_page=3。读者可使用浏览器直接访问这个地址，可以看到返回的 JSON 数据结构如图 13.3 所示。

```
{
    "page": 1,
    "per_page": 3,
    "total": 12,
    "total_pages": 4,
    "data": [
        {
            "id": 1,
            "email": "george.bluth@reqres.in",
            "first_name": "George",
            "last_name": "Bluth",
            "avatar": "https://reqres.in/img/faces/1-image.jpg"
        },
        {⊞ ⋯},
        {⊞ ⋯}
    ],
    "support": {
        "url": "https://reqres.in/#support-heading",
        "text": "To keep ReqRes free, contributions towards server costs are appreciated!"
    }
}
```

图 13.3 示例项目接口返回的数据结构

有了明确的数据结构后，我们便可以对照着构建实体类了。本例中，实体类名为 ResponseEntity，完整代码如下：

```
class ResponseEntity {
    var page = 0
    var per_page = 0
    var total = 0
    var total_pages = 0
```

```
        var data: List<SingleUserData>? = null
        class SingleUserData {
            var id = 0
            var email: String? = null
            var first_name: String? = null
            var last_name: String? = null
            var avatar: String? = null
        }
    }
```

上述代码中，除了 support 节点用处不大被舍弃掉之外，其他的值均与返回数据中的各个字段做了对应。

接下来，我们创建一个类，名为 UserDataPagingSource，它是 PagingSource 的子类，作为 Paging 组件中的数据源角色。一方面，该类包含网络请求的触发；另一方面，该类听候 Pager 对象的"调遣"，在必要时提供数据。下面是该类完整的代码：

```
class UserDataPagingSource : PagingSource<Int, ResponseEntity.SingleUserData>()
{
    override suspend fun load(params: LoadParams<Int>): LoadResult<Int,
ResponseEntity.SingleUserData> {
        return try {
            val currentPage = params.key ?: 1
            val userData = NetworkUtil.instance?.getUserData(currentPage, 3)
            val nextPage = if (currentPage < userData?.total_pages ?: 0) {
                currentPage + 1
            } else {
                null
            }
            LoadResult.Page(
                prevKey = null,
                nextKey = nextPage,
                data = userData?.data as List<ResponseEntity.SingleUserData>
            )
        } catch (e: Exception) {
            e.printStackTrace()
            LoadResult.Error(throwable = e)
        }
    }
    override fun getRefreshKey(state: PagingState<Int,
ResponseEntity.SingleUserData>): Int? {
        return state.anchorPosition?.let { anchorPosition ->
            val anchorPage = state.closestPageToPosition(anchorPosition)
            anchorPage?.prevKey?.plus(1) ?: anchorPage?.nextKey?.minus(1)
        }
    }
}
```

请读者仔细阅读上面的代码，在该类一开始给定了 Key 和 Value，分别为 int 类型和 ResponseEntity.SingleUserData 类型值。这一步是非常必要的，前者表示页码，对应网络请求中的 page 属性，后者表示返回数据中单个元素的类型。整个 UserDataPagingSource 类复写了父类的两个方法，分别为 load();和 getRefreshKey();。

我们先来说 load();，该方法是获取数据的核心，它接收 LoadParams 型对象，该对象包含加载时

用到的参数，比如页码和每页元素的总个数。本例中为 Int 类型值，表示页码。该方法最终返回
LoadResult 对象，该对象表示数据加载操作的结果。当加载成功时，返回 LoadResult.page 对象；反
之，则返回 LoadResult.Error 对象。本例中使用了匿名内部类的方式构建 LoadResult 对象。

从数据加载流程上看，本例的代码逻辑是：首先判断当前要加载的页码，如果为 null，则表示
首次加载的情况，当前页码为 1。然后通过网络请求工具类发起请求，并从返回结果中获取总页数，
若总页数比当前页码值更大，则下一次加载的页码需要在当前页码的基础上加 1；反之则为 null（当
下一个页码设置为 null 时，Paging 组件认为所有起始页之后的数据加载完成）。完成以上所有操作
后，返回 LoadResult.page 对象，并将下个页码值和返回的数据传递给该对象。如果上述操作在执行
中发生错误，异常则会被捕捉，同时将返回 LoadResult.Error 对象。

细心的读者可能会注意，在构建 LoadResult.page 对象时，prevKey 的值传入了 null。这是因为
prevKey 表示前一个页码，我们首次加载的页码已经位于最前了，因此这里需要传入 null（和 nextKey
类似，当上一个页码设置为 null 时，Paging 组件认为所有起始页之前的数据加载完成）。

讲完了 load();，再来看看 getRefreshKey(); 方法。该方法的作用是当数据加载失败时，返回给 load();
方法合适的 Key 值。同时，该方法接受 PagingState 对象。对应到本例，该方法接收 PagingState<Int,
ResponseEntity.SingleUserData>对象，返回 Int 型对象。

至此，一个简单的只从网络获取数据的数据源部分就编码完成了。

13.2.4 构建视图模型

有了数据源，接下来就是搭建从数据源到用户界面的"桥梁"——视图模型了。Paging 组件中
的视图模型实际上讲的就是 Pager 类的运用。本例所使用的视图模型类代码如下：

```
class ViewModelActivityMain : ViewModel() {
    fun getUserData() = Pager(PagingConfig(pageSize = 3)) {
        UserDataPagingSource()
    }.flow
}
```

本例中的视图模型类结构非常简单，它仅包含一个名为 getUserData(); 的方法，用于触发数据源
加载数据。该方法最终返回 Flow<PagingData<ResponseEntity.SingleUseData>>型对象，需要传入
PagingConfig 对象。前者包含成功获取到的数据，后者则表示分页加载的具体配置。讲到分页加载
的配置，比较常用的属性值除了本例中的每页数据个数（pageSize）外，还有初始加载数据个数
（initialLoadSize，通常比 pageSize 值更大）、预读元素个数（prefetchDistance，指预先加载尚未显
示到屏幕上的元素个数）等。读者可结合 PagingConfig 类文档自行尝试各种配置参数组合，体会它
们的作用。

构建视图模型的步骤较为简单，到这里就差不多结束了。如果需要加载更多接口的数据，则可
按照上述示例代码添加更多方法。

13.2.5 构建用户界面

最后，我们要将数据放在界面上。这一步分为两个小步骤，首先要创建数据容器（也就是
RecyclerView）的适配器。创建一个名为 RecyclerViewAdapter 的类，该类继承自

PagingDataAdapter<ResponseEntity.SingleUserData,RecyclerView.ViewHolder>。实现 PagingDataAdapter 子类的过程和实现 RecyclerView.Adapter 子类的过程大致相同，这里就不再赘述了。完整代码如下：

```kotlin
class RecyclerViewAdapter :
    PagingDataAdapter<ResponseEntity.SingleUserData,
RecyclerView.ViewHolder>(object :
        DiffUtil.ItemCallback<ResponseEntity.SingleUserData>() {
        override fun areItemsTheSame(
            oldItem: ResponseEntity.SingleUserData,
            newItem: ResponseEntity.SingleUserData
        ): Boolean {
            return oldItem.id == newItem.id
        }
        @SuppressLint("DiffUtilEquals")
        override fun areContentsTheSame(
            oldItem: ResponseEntity.SingleUserData,
            newItem: ResponseEntity.SingleUserData
        ): Boolean {
            return oldItem.avatar.equals(newItem.avatar) &&
                    oldItem.email.equals(newItem.email) &&
                    oldItem.first_name.equals(newItem.first_name) &&
                    oldItem.last_name.equals(newItem.last_name)
        }
    }) {
    override fun onBindViewHolder(holder: RecyclerView.ViewHolder, position:
Int) {
        (holder as ViewHolder).nameTv.text =
            (Objects.requireNonNull<Any?>(getItem(position)) as
ResponseEntity.SingleUserData).first_name
    }
    override fun onCreateViewHolder(parent: ViewGroup, viewType: Int):
RecyclerView.ViewHolder {
        return ViewHolder(
            LayoutInflater.from(parent.context).inflate(R.layout.item_layout,
parent, false)
        )
    }
    internal class ViewHolder(itemView: View) :
RecyclerView.ViewHolder(itemView) {
        val nameTv: TextView = itemView.findViewById(R.id.item_name)
    }
}
```

第二个小步骤则是来到 RecyclerView 所在的 MainActivity 类，将 RecyclerView 视图组件与 RecyclerViewAdapter 绑定到一起，完整的 MainActivity 类代码如下：

```kotlin
class MainActivity : AppCompatActivity() {
    lateinit var pageSingleUserData: PagingData<ResponseEntity.SingleUserData>
    lateinit var viewModel: ViewModelActivityMain
    lateinit var demoRv: RecyclerView
    lateinit var rvAdapter: RecyclerViewAdapter
    override fun onCreate(savedInstanceState: Bundle?) {
        super.onCreate(savedInstanceState)
        setContentView(R.layout.activity_main)
        val manager = LinearLayoutManager(this)
```

```
demoRv = findViewById(R.id.activity_main_rv)
demoRv.layoutManager = manager
rvAdapter = RecyclerViewAdapter()
demoRv.adapter = rvAdapter
viewModel = ViewModelActivityMain()
lifecycleScope.launch {
    viewModel.getUserData().collectLatest {
        pageSingleUserData = it
        rvAdapter.submitData(it)
    }
}
}
}
```

需要特别注意的是，在更新 RecyclerViewAdapter 数据时，需要调用 RecyclerViewAdapter 类的 submitData();方法。

至此，整个分页加载网络数据的功能就做好了。下面运行代码，如无意外，App 将显示如图 13.4 所示的界面。

图 13.4　示例项目运行界面

此外，由于之前在代码中设置了分页配置为每页 3 个元素，因此在数据加载时可以明显地看到图 13.4 中的 9 个条目按照每 3 个为一组依次出现在屏幕上。

一个极为简单的 Paging 示例到此结束。接下来，我们继续深入探究 Paging 组件，看看它还有哪些"能耐"。

13.2.6　监听和显示加载状态

Paging 组件对外公开了数据的加载状态，我们可以通过在 RecyclerView 的适配器中添加相应的监听器来获取实时的加载状态。适配器还支持设置头部和尾部，它们通常用于在加载当前页之前和之后的数据时展现。本节将介绍如何获取 Paging 组件的加载状态以及如何实现自定义 RecyclerView 的头部以及尾部的布局。

1. 监听加载状态

我们回看 13.2.5 节的示例代码，那是一个继承了 PagingDataAdapter 的子类，名为 RecyclerViewAdapter，在后面的 MainActivity 界面中使用了这个类。现在，让我们在 MainActivity 中添加监听加载状态的逻辑，关键代码如下：

```
lifecycleScope.launch {
    rvAdapter.loadStateFlow.collectLatest { loadStates ->
        Log.d(localClassName, (loadStates.refresh is
LoadState.Loading).toString())
    }
}
```

LoadState 包含 3 种加载状态对象，分别是 LoadState.NotLoading（没有执行加载操作且无异常）、LoadState.Loading（正在进行加载操作）以及 LoadState.Error（加载过程出现异常）。如以上代码所示，当 Paging 组件执行加载操作时，Logcat 将输出 true，其他状态则为 false。

2. 显示加载状态

在实际开发中，当分页数据进行加载时，通常会在列表的末尾处显示"加载中"的提示。Paging 组件对该功能提供了非常好的支持，我们只需两个简单的步骤即可实现这个提示效果。

第一步是定义布局内容，Paging 组件要求使用 LoadStateAdapter 的子类实现，具体如下：

```
class LoadingAdapter :
    LoadStateAdapter<LoadingAdapter.LoadStateViewHolder>() {
    override fun onCreateViewHolder(
        parent: ViewGroup,
        loadState: LoadState
    ) = LoadStateViewHolder(parent)
    override fun onBindViewHolder(
        holder: LoadStateViewHolder,
        loadState: LoadState
    ) = holder.bind(loadState)
    class LoadStateViewHolder(
        parent: ViewGroup
    ) : RecyclerView.ViewHolder(
        LayoutInflater.from(parent.context)
            .inflate(R.layout.item_loading, parent, false)
    ) {
        private val loadingTv: TextView =
itemView.findViewById(R.id.item_common_loading)
        fun bind(loadState: LoadState) {
            loadingTv.setText(R.string.loading)
        }
    }
}
```

从上面的示例代码中可以看到，这个名为 LoadingAdapter 的类继承了 LoadStateAdapter 类，并实现了其中的 onCreateViewHolder(); 和 onBindViewHolder(); 方法。并包含一个名为 LoadStateViewHolder 的内部类，在该类中使用了相应的布局文件，并为布局中的控件设置要显示的内容。以上这些步骤与 13.2.5 节中有关适配器的示例代码很像，这里就不再赘述了。

第二步则是回到 MainActivity，调用 RecyclerViewAdapter 对象的 withLoadStateFooter();方法，并向该方法中传入 LoadingAdapter 对象。具体代码如下：

```
demoRv.adapter = rvAdapter.withLoadStateFooter(LoadingAdapter())
```

这里要特别注意为 RecyclerView 设置适配器的方式，如果按照下面的写法，则无法实现加载中的提示效果：

```
rvAdapter.withLoadStateFooter(LoadingAdapter())
demoRv.adapter = rvAdapter
```

这是因为 withLoadStateFooter();方法最终会返回新的适配器对象，不会使原有的适配器对象发生改变，必须特别留意这一点。

有关 Paging 组件的使用技巧就介绍到这里。希望读者能够熟练、灵活地运用本章的知识，最终在实际开发中受益。